nRF24AP2 单片 ANT 超低功耗无线网络原理及高级应用

谭 晖 编著

北京航空航天大学出版社

内 容 简 介

本书以 nRF24AP2 系列单片超低功耗 ANT 无线网络芯片为对象，详细介绍了 ANT 无线网络概念、原理及应用。尤其是从应用角度，对 ANT 无线网络进行了深入探讨。此外还介绍了开发环境的建立，以及 ANT 无线传感网教学开发实验平台。以应用为背景，以实战为目的，提供 ANT 各功能模块 C 源代码及详细说明，可使读者可在较短的时间内理解并应用 ANT 无线网络技术。

本书从实践出发，以应用为目标，可作为个人、学生、无线爱好者、工程师学习无线设计的入门及提高读物，或作为高等院校的计算机、电子、自动化、无线通信等专业相关课程的教材。

图书在版编目(CIP)数据

nRF24AP2 单片 ANT 超低功耗无线网络原理及高级应用/谭晖编著. ——北京：北京航空航天大学出版社，2011.8
 ISBN 978-7-5124-0528-8

Ⅰ.① n… Ⅱ.① 谭… Ⅲ.① 无线电通信-通信网
Ⅳ.①TN92

中国版本图书馆 CIP 数据核字(2011)第 142689 号

版权所有，侵权必究。

nRF24AP2 单片 ANT 超低功耗无线网络原理及高级应用
谭 晖 编著
责任编辑 刘 标 郭 燕
*
北京航空航天大学出版社出版发行
北京市海淀区学院路 37 号(邮编 100191)　http://www.buaapress.com.cn
发行部电话：(010)82317024　传真：(010)82328026
读者信箱：emsbook@gmail.com　邮购电话：(010)82316936
涿州市新华印刷有限公司印装　各地书店经销
*
开本：787 mm×1 092 mm　1/16　印张：16.5　字数：422 千字
2011 年 8 月第 1 版　2011 年 8 月第 1 次印刷　印数：4 000 册
ISBN 978-7-5124-0528-8　定价：36.00 元

若本书有倒页、脱页、缺页等印装质量问题，请与本社发行部联系调换。联系电话：(010)82317024

序 言

作为专业的超低功耗无线射频方案提供者,Nordic 已向中国以及其他地区市场提供了数量巨大的 2.4GHz 工业、科学和医疗(ISM)频段无线连接解决方案产品。

Nordic 超低功耗无线技术(ULP)使得无线连接装置采用小型电池(如纽扣电池)长时间工作(数月乃至数年,取决于工作时的占空比)成为可能。

设计满足超低功耗无线连接要求的无线收发器不是一个简单的任务,但是 Nordic 工程师凭着积累了数十年的经验,再加上密集和预算充足的研发规划,开发出了一系列业界领先的超低功耗无线半导体产品。

本书选择了该系列超低功耗产品中的一组成员即 nRF24AP2 单片 ANT 超低功耗解决方案进行介绍。该单芯片解决方案集成了领先的超低功耗技术和经过优化的软件,连同其上一代成员 nRF24AP1 已经部署了超过一千四百万个节点。

由于包含了射频收发和嵌入式协议堆栈,nRF24AP2 使得从简单点至点到复杂网状拓扑结构的无线网络应用的快速实施成为可能。

单通道 nRF24AP2 是针对传感器应用的成本优化和使用灵活的产品,配合不同的微控制器,可实现简单的传感器应用(如自行车码表),也可实现复杂的应用(如心率监测仪及血糖监测仪)。

8 通道 nRF24AP2 是针对集中器类应用设计的性能先进和使用灵活的产品,其最多支持 8 个通道,并且不影响功耗。这使得例如运动手表、自行车行车电脑和健身机电脑等产品最多可同时连接到 8 个传感器。

还有一个成员是 8 通道带 USB 接口的 nRF24AP2 – USB。该器件提供与 8 通道器件同样先进的功能,只是串行接口改为全速 USB2.0 接口。nRF24AP2 – USB 是 ANT USB 适配器和需要到 USB 主机接口应用的理想选择。

这本书是为这三款芯片应用而撰写一本内容翔实的指南,这样工程师即使不是射频设计的专家也依然能够全面把握概念。阅读本书后,读者将能够满怀信心地追随数以千计已经将 nRF24AP2 先进功能添加到他们的产品中来增强竞争优势的工程师的脚步。

前面章节详细描述了 Nordic 的 nRF24AP2 硬件和 ANT 软件及典型应用,后面章节说明芯片的接口,ANT 消息协议,以及如何开发无线网络应用。书中所提供例子给出设计性能强大可靠的无线网络所必须考虑的因素。

我们希望您能够喜爱这本书并感到这是一本有价值的参考书(本书的姐妹篇包括已出版的介绍 Nordic 高端系统级 SOC 芯片 nRF24LE1 以及单片射频无线收发芯片 nRF24L01 系列书籍),Nordic 也欢迎任何的建议及反馈。

Ståle("Steel") Ytterdal 叶钢
Nordic Semiconductor 亚太区市场及销售总监
Email:steel.ytterdal@nordicsemi.no
Tel:+852 3752 3781
Nordic Semiconductor ASA
Unit 2502, 25F, Golden Centre
188 Des Voeux Road, Central
Sheung Wan
Hong Kong

前 言

一直以来，单片机和无线网络在不少技术人员的心目中仍然是相隔比较遥远的应用，往往想应用而又"不得其门而入"。而实际上，随着微电子技术、计算机技术、无线通信技术等技术的进步和应用的推动，特别是以 RFID、无线传感网、无线物联网等为背景的应用日益增多，无线网络与单片机的结合进一步拓展了应用和创新的空间，已经成为令人关注的热点。很多技术人员都对此有浓厚兴趣并迫切希望了解及进入这一应用领域。而无线网络的应用设计涉及网络协议、拓扑设计、抗干扰、网络管理，以及低功耗设计等等专门领域，对很多研发技术人员来说是颇为头痛的问题。如何使得研发人员更多地关注应用，而不用耗费大量的时间和精力在无线网络部分上，这是一个影响到很多创新应用能否得以实现的问题。目前关于 Zigbee 无线网络应用的介绍和书籍也已不少，但由于其协议堆栈的复杂性，开发的难度以及较高的应用成本往往使人望而却步，而且由于 Zigbee 一开始就被设计为较为复杂的应用，使得网络的实现以及部署的灵活性受到较大的限制，特别是在很多应用如无线传感网，在低功耗方面未能达到理想的性能。

如何能让更多的嵌入式应用更好更快地应用到无线网络的先进与便利，实现会用单片机就可以应用无线网络的梦想？挪威 Nordic Semiconductor ASA 推出 nRF24AP2 系列单片 ANT 超低功耗无线网络解决方案，其内嵌先进的 ANT 无线网络协议，使用者无需对无线网络协议堆栈和实现过程做深入了解，而仅需要进行简单的配置和设置，就可以非常方便地实现无线网络和极低功耗的应用，采用钮扣电池即可工作数年时间，可以组建各类简单到复杂的无线传感网、RFID、无线物联网等无线应用网络。

与目前知名度较高的 Zigbee 无线网络相比，ANT 无线网络具有非常独特的优势，尤其在低功耗方面远优于 Zigbee，网络部署具有极大的灵活性，已在市场上得到了大量的部署和应用（是目前实际部署量最大的无线传感网络之一），已经得到将近 400 多家厂商的支持。在网络的部署和实施上具有更大的灵活性和更高的效率，开发者无需了解复杂的网络协议及其堆栈的编程，而只需关注于应用，这一点对于大多数应用而言来说是十分必要的。毕竟对于大多数应用来说，使用何种网络标准和技术不是关键，重要的是如何快速、可靠及低成本地实现无线网络应用。

无线网络应用是一门实践性很强的技术，本书分为基础篇、提高篇和实战篇。基础篇详细介绍 nRF24AP2 系列超低功耗无线网络芯片的各部分功能原理及应用；提高篇详细说明各类 ANT 消息命令及使用，以及 ANT 网络概念；实战篇详述各种无线网络应用模式下的硬件和软件设计流程，并为每个功能模块编写了应用演示源程序，便于快速实验及测试。本书最大的目的是帮助技术人员快速学习及入门 ANT 无线网络设计,理解和认识无线网络概念及应用,破除对无线网络应用的未知或畏惧心理,在短时间内,开发出高质量符合要求的无线网络应用产品。为了方便广大读者学习和交流,可以在 http://www.freqchina.com 网站及论坛下载相关资料。同时,如果读者对本书学习中所用到的器件、开发工具等设备有兴趣,也可以访问该网站查看购买方式。

在此感谢 Nordic 对本书的出版支持。Nordic 是一家极具特点的公司,其做事的严谨性,创新的持续性,对技术发展的前瞻性以及对技术发展的把握令人钦佩。感谢 Nordic 亚太区市场及销售总监 Steel、亚太区域销售经理 Chan Chim 长期以来的大力支持和和热心帮助。我们也忘不了 Nordic 亚太区技术团队 Kjartan、John So、Salas Lau 以及挪威总部等的支持与协助,并提供了建设性的意见和参考资料。

由于编者水平有限,书中的错误及不足之处在所难免,请读者及专家指正。

作者
2011 年 5 月

目 录

第1章 ANT 超低功耗无线网络简介 ... 1
1.1 低功耗无线网络应用背景 ... 1
1.2 何为 ANT 网络 ... 2
1.3 Zigbee 与 ANT 无线网络的特点 ... 2
1.3.1 超低功耗特性 ... 4
1.3.2 低系统成本及开发成本 ... 5
1.3.3 灵活的网络拓扑结构 ... 5
1.4 ANT 低功耗无线网络的基本概念 ... 7
1.4.1 ANT 无线网络节点 ... 7
1.4.2 ANT 无线网络通道 ... 7
1.4.3 ANT 无线网络的基本工作方式 ... 8
1.4.4 搜索、配对 ... 9
1.4.5 跳频工作 ... 9
1.4.6 ANT 无线网络的组网方式 ... 10
1.5 2.4GHz 无线链路的预测 ... 11
1.5.1 自由空间电波传播基础 ... 11
1.5.2 自由空间下 2.4GHz 频段的无线链路预测 ... 12
1.5.3 在实际环境下 2.4GHz 频段的无线链路预测 ... 13
1.5.4 增加 2.4GHz 无线通信距离的方法 ... 13
1.5.5 无线链路预测工具 ... 14

第2章 2.4GHz 单片 ANT 超低功耗无线网络芯片 nRF24AP2 ... 16
2.1 nRF24AP2 介绍 ... 16
2.1.1 nRF24AP2 特性 ... 16
2.1.2 nRF24AP2 应用领域 ... 17
2.2 nRF24AP2 概述 ... 17
2.2.1 nRF24AP2 功能 ... 17
2.2.2 nRF24AP2 的内部框图 ... 19
2.2.3 nRF24AP2 芯片引脚分配 ... 19
2.2.4 nRF24AP2 引脚功能 ... 19
2.3 nRF24AP2 的射频收发器 ... 22
2.3.1 nRF24AP2 射频收发器功能 ... 22
2.3.2 nRF24AP2 射频收发器内部框图 ... 22

2.4 ANT 协议概述 ……………………………………………………………… 23
　2.4.1 ANT 内部框图 ……………………………………………………… 23
　2.4.2 ANT 功能说明 ……………………………………………………… 23
2.5 nRF24AP2 与微处理器的接口方式 ………………………………………… 29
　2.5.1 微处理器接口功能 …………………………………………………… 29
　2.5.2 异步串行接口 ………………………………………………………… 30
　2.5.3 同步串行接口 ………………………………………………………… 32
2.6 nRF24AP2 片内振荡器 ……………………………………………………… 38
　2.6.1 振荡器特性 …………………………………………………………… 38
　2.6.2 振荡器内部框图 ……………………………………………………… 38
　2.6.3 振荡器功能描述 ……………………………………………………… 38
2.7 nRF24AP2 工作条件 ………………………………………………………… 40
2.8 nRF24AP2 电气特性 ………………………………………………………… 40
　2.8.1 nRF24AP2 特定应用下的电流消耗 ………………………………… 43
　2.8.2 电流计算实例 ………………………………………………………… 45
2.9 nRF24AP2 绝对最大额定值 ………………………………………………… 45
2.10 nRF24AP2 封装尺寸规格 ………………………………………………… 46
2.11 nRF24AP2 应用范例 ……………………………………………………… 46
　2.11.1 PCB 设计指南 ……………………………………………………… 46
　2.11.2 同步(位)模式原理图 ……………………………………………… 47
　2.11.3 同步（字节)模式原理图 …………………………………………… 48
　2.11.4 异步模式原理图 …………………………………………………… 48
　2.11.5 材料清单(BOM) …………………………………………………… 48
2.12 nRF24AP2 无线网络模块 ………………………………………………… 51
　2.12.1 产品特性 …………………………………………………………… 51
　2.12.2 适合各种无线网络拓扑应用 ……………………………………… 52
　2.12.3 工作条件 …………………………………………………………… 52
　2.12.4 引脚排列及说明 …………………………………………………… 52
　2.12.5 微处理器接口 ……………………………………………………… 53
2.13 nRF24AP2 增强功率 PA 无线网络模块 …………………………………… 57

第3章 带 USB 接口的单片 ANT 无线网络芯片 nRF24AP2 – USB …………… 58
3.1 nRF24AP2 – USB 介绍 ……………………………………………………… 58
　3.1.1 nRF24AP2 – USB 基本特性 ………………………………………… 58
　3.1.2 nRF24AP2 – USB 应用领域 ………………………………………… 59
3.2 nRF24AP2 概述 ……………………………………………………………… 59
　3.2.1 nRF24AP2 – USB 功能 ……………………………………………… 59
　3.2.2 nRF24AP2 – USB 内部框图 ………………………………………… 61
　3.2.3 nRF24AP2 – USB 引脚分配 ………………………………………… 62
　3.2.4 nRF24AP2 – USB 引脚功能 ………………………………………… 62

3.3 nRF24AP2 – USB 射频收发器	63
3.3.1 nRF24AP2 – USB 射频收发器功能	63
3.3.2 nRF24AP2 – USB 射频收发器内部框图	63
3.4 ANT 协议概述	64
3.4.1 ANT 内部框图	64
3.4.2 功能描述	65
3.5 nRF24AP2 的主机接口	70
3.5.1 主机接口功能	70
3.5.2 主机接口内部框图	70
3.5.3 主机接口功能描述	71
3.6 nRF24AP2 – USB 的片内振荡器	77
3.7 nRF24AP2 – USB 工作条件	78
3.8 nRF24AP2 – USB 电气规格	79
3.8.1 nRF24AP2 的 USB 接口	80
3.8.2 nRF24AP2 – USB 的直流电气特性	81
3.8.3 nRF24AP2 – USB 的电流消耗	82
3.9 nRF24AP2 – USB 的绝对最大额定值	82
3.10 nRF24AP2 – USB 的封装尺寸规格	83
3.11 nRF24AP2 – USB 应用范例	83
3.11.1 PCB 设计指南	83
3.11.2 nRF24AP2 – USB 应用原理图	84
3.11.3 PCB 布局图	84
3.11.4 材料清单(BOM)	84
3.12 nRF24AP2 – USB 无线网络模块	86
3.12.1 产品特性	86
3.12.2 各种无线网络拓扑应用	86
3.12.3 基本电气特性	87
3.12.4 模块顶视图及主机接口	87
3.12.5 典型应用	88
3.13 nRF24AP2 – USB 增强功率无线 USB 网络模块	88
3.13.1 模块顶视图	88
3.13.2 基本电气特性	89
第4章 ANT 芯片及模块接口详述	90
4.1 ANT 接口介绍	90
4.2 ANT 的异步串行接口	91
4.2.1 ANT 的异步串行接口说明	91
4.2.2 ANT 的异步串行接口参数	91
4.2.3 ANT 的链路层协议	92
4.2.4 ANT 消息	93

4.2.5　异步串口控制信号(RTS) ································· 93
　　4.2.6　节电控制 ·· 93
4.3　ANT 的同步串行接口 ··· 94
　　4.3.1　ANT 同步串行接口说明 ·· 94
　　4.3.2　ANT 同步串行接口参数 ·· 95
　　4.3.3　ANT 链路层协议 ·· 95
　　4.3.4　实现同步 ·· 97
　　4.3.5　串口通信的工作机制 ··· 97
　　4.3.6　字节同步的消息传输 ··· 98
　　4.3.7　位同步的消息传输 ·· 100
　　4.3.8　上电/掉电控制 ·· 101
　　4.3.9　串行使能控制(ANT→主控 MCU) ································ 101
　　4.3.10　采用 Epson MCU 作为主控 MCU 的典型应用 ··············· 101

第 5 章　ANT 消息协议详述和使用 ·· 103

5.1　ANT 协议介绍 ··· 103
5.2　ANT 产品系列 ··· 104
　　5.2.1　ANT 单芯片和芯片组 ·· 104
　　5.2.2　ANT 模组 ·· 104
　　5.2.3　ANT USB 接口棒 ··· 104
　　5.2.4　ANT 开发工具包 ·· 104
　　5.2.5　ANT PC 接口软件 ·· 104
5.3　ANT 网络拓扑 ··· 104
5.4　ANT 节点 ··· 106
5.5　ANT 通道 ··· 107
　　5.5.1　ANT 通道上的通信 ··· 107
　　5.5.2　ANT 的通道配置 ·· 108
　　5.5.3　建立一个 ANT 通道 ·· 112
　　5.5.4　ANT 数据类型 ··· 113
　　5.5.5　ANT 独立通道 ··· 115
　　5.5.6　ANT 共享通道 ··· 115
　　5.5.7　ANT 连续扫描模式 ··· 117
5.6　ANT 设备配对 ··· 117
　　5.6.1　ANT 设备配对实例 ··· 118
　　5.6.2　ANT 的包含/排除列表 ·· 119
　　5.6.3　ANT 邻近搜索 ··· 119
5.7　ANT 接口 ··· 120
　　5.7.1　ANT 信息结构 ··· 120
　　5.7.2　微处理器串行接口 ·· 122
　　5.7.3　PC 串行接口 ··· 122

5.8　ANT 网络实现范例 ·· 122
　　5.8.1　用独立通道实现 ··· 123
　　5.8.2　用共享通道实现 ··· 126
5.9　附录 A – ANT 消息详述 ·· 130
　　5.9.1　ANT 消息 ·· 130
　　5.9.2　ANT 消息结构-备注 ·· 130
　　5.9.3　ANT 消息摘要 ·· 131
　　5.9.4　ANT 产品功能 ·· 134
　　5.9.5　ANT 消息详细说明 ··· 136

第 6 章　深入了解 ANT　174
6.1　ANT 设备配对 ·· 174
　　6.1.1　通道 ID ·· 174
　　6.1.2　设备配对位 ·· 175
　　6.1.3　包含/排除列表 ·· 177
　　6.1.4　搜索列表 ··· 178
　　6.1.5　邻近搜索 ··· 179
　　6.1.6　请求通道 ID ··· 179
　　6.1.7　应用实例 ··· 179
　　6.1.8　小结 ·· 182
6.2　邻近搜索 ·· 182
　　6.2.1　使能邻近搜索 ·· 183
　　6.2.2　设计注意事项 ·· 183
　　6.2.3　小结 ·· 184
6.3　ANT 通道搜索和后台扫描通道 ··· 185
　　6.3.1　ANT 通道搜索 ·· 185
　　6.3.2　通道搜索示例 ·· 185
　　6.3.3　主设备和从设备通道周期间的关系 ································ 186
　　6.3.4　搜索模式 ·· 187
　　6.3.5　功耗以及时间延迟 ··· 189
　　6.3.6　后台扫描通道 ·· 189
　　6.3.7　小结 ·· 191
6.4　突发传输 ·· 191
　　6.4.1　突发传输说明 ·· 191
　　6.4.2　数据吞吐率 ·· 192
　　6.4.3　串行接口协议 ·· 192
　　6.4.4　突发控制技术 ·· 193
　　6.4.5　传输队列 ··· 194
　　6.4.6　事件消息 ··· 195
　　6.4.7　小结 ·· 196

6.5 ANT 多通道应用的设计考虑 …… 196
 6.5.1 ANT 通道概述 …… 197
 6.5.2 设计注意事项 …… 197
 6.5.3 关于多通道的常见误解 …… 200
 6.5.4 通用多通道的最佳实施方式 …… 200
 6.5.5 小结 …… 201
6.6 ANT 协议下的电源功耗状态 …… 201
 6.6.1 异步串行模式下的电源功耗状态 …… 201
 6.6.2 同步串行模式下的电源功耗状态 …… 205
 6.6.3 ANT 功耗的预测和估算 …… 206
 6.6.4 小结 …… 209
6.7 与 ANT DLL 的动态连接 …… 209
 6.7.1 动态链接的基本知识 …… 209
 6.7.2 与 ANT DLL 动态链接实现 …… 211

第 7 章 一个 2.4GHz 无线运动健康监测传感系统设计实例 …… 212
7.1 2.4GHz 无线运动应用场景 …… 212
7.2 2.4GHz 无线运动健康监测传感系统的典型拓扑结构 …… 213
7.3 中心节点(接收机)的设计 …… 213
 7.3.1 设计的基本条件 …… 214
 7.3.2 实现范围 …… 214
 7.3.3 设计层 …… 215
 7.3.4 消息流程图 …… 215
7.4 中心节点(接收机)的实现 …… 216
 7.4.1 软件实现 …… 216
 7.4.2 测试所需硬件配置 …… 219
7.5 更多的 ANT 应用 …… 219

第 8 章 无线传感网教学开发实验平台 …… 220
8.1 平台概述 …… 220
8.2 无线传感网教学开发实验平台拓扑结构 …… 220
8.3 无线传感网教学开发实验平台系统组成 …… 221
 8.3.1 无线温度传感节点 …… 221
 8.3.2 无线传感网中心节点组成 …… 225
 8.3.3 无线传感网中心节点的计算机终端监控软件 …… 229
 8.3.4 如何编译、下载并运行一个例程 …… 230

第 9 章 nRF24AP2 无线网络应用编程实例 …… 235
9.1 nRF24AP2 的上电复位操作 …… 235
9.2 nRF24AP2 的基本参数设置函数 …… 236
9.3 中心节点 nRF24AP2 的初始化操作 …… 242
9.4 无线传感节点 nRF24AP2 的初始化操作 …… 245

参考文献 …… 248

第1章
ANT 超低功耗无线网络简介

1.1 低功耗无线网络应用背景

无线通信技术、计算机技术和半导体技术的进步以及融合,推动了多功能、低功耗传感器应用的快速发展,能够在极为有限的体积内集成诸如信息感知及采集,数据的处理融合,无线通信和组网的管理,极低功耗的实现等多项功能。

在这些无线新技术的基础上,我们在进行数据交换时就不必受时间和空间的限制,再也不用为网络布线而苦恼。当前已成为热点的无线传感器网络(Wireless Sensor Network,WSN)就是部署在一定区域内的大量传感器节点,通过无线通信方式而形成的网络系统,协同感知,获得和处理网络内相关感知对象的信息,并传送给需要的观察者。无线传感网给传感器网络乃至物联网的部署和实现提供了极大的灵活性,并大大延展了传感网和物联网的应用领域,同时也对无线通信技术提出了新的挑战。每个传感器节点可以看作是一个微型的嵌入式系统,必须能够兼顾功能及功耗的要求。在很多的无线传感网络应用中,除了需要具备数据处理和较强的无线通信抗干扰组网能力外,往往还需要传感节点能够长时间、持续性地感知和收集数据,比如要求在使用纽扣电池时的使用寿命长达数年之久。这些要求的实现依赖于低功耗的无线通信协议和设备的支持。

目前多种新的无线中短距离通信网络技术方兴未艾,如 WiFi、Bluetooth、Zigbee、ANT,以及 UWB 超宽带无线通信技术等,这些新的无线通信技术的性能参数和应用对象都各有其特点。对于无线传感网的应用,在诸如工业控制、智能家庭自动化、运动及健康医疗监控、环境监测、传感器网络、有源 RFID,以及物联网等应用中,系统所要求的传输数据量较小,传输速率较低,而系统终端往往是体积很小和功耗要求极低的嵌入式设备。在这类应用中,工程师可以开发自己的网络协议,也可以采用其他完整的方案,例如目前市场上已有的 Zigbee 方案以及 ANT 网络方案。

Zigbee 技术是一种具有统一技术标准的短距离无线通信技术,其 PHY 层和 MAC 层协议为 IEEE802.15.4 协议标准,网络层为 Zigbee 技术联盟制定,应用层的开发根据用户自己的应用需要而进行。由于设计的初衷及严格地遵守标准,ZigBee 可以较好地满足互通性目标的要求。但是实践和经验说明这样一个道理,基于标准的技术很少会是最佳的工程解决方案,原因是标准往往必须做出多种折衷，最大的折衷是标准制定机构必须确保标准能够满足所有需求。考虑到系统兼容性和应用的复杂性，Zigbee协议在理论上设计了完善的机制，但是完善的机制也使得应用变得过于复杂，需要对整个协议堆栈的流程和各种状态进行深入的了解，这对于很多应用开发人员而言是非常困难的。尽管部分Zigbee厂商的开发平台也公布了Zigbee协议栈的源代码，但是理解和开发的难度仍然很大。Zigbee网络中由于存在多种不同类型的节点，其节能及睡眠机制需折衷考虑，比如路由节点不能采用电池供电，这给无线网络部署带来困难和障碍。Zigbee的这些特点及难点，对于无线网络的应用开发者而言都是不容回避的，挑战这些技术难点，所付出的代价将是巨大的。其次，Zigbee目前的成本还比较高，没有达到预期的低成本。应用Zigbee标准的产品，仍需要加入相关的联盟组织，进行相关的认证并交纳相应的费用，这也会带来一定的困扰。

对于应用和开发者而言，其所关注的往往是如何将技术构思迅速转化为产品，是否采用某种标准未必是其最所关注的问题。随着应用的便利性，被充分验证的可靠性，网络部署的灵活性，以及出色的低功耗特性，被越来越多的人所认识，ANT无线网络正得到越来越多的应用，包括在个人区域网络(PAN)及无线传感器网络(WSN)应用领域。

1.2 何为 ANT 网络

ANT无线网络是由Nordic、Dynastream等公司发起并推动的超低功耗无线网络标准，可以实现及完成Zigbee的绝大多数应用场景，并具有更低的功耗，更快捷的开发应用周期，无需为协议付费等优点，已得到广泛的部署和应用。由于ANT无线网络最初只在某些特定行业应用，因此并不太为人所知，鉴于其在健康、运动、医疗等领域所获得的巨大成功，使得ANT无线网络应用逐渐走向前台，成为更多无线应用的新的选择。截至2010年11月，ANT联盟企业成员目前已多达380个，部署的应用节点已经达三千多万个，并仍在快速增加中。

极低的功耗是ANT无线网络的最大优势之一，采用纽扣电池供电可达数年的工作寿命，ANT无线网络下工作的平均功耗最低可达10μA左右，休眠时的功耗甚至可低达0.5μA。其次，ANT无线网络已经将相关的无线网络协议、抗干扰协议、超低功耗电源管理等完全封装在芯片内部，开发者无需关注其无线协议的细节及过程，无需关注如何实现低功耗及唤醒，只需根据应用需要对各节点进行网络配置即可完成网络的构建及应用。对开发者来说，这是一个巨大的进步，开发者可以不用耗费大量的时间和精力在无线协议、网络的管理和低功耗的实现上，而专注于应用和功能的实现，大大加快了开发周期，缩短了产品的上市时间。

ANT网络既可以用于小型无线网络，也可用于大型复杂无线网络中，其特点是网络部署方式多样化，可以是广播、点对点、星形，乃至复杂的网状结构。通过适当的配置，网络中的某个节点可以同时分属于不同的网络，在不同的通道上，既可以作为主节点，也可以作为从节点。这也使得网络部署极为灵活高效。

1.3 Zigbee 与 ANT 无线网络的特点

ZigBee网络中采用了不同功能的节点(图1-1)：ZigBee协调器(ZigBee Coordinator, ZC)、ZigBee路由器(ZigBee Router, ZR)和ZigBee终端设备(ZigBee EndDevice, ZED)。采用不同类

型节点的目的在于降低成本,因为在可能的情况下,可使用功能较少和较便宜的节点。ZigBee 的节点系列从 ZigBee 协调器(ZC)开始,该设备功能最多,用于启动网络并为其他网络提供桥接;接下来是 ZigBee 路由器(ZR),用来执行应用功能,并作为为中间路由器,传送来自其他设备的数据;最后,ZigBee 的结构中还包括一个端点设备(ZED),它只能与上级节点(ZC 或 ZR)通信,不能中继来自其他设备的数据。建立一个 ZigBee 网络时,首先需围绕着 ZC 建构一个子集。该子集将负责处理来自相邻协调器,希望将该子集与 mesh 网设立连接的请求。要将这种网络扩展到对等网络并非易事,因为对于节点来说,除非具有合适的类型,否则要随时加入和离开网络是困难的。

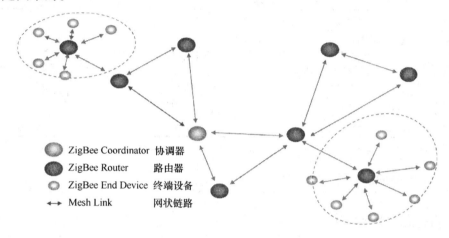

图 1-1 ZigBee 网络不同功能节点示意图

而在 ANT 网络中,可以使所有的节点完全平等,并能在实际网络和交换过程中平等地随时作为从节点或主节点。在这种网络中,节点既可以作为发射机,也可以作为接收机,或者将流量路由到其他节点,可依 ad hoc 方式随时加入和离开网络。此外,每个节点也可根据相邻节点的活动情况来确定最佳的发送时间,因此无需专用的协调器(如 ZigBee ZC)或路由器节点。ANT 就是这类网络解决方案的例子。它能够支持几十甚至数百个节点的对等互连。这意味着节点可以方便地加入和离开网络,且所需的系统资源开销比较低。

在很多并不要求系统互通性的超低功耗无线网络应用中,无论是从性能、成本,或是网络实现的简便性而言,ANT 显然优于 ZigBee。

Zigbee 与 ANT 都可以用于无线 PAN 以及 WSN 等网络的构建,ANT 可以实现大多数情况下 Zigbee 的应用场景,而且 ANT 具有更低的功耗,更灵活的组网方式。

表 1-1 为 Zigbee 与 ANT 基本性能比对表。

表 1-1 Zigbee 与 ANT 基本性能比对表

无线网络	ANT	Zigbee
遵循标准	非标准	IEEE802.15.4
应用	PAN(Personal Area Network) WSN(Wireless Sensor Network)	PAN(Personal Area Network) WSN(Wireless Sensor Network)

续表 1-1

无线网络	ANT	Zigbee
主控制器要求/KB	2	100
电池使用寿命(纽扣电池)	3 年以上	4~6 个月
最大网络容量	2^{32}	2^{64}
空中传输速率/kbps	1000	250
工作距离/m	约 1~30(在 2.4GHz 时)	约 1~30(在 2.4GHz 时)
支持网络拓扑	点对点、星形、树形、网状	点对点、星形、树形、网状
节点配置类型	单发射,单接收,收发	收发
TX 发射峰值电流/mA	9	32
RX 唤醒接收电流/mA	0.82	13.5
平均工作电流/mA	0.0385	1.82
平均功率/μW	115	9 000
休眠工作功率/μW	35	125

* 数据来源:ANT white paper "Exceeding the standard for wireless sensor networks"

下述 ANT 网络的主要特性。

1.3.1 超低功耗特性

超低功耗是 ANT 网络的重要特性之一,在无线应用中功耗受许多因素的影响,其中一项要素是无线速率。对于特定的数据量,无线速率与发送这些数据所用的时间,即工作在高耗电接通状态的时间密切相关。理论上,速率越高,传输速率越快,从睡眠模式唤醒后所需工作的时间越短。但实际上,速率高则功耗大,在所增加的功耗超过因时间缩短而获得的收益时,需要折衷考虑,实际应用中最佳的折衷点通常认为是 1Mbps。ANT 采用 1Mbps 速率,而 ZigBee 则采用 IEEE802.15.4 标准的 250kbps。这意味着传输一定的数据量时,ZigBee 所需要时间是 ANT 的 4 倍。

功耗还会受到无线通信协议效率的影响,高效的协议对于降低功耗是一个更大的挑战,低效率的通信协议往往会增加功耗。协议的效率透过开销和载荷的比值来度量。比如对于特定的载荷可以采用较短的数据包。通常,ZigBee 的协议效率是 20%(不过效率可能会随着载荷的长度变化有所改善),而 ANT 的效率是 47%。由此可见,ANT 协议是一个高效的,适合于极低功耗应用的无线通信协议。

像很多基于标准的协议一样,ZigBee 联盟为了使参与的各方都满意,同时保证可互操作性不得不增加一些额外特征,这样就使得协议栈增大,效率降低,最终导致能量消耗增加。

对于实际使用的无线网络来说,低功耗是关键的技术指标,特别是像无线传感器网络这样的应用。为了将维护系统运行所需资源降到最低水平,电池必须能够持续工作数月甚至数年。ZigBee 联盟将 ZigBee 描述成低功耗方案,但这是与蓝牙系统相比较而言的。对于需要工作更长时间(如数年)的无线网络应用,Zigbee 难以满足其低功耗的要求。在低功耗方面,ANT 具有独特的优势。

1.3.2 低系统成本及开发成本

由于互通性方面的要求,ZigBee 协议堆栈相对较大,虽然它比蓝牙协议堆栈小 1/4,却比 ANT 协议堆栈大一个数量级。这必然会增加外部微处理器的负担,须使用功能更强存储空间更大的微处理器。在实际中由于 ANT 仅需要 2KB 的外部微处理器资源(一般的低成本微处理器即可满足此要求),而 ZigBee 则需要 100KB 的微处理器资源(需要性能更强成本更高的微处理器)。过大的协议堆栈不仅耗费较多系统资源,同时也需要开发人员具备较高的水准,需要成本较高的开发平台以及较长的开发周期。

ANT 无线网络所具有的低系统成本以及低开发成本的优势,在产品开发,产品部署时可以大大提升竞争力以及产品进入市场的速度。

1.3.3 灵活的网络拓扑结构

ZigBee 联盟创立了一个作为个人局域网络(PAN)的短距离无线标准标准。ZigBee 的实体层(PHY)和媒体存取层(MAC)基于 IEEE802.15.4 标准,并支持自有的网络层(NWK)和应用层(APL)。与基于其他协议的标准一样,为了确保产品的兼容性,ZigBee 需要具有能够让所有参与方满意并确保其能够互通作业的附加功能。但这些功能将增大协议规模、降低效率,并因此增加功耗。ZigBee 认为解决方案必须是用于复杂 mesh 网络的通用方案。但是,由于它偏向于复杂的 mesh 组网,即某个节点可以和其他几个节点直接通信(图 1-2),这就增加了网络的复杂度,这一点在许多实际应用中已被证明,其实现和使用是比较复杂和困难的。

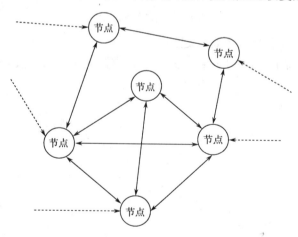

图 1-2 Mesh 网状网络对多数的实际 WSN 应用显得过于复杂

在实际应用中 Mesh 网状网络的构建比较困难,且需要消耗许多运算资源和功耗。实际应用中,网络很少要求某个节点与每个相邻节点都可以直接通信。从本质上来看,之前的组网技术,如点对点、星型组网和树型组网(分别如图 1-3(a),(b) 和 (c))已经可以解决迄今为止出现的所有的组网问题。

例如,图 1-4 举例说明了将图 1-2 中的网络重新进行配置,实现与树型网络一样的工

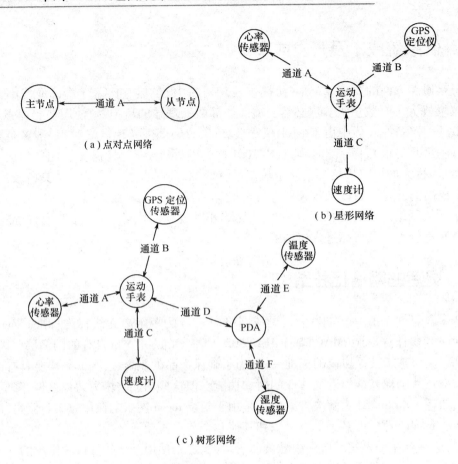

图 1-3 网络示意图

作。其关键区别在于到达目的地之前,数据透过一个中继装置被路由。这种预先确定的实用网络的效率大大优于复杂的 mesh 网络,因此建网和维护成本以及功耗均较低。

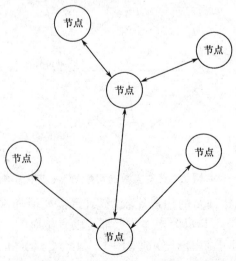

图 1-4 由树型网络构成图 1-2 所示 mesh 网络的等效网络

1.4 ANT 低功耗无线网络的基本概念

Nordic 目前推出的新一代 ANT 低功耗无线网络芯片,分别是:
nRF24AP2 - 1CH:单通道 ANT 无线网络芯片,可作为 ANT 无线网络的基本节点。
nRF24AP2 - 8CH:8 通道 ANT 无线网络芯片,可作为 ANT 无线网络的路由器节点。
nRF24AP2 - USB:USB 接口 8 通道 ANT 无线网络芯片,作为 ANT 无线网络路由器节点以及接入 Intenet 的网桥。

下面将分别介绍一下 ANT 无线网络的一些相关概念。

1.4.1 ANT 无线网络节点

ANT 无线网络中的基本单元是节点(见图 1-5),每个节点通常主要由一个微处理器和一个 ANT 无线网络引擎芯片(或模块)所组成,另外根据应用的需要还可能包括其他功能部件,如传感器。微处理器与 ANT 无线网络芯片的接口可以采用同步或异步的串行接口来实现,甚至可以采用普通 I/O 口来实现通信,这样可以用低成本的微处理器来实现。

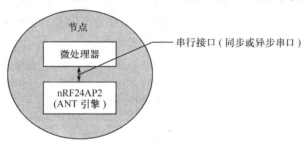

图 1-5 ANT 无线网络节点

微处理器与 ANT 无线芯片之间的通信采用消息驱动的方式(请参考 ANT 消息列表),即微处理器向 ANT 无线网络芯片发送规定格式消息来完成无线网络的基本配置,以及数据的发送;同时微处理器接收来自 ANT 无线网络芯片的信息并进行相应处理。

1.4.2 ANT 无线网络通道

在 ANT 无线网络中,通道是进行信息交换的渠道(图 1-6),nRF24AP2 可以建立一个或多个(8 个)逻辑通道到其他 ANT 节点,称为 ANT 通道。

最简单的 ANT 通道称为独立通道,由两个节点组成,一个作为主节点,一个作为从节点。一个主节点最多可以管理 8 个独立通道。

而共享通道则由一个主节点和 N 个从节点所组成,共享同一个通道,从节点的数量最大为 2^{32}。

通道可以根据实际需要通过配置定义为单发射通道,单接收通道,以及双向通道,共享双向通道。

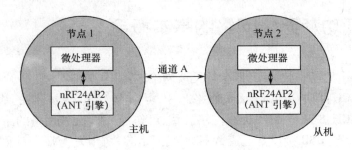

图1-6 ANT无线网络通道

单发射接收的通道类型只能在前向通道发送数据,也就是说主机不能接收任何从机的数据;而与此类似,对于单接收通道,从机不能发送数据。因此,这个通道类型只可以使用广播数据类型,而不能用于那些需要应答及确认的应用。

双向通道类型,数据可以正向和反向传输。数据的主要方向由工作模式指定。

共享的双向通道是基本双向通道类型的扩展。共享通道用于单个节点必须处理及接收多个来自其他节点的数据,在这种情况下,多个节点将与中心节点共用一个独立通道,使得在应用中更为灵活,便于实现各种网络的布署。

对于具有多通道的 ANT 芯片或模块 nRF24AP2-8CH 和 nRF24AP2-USB,其每个通道的参数和特性是单独配置的,节点可以在某些通道上配置为主节点,而在其他通道上配置为从节点,使得组网及应用更为灵活,这是一个极具特点的功能。

经过适当配置,nRF24AP2 将建立并管理一个同步无线链路,并同其他 ANT 节点在预定的时间周期(称为通道周期)交换数据包。主节点控制通道的时序,并发起通信。从节点跟踪由主节点设定的时序,并接收由主节点发送来的数据包,还可向主节点回送和应答数据包。

1.4.3　ANT 无线网络的基本工作方式

1. 广播方式

广播方式是 1 对 N 的单向通信方式,广播数据是系统默认的最基本数据类型。广播数据在每个通道相应的时隙由主机发送到从机。广播数据是没有应答的,因此如果有任何数据丢失,原始节点将不会知道。在单向传输链路的情况下(如仅由主机发送数据给从机进行通信),广播数据是唯一可用的数据类型。广播方式下的 RF 带宽消耗和系统电源消耗是最少的。只有在从机的主 MCU 明确要求的情况下,广播数据才可以由从机反向发送给主机(默认情况下,未经请求禁止反向发送数据)。

2. 应答方式

在通道上建立双向连接后,不论是正向还是反向,一个设备均可以在任何时间选择在下一个时隙发送一个应答包,收到应答数据包的节点将响应一个应答信息给源设备。源设备的主控制器将会被通知,也就知道数据包是否已成功发送。未应答数据包不会自动重发,而由应用来决定是否重发。

3. 突发方式

为了满足某些情况下需要连续快速发送数据应用的需要,突发数据传输提供了可在设备间传输大量数据的机制。突发传输由一系列快速连续带应答的数据信息组成。通道内以突发方式的包速率与通道周期下的速率相比大大加快,最大的数据吞吐量可达20kbps。在突发数据传输期间,突发数据包彼此同步关闭,此时就没有通常的通道周期。

与应答信息相类似,源主机的微处理器将会被通知发送成功或失败。该成功/失败通知对应于整个突发传输过程,而不是每个数据包。与应答方式不同,任何在传输过程丢失的包将自动重发。如果五次重发后数据包没有传输成功,ANT将中止突发传输,并给出一个传输失败的消息通知主机MCU,由主机MCU来决定后续的处理,给应用提供最大的灵活性。

突发传输没有持续时间的限制。突发传输通道相比参与节点上的所有其他已开启通道会得到优先处理。因此如果系统中有其他通道,应该注意采取合理的频率安排。虽然ANT协议稳定可靠,能够处理突发传输或其他外部干扰所导致的停机,但是突发传输的通道负载过大将可能导致失去同步或丢失数据。例如:对于长时间的突发传输,由于互相数据包间的同步关闭,时钟误差可能导致正常通道周期漂移,从而可能失去同步。因此,突发传输完成后,通道不再保持同步,从机将进入搜索,重新完成同步。

1.4.4 搜索、配对

搜索及配对的功能是ANT无线网络具有很有强实用价值的功能。

搜索功能可以用通配字符串搜索无线网络中特定范围已知及未知的主节点,获得该节点通道参数,并决定是否进行通信。在一个具有高密度主机节点区域,或高密度独立ANT网络的区域中,可能会在覆盖区域内找到多个主机,也可能会出现首先发现并连接到的主机节点并非所期望主机节点的情况。在这种情况下,采用ANT协议中的邻近搜索功能可以标明搜索到从最近到最远的10个节点。这一功能还可应用于一些特殊的应用场景,如定位。定位信息除了可以用来报告事件发生的地点外,还具有以下用途:目标跟踪,监视目标行动路线或预测目标的行动方向及轨迹,协助路由等等。可用于矿下人员定位及救援等应用。

配对是指两个节点之间希望建立一个相互通信的联系,这种联系可以是永久,半永久或暂时的。配对操作通过设置配对模式,使一个从设备获得主设备唯一的通道ID。如果想要永久配对,从设备应该将主设备的ID存储在永久性或非易失性存储器中。此ID将被用来开启此后所有通信会话的通道。在半永久性的配对中,只要通道保持,配对将持续。一旦超时,配对将丢失。在暂时性配对中,配对是临时的,持续时间取决于获取数据所需时间。

1.4.5 跳频工作

跳频技术(Frequency-Hopping Spread Spectrum;FHSS)是指在同步且同时的情况下,通信两端以特定型式的窄频载波来传送信号。

传统的无线电通信方式都是在某一固定频率下工作的,当周围环境存在与该频率相近的干扰时,就可能导致通信效果下降甚至无法实现通信。

跳频通信就是针对上述固定频率下无线电通信的弊端,当信号在某一频率上受到干扰时,信号就可切换到带宽内的其他频率上去,从而大大降低了其受干扰的程度。跳频通信是抗御干扰的有效手段。

如果完全由应用开发者来实现可靠的跳频功能,需要开发者具备较深厚的无线应用经验,并需要在实践中对其实现的算法和模型进行验证,这是一个工作量很大的事情。

ANT 无线网络已经内置了跳频功能,通过设置即可使用,这使得应用开发者无需关注其实现的过程而直接应用 ANT 的跳频功能即可,即提高了抗干扰能力,又大大缩短了开发的时间和周期。ANT 无线网络的跳频功能允许一个通道改变其工作的载波频率来提高其抗干扰能力,并且增强与其他无线系统如 WiFi 在同环境下共存的能力。与其他跳频系统不同的是,该功能将监控通道的无线性能是否有明显的下降,当通道的无线性能下降时,将自动实施跳频并保持同步。这种跳频也称为自适应跳频(AFH)。使用 ANT 跳频功能的前提是主机端与从机端必须都设置为跳频使能,并且设置了一组相同的用于跳频的工作频率。

这就好比两地之间有多条道路可抵达,采用跳频技术可以在某条道路阻塞时迅速转移到其他畅通的道路上抵达目的地,而定频情况下如果遇上道路阻塞则无法顺畅到达目的地。

1.4.6 ANT 无线网络的组网方式

ANT 网络可以根据需要构建从简单到复杂的无线网络拓扑,包括广播、点对点、星形、树形,以及复杂的网状网络。设计一个无线网络的时候,应根据自己的实际情况选择正确的拓扑方式。每种拓扑都有它自己的特点。

以下是几种典型的 ANT 无线网络应用场景。

1. 广播方式

广播(图1-7)顾名思义,就像广播电台一样向多个接收机同时发送相同的信息,其特点是 1 对 N 的单向信息传输,这是一种高效的大数据量分发方式,但由于没有反馈机制,不能确保每个接收机均能收到信息。

2. 点对点方式

点对点方式(图1-8)通信是一种基本通信方式,是通信的基本构成,可以是单向传输,也可以双向传输。为了确保通信的可靠,通常采用双向通信的方式:发送方发送一个数据包后,将等待接收方回送应答,以确认数据已正确到达,而后继续发送下一个包,若在规定时间内没有收到应答,则重发上一个包。

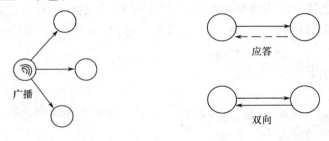

图1-7 广播方式　　　　图1-8 点对点方式

3. 星形网络方式

星形网络方式(图1-9)由中央节点和通过点到点的链路接到中央节点的各分站点组成。

4. 复杂网状网络

无线网状网络(无线 Mesh 网络,图1-10)也称为"多跳(multi-hop)"网络,是一种新型的无线网络解决方案。无线网状网的拓扑是任意的,就像是渔网一样,从一个点到另一个点有多条路径可以到达。

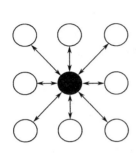

图 1-9 星形网络方式

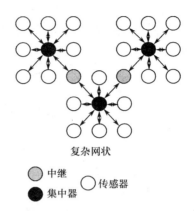

图 1-10 复杂网状网络方式

这种拓扑结构的最大好处在于：如果最近的集中器由于流量过大而导致拥塞的话，那么数据可以自动重新路由到一个通信流量较小的邻近节点进行传输。依此类推，数据包还可以根据网络的情况，继续路由到与之最近的下一个节点进行传输，直到到达最终目的地为止。

1.5　2.4GHz 无线链路的预测

在 ANT 无线网络组网时，常常遇到这样的问题：无线通信的距离可以达到多远？能不能在所在的环境内确保可靠的无线通信？要回答这些问题，就需要综合考虑周围环境等因素对无线通信的影响，对 2.4GHz 无线链路进行预测，以确保所设计的产品能够达到预期的效果。

1.5.1　自由空间电波传播基础

无线链路预测的理论基础是基于自由空间电波传播理论。所谓自由空间，严格来说应指真空。通常我们把均匀无损耗的无限大空间视为自由空间，而自由空间具有各向同性，电导率为零，相对介电系数和相对导磁率均恒为 1 的特点，电波在自由空间传播时，其能量既不会被障碍物所吸收，也不会产生反射或散射。自由空间是一种理想的情况。但是实际无线电波传播路径是不可能获得这种理想条件的，现实的电波传播媒质是有损耗且不均匀的，而电波传播的过程除了有衰减外，还会出现折射、反射、散射和绕射等现象。即便如此，在研究无线电波传播时，为了可以提供一个可以比较各种传播情况的标准并简化计算方法，引出自由空间电波传播的概念还是很有意义的。

设一点源天线（即无方向性天线）置于自由空间中，若天线辐射功率为 $P(\mathrm{W})$，均匀分布在以点源天线为中心的球面上，离开天线 $r(\mathrm{m})$ 处的球面面积为 $4\pi r^2$，则此球体上的功率通量密度：

$$F = \frac{P_{\mathrm{out}} G_{\mathrm{ant\_TX}}}{4\pi r^2} (\mathrm{W/m^2})$$

路径损耗(dB)：

$$L_{\mathrm{path}} = \left(\frac{4\pi}{c}\right)^2 f^2 r^2$$

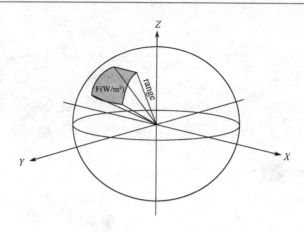

图 1-11 自由空间电波传播

下面的公式进一步说明在自由空间下电波传播的损耗与工作频率以及距离的关系。

$$\text{Loss} = 32.44 + 20\lg d + 20\lg f \tag{1-1}$$

其中：Loss 是传播损耗，单位为 dB，与传输路径有关；d 是距离，单位是 km；f 是工作频率，单位是 MHz。

公式（1-1）是无线链路预测的基础。自由空间下电波传播的损耗反映的是球面波在传播过程中，随着传播距离的增大，电磁波能量自然扩散所引起的，反映了球面波扩散损耗情况，其大小只与频率 f 和距离 d 有关，当频率 f 或距离 d 增加一倍时，Loss 分别增加 6dB。

一般来说，自由空间下的电波传输具有以下规律。

① 在同等的传输损耗下，工作频率越高的工作距离更短。
- 在同等距离的自由空间的衰耗，2.4GHz 要比 400MHz 下的损耗大 9dB。
- 6dB 的损耗将会使通信距离减少一半。

② 较高的频率下产生更多的损耗。
- 400MHz 具有一定的穿透和绕射障碍物的能力。
- 2.4GHz 真正的视线工作距离。

1.5.2　自由空间下 2.4GHz 频段的无线链路预测

工作频率为 2400MHz，发射功率为 0dBm（1mW），接收灵敏度为 -94dBm 的射频通信系统在自由空间的传播距离。

（1）计算 Loss。

$$\text{Loss} = 发射功率 - 接收灵敏度$$

发射功率和接收灵敏度均可以从器件或设备的规格书获得。如对于 nRF24LE1，发射功率典型值是 0dBm，接收灵敏度在 250kbps 速率时为 -94dBm，那么有

$$\text{Loss} = 94\text{dB} = 32.44 + 20\lg d + 20\lg f$$

（2）由 Loss = 94dB、f = 2400MHz，计算得出 d = 0.498km 即 498m。

1.5.3 在实际环境下 2.4GHz 频段的无线链路预测

自由空间是理想介质,不会吸收电磁能量,前面计算的值是在理想状况下的传输距离,而在实际的应用中,要受到各种外界因素如大气、阻挡物、多径等的影响而产生的传输损耗,进行链路预测时应将进一步将这些因素考虑在内。

2.4GHz 传输的特点是视线传输(LOS),在室外视线应用时,通常要考虑大气,雨雾等环境的因素,而在室内应用时,还应考虑阻挡物如墙壁、隔断、地板等的阻挡和吸收。通常。阻挡物对电波的阻挡效果与阻挡物的结构和材质等有关(如木质结构的损耗为 5dB,钢筋混凝土结构的损耗为 25dB)。尤其需要注意的是由于 2.4GHz 位于微波频段,因此在有雨、雾或湿度较大的环境下对电波的吸收和损耗会较大。

而实际中,电波还要受到诸如地面的吸收、反射、阻挡物的阻挡等影响。在室内的阻挡物通常为墙壁、隔断、地板等。阻挡物对电波的阻挡效果与障碍物的结构和材质等有关,表 1-2 列出不同材料和环境下的衰减参考值。

表 1-2 阻挡物对电波阻挡效果

环境及阻挡类型	衰减值/dB
楼层地板	30
砖墙上的窗	2
办公室隔墙	6
办公室墙上的金属门	6
煤渣砌块墙体	4
砖墙上的金属门	12.4
金属门旁的砖墙	3

将相关环境下损耗的参考值计入式(1-1)中,即可计算出在实际环境下近似的通信距离。

假定大气、遮挡等造成的损耗为 10dB:

$$Loss = 94dB - 10dB = 32.44 + 20\lg d + 20\lg f$$

可以计算得出通信距离为:$d = 0.158 \text{km}$,即 158m。

周围环境无线电波的干扰也会影响通信的距离,为保证可靠的通信效果,通常会在进行链路预测时预留 10dB 左右的链路余量。

1.5.4 增加 2.4GHz 无线通信距离的方法

在无线通信领域,不同的波段具有一些不同的特点,在 2.4GHz 频段,该频段信号的传播为直线传播,称为视距传播(LOS)。

在固定的频率条件下,影响通信距离的因素有:发射功率、接收灵敏度、传播损耗、天线增益等。对于系统设计者,周围环境对电波的吸收,多径干扰,传播损耗等是无法改变,但是可以优化发射功率、接收灵敏度和天线增益等因素。

在不改变系统本身条件下,采用高增益天线是一个很好的办法,并且不会给系统增加额外系统的功耗,这是优先考虑的方法。

比如,当前述的发射功率0dBm,接收灵敏度为 -94dBm 的无线通信系统,当其发射与接收均采用3dB增益天线时,

$$Loss = 94 + 3 + 3 = 32.44 + 20\lg d + 20\lg f$$

可以计算得出其自由空间通信距离为:$d = 0.995$km,即995m。

若假定实际环境下大气等其他损耗为10dB:

$$Loss = 94 + 3 + 3 - 10 = 32.44 + 20\lg d + 20\lg f$$

则实际环境下通信距离的预测为:$d = 0.315$km,即315m。

而当发射和接收均采用6dB增益的天线时,

$$Loss = 94 + 6 + 6 = 32.44 + 20\lg d + 20\lg f$$

可以计算得出其自由空间通信距离为:$d = 1.985$km,即1985m。

若假定实际环境下大气等其他损耗为10dB:

$$Loss = 94 + 3 + 3 - 10 = 32.44 + 20\lg d + 20\lg f$$

则实际环境下通信距离的预测为:$d = 0.628$km,即628m。

在考虑增加传输距离的时候,还可以通过增加发射功率和提高接收灵敏度来实现。但是增加发射功率会导致如下问题:增加功耗和增加系统复杂性和成本;另外在进行加大发射功率设计时,设计者需要具备一定的射频电路设计理论及实践经验,并需要有相关的仪器进行正确的调试,否则可能导致发射器饱和失真,产生谐波,降低信噪比,非但不能提升距离,反倒可能出现距离变近,性能变差的现象。在此种情况下,建议采用成品的加大功率模块。

若扩展发射功率到 $+20$dBm,接收灵敏度仍为 -94dBm,发射和接收均采用3dB增益的天线,那么有

$$Loss = 94 + 20 + 3 + 3 = 32.44 + 20\lg d + 20\lg f$$

可以计算得出其自由空间通信距离为:$d = 9.95$km,即9950m。

若假定实际环境下大气等其他损耗为15dB:

$$Loss = 94 + 20 + 3 + 3 - 15 = 32.44 + 20\lg d + 20\lg f$$

则实际环境下通信距离的预测为:$d = 1.770$km,即1770m。

1.5.5 无线链路预测工具

无线链路预测工具是为了方便系统设计者进行无线链路预测而设计的,是免安装的绿色软件,可在 www.freqchina.com 下载使用。双击运行该工具后,出现如图1-12所示界面。

发射功率:无线系统的发射功率,可查阅器件或设备的规格书获得。

发射天线增益:发射天线的增益,该参数可从天线的规格书获得。

接收灵敏度:无线系统的接收灵敏度发射功率,可查阅器件或设备的规格书获得.

接收天线增益:接收天线的增益,该参数可从天线的规格书获得。

工作频率:即无线系统的工作频率,不限于2.4GHz频段,可计算其他频段,如433MHz频段。

环境损耗:根据所工作的环境和阻挡物类型,选用适当的衰减值填入,须为负值,可参考前

第1章 ANT 超低功耗无线网络简介

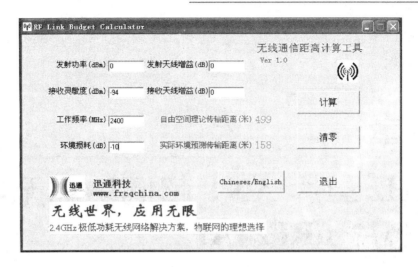

图 1-12　无线链路预测工具界面

表中数据。

按照无线系统的工作频率、发射功率、接收灵敏度、天线增益等相关参数填入，点击计算按钮，即可得到在所给定的参数和环境下，自由空间传播距离和实际环境下预测传播距离，非常直观方便。

第 2 章

2.4GHz 单片 ANT 超低功耗无线网络芯片 nRF24AP2

2.1 nRF24AP2 介绍

nRF24AP2 是 Nordic 公司低成本高性能 2.4GHz 无线系列成员之一,内嵌 ANT 无线网络协议堆栈。nRF24AP2 为超低功耗无线网络应用提供目前市场上最高效的单片无线解决方案,并集成了具有极高电源使用效率的 ANT 协议堆栈,业界领先的 Nordic 2.4GHz 射频技术,以及关键的低功耗振荡器及定时功能。

本章节涵盖两个产品:nRF24AP2 - 1CH 和 nRF24AP2 - 8CH。

2.1.1 nRF24AP2 特性

- 第二代单片 ANT 解决方案;
- nRF24AP2 - 1CH 支持 1 个 ANT 逻辑通道,是传感器应用的理想选择;
- nRF24AP2 - 8CH 最高支持 8 个 ANT 逻辑通道,是网络中心节点应用的理想选择;
- 国际通用 2.4GHz ISM 频段工作;
- 全嵌入的增强型 ANT 协议堆栈;
- 真正超低功耗,使用纽扣电池可达数年工作寿命;
- 内建设备搜索及配对功能,内建时间及电源管理模块;
- 内建抗干扰处理,可配置通道周期 5.2ms ~ 2s;
- 广播,应答,及突发工作模式,突发模式速率可达 20kbps;
- 适用于简单及复杂的网络拓扑结构:点对点,星形,树形及复杂网状网络;
- 支持公共、私有及受管理网络;
- 支持 ANT + 设备配置文件实现不同厂家产品之间互通;
- 完全兼容 nRF24AP1 以及基于 Dynastream 公司 ANT 芯片/模组的产品;
- 简单的异步/同步主机串行接口;

- 单电源 1.9~3.6V 供电；
- RoHS 无铅 5×5mm 32 脚 QFN 封装；
- 使用 16MHz 低成本晶体；
- 可选的片内 32.768kHz 晶体振荡器。

2.1.2　nRF24AP2 应用领域

- 运动；
- 健康；
- 家庭健康监控；
- 家庭/工业自动化；
- 环境传感器网络；
- 有源 RFID；
- 物流/货物追踪；
- 观众反馈系统。

2.2　nRF24AP2 概述

ANT 是一个性能出众的无线传感器(WSN)网络协议,适合绝大多数从简单的点对点网络到复杂无线网络的各种应用。与之相配合的是嵌入在 nRF24AP2 中来自 Nordic Semiconductor 业界领先的 2.4GHz 无线电技术。这两者的结合提供了一个高性能低功耗的无线网络连接,只需要极少的外部微处理器资源。只需要不到 1KB 的代码空间,一个异步或同步串行接口,就可以在你的应用中启用 ANT 连接。

有两种不同的 nRF24AP2 型号用以满足网络中末端节点以及中心节点的特殊要求。nRF24AP2-1CH 可为末端节点(如传感器等数据采集点)提供一个逻辑通信通道(ANT 通道)。nRF24AP2-8CH 则可以管理最多 8 个 ANT 通道以从多个传感器中采集数据。

图 2-1 说明了一个 nRF24AP2-8CH 网络节点与最多 8 个 nRF24AP2-1CH 节点通信的网络构成。例如一个运动手表从多个传感器采集数据(如心跳率,速度,距离传感器)。8 通道节点当然还可以与其他中心节点建立 ANT 通道(例如体育设备),这些中心节点依次连接更多的传感器。图中黑色节点表示 nRF24AP2-8CH,白色节点表示 nRF24AP2-1CH。更复杂的 ANT 网络拓扑结构配置见图 2-10。

2.2.1　nRF24AP2 功能

单通道 nRF24AP2-1CH 和 8 通道 nRF24AP2-8CH 功能包括:

① 超低功耗 2.4 GHz 无线射频收发。

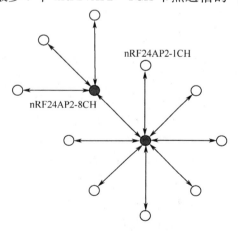

图 2-1　nRF24AP2 的简单配置

- 全球 2.4GHz ISM 频段工作；
- 基于 nRF24L01+ 无线射频内核；
- GFSK 调制；
- 1Mbps 空中速率；
- 1MHz 频率分辨率；
- 78 个 RF 通道；
- −85dBm 灵敏度；
- 最高 0dBm 射频输出功率。

② ANT 协议堆栈。
- 完成全部物理层，数据链路层，网络层，传送 OSI 层；
- 基于包的通信，每包 8 字节载荷；
- 超低功耗工作优化。

③ ANT 通道。
- ANT 节点间逻辑通信通道；
- nRF24AP2−1CH 支持 1 通道−传感器理想应用；
- nRF24AP2−8CH 支持最多 8 通道−中心节点应用；
- 内置时钟及电源管理；
- 内置抗干扰处理；
- 可配置通道周期为:5.2ms~2s；
- 广播，应答和突发通信模式；
- 突发模式速率最高 20kbps。

④ 设备搜索及配对。
- 通配搜索；
- 邻近搜索；
- 指定搜索；
- 如果找到正确设备，自动建立链接；
- 如果链接丢失，自动尝试重新建链；
- 可配置的搜索超时。

⑤ 网络拓扑。
- 使用独立 ANT 通道的点对点及星形网络；
- 共享网络：使用 ANT 共享通道的轮询方式($N:1$)；
- 广播网络：用于大量的数据分发($1:N$)。

⑥ 网络管理/ANT+。
- 支持公共及私有网络管理；
- 支持 ANT+ 系统实现不同厂家间的系统互通。

⑦ ANT 增强核心堆栈。
- 后台通道扫描；
- 连续扫描模式；
- 支持高密度节点；

- 改进的通道搜索；
- 通道 ID 管理；
- 改进的每个通道上发射功率控制；
- 频率捷变；
- 邻近搜索。

⑧ 电源管理。
- 完全由 ANT 协议堆栈控制；
- 片内稳压器；
- 单电源直流供电；
- 1.9~3.6V 工作范围。

⑨ 超低功耗工作。
- 比 nRF24AP1 最多节省 50% 平均功耗；
- 峰值电流比 nRF24AP1 降低 40%；
- 1Hz 周期广播模式下平均电流为 17μA；
- 4Hz 周期广播模式下平均电流为 59μA。

⑩ 片内振荡器和时钟输入。
- 16MHz 晶体振荡器支持低成本晶体；
- 16MHz 时钟输入；
- 超低功耗 32.768kHz 晶体振荡器；
- 32.768kHz 时钟输入。

⑪ 主机接口。
- 支持异步及同步模式；
- 5 脚异步模式；
- 6 脚同步模式。

2.2.2　nRF24AP2 的内部框图

nRF24AP2 由 5 个主要部分组成，如图 2-2 所示。包括接口，电源管理，ANT 协议引擎，片内振荡器和无线射频收发器。

2.2.3　nRF24AP2 芯片引脚分配

nRF24AP2 芯片引脚分配如图 2-3 所示。

2.2.4　nRF24AP2 引脚功能

nRF24AP2 芯片引脚功能见表 2-1。

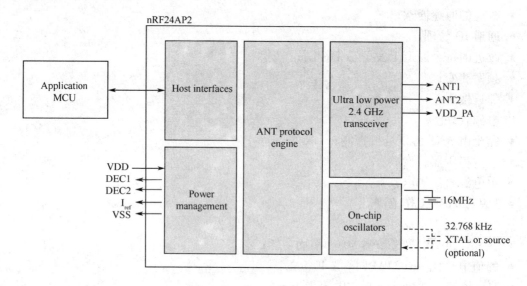

图 2-2 nRF24AP2 内部框图

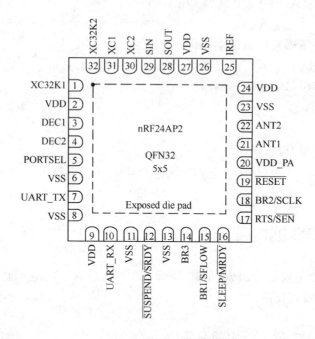

图 2-3 nRF24AP2 引脚分配(顶视图) QFN32 5×5 mm 封装

表 2-1 nRF24AP2 引脚功能

引脚	引脚名称	引脚功能	说明
1	XC32K1	模拟输入	连接 32.768kHz 晶振 也可采用合成或外部 32.768kHz 时钟源
2	VDD	电源	电源(1.9~3.6V DC)
3	DEC1	电源	电源输出退耦(100nF)
4	DEC2	电源	电源输出退耦(33nF)

第 2 章　2.4GHz 单片 ANT 超低功耗无线网络芯片 nRF24AP2

续表 2-1

引脚	引脚名称	引脚功能	说明
5	PORTSEL	数字输入	端口选择 异步串口：接到 VSS 同步串口：接到 VDD
6	VSS	电源	电源地（0V）
7	UART_TX	输出	异步模式：发送数据 同步模式：不连接
8	VSS	电源	电源地（0V）
9	VDD	电源	电源（1.9~3.6V DC）
10	UART_RX	数字输入	异步模式：接收数据 同步模式：连到 VDD
11	VSS	电源	电源地（0V）
12	$\overline{\text{SUSPEND}}$/SRDY	数字输入	异步模式：挂起控制 同步模式：串口就绪
13	VSS	电源	电源地（0V）
14	BR3	数字输入	异步模式：波特率选择 同步模式：接到 VSS
15	BR1/SFLOW	数字输入	异步模式：挂起控制 同步模式：位或字节流控制选择（位：接到 VDD，字节流：接到 VSS）
16	$\overline{\text{SLEEP}}$/MRDY	数字输入	异步模式：睡眠模式使能 同步模式：消息就绪指示
17	$\overline{\text{RTS}}$/SEN	数字输出	异步模式：请求发送 同步模式：串行使能信号
18	BR2 / SCLK	数字 IO	异步模式：波特率选择 同步模式：时钟输出信号
19	$\overline{\text{RESET}}$	数字输入	复位，低有效。内部上拉，不使用可悬空
20	VDD_PA	电源输出	片内 RF 功放用的电源输出（+1.8V）
21	ANT1	射频	差分天线连接（TX 和 RX）
22	ANT2	射频	差分天线连接（TX 和 RX）
23	VSS	电源	电源地（0V）
24	VDD	电源	电源（1.9~3.6V DC）
25	IREF	模拟输出	器件参考电流输出。连接到 PCB 上的参考电阻
26	VSS	电源	电源地（0V）
27	VDD	电源	电源（1.9~3.6V DC）
28	SOUT	数字输出	异步模式：不连接 同步模式：数据输出

续表 2-1

引脚	引脚名称	引脚功能	说明
29	SIN	数字输入	异步模式：接到 VDD 同步模式：数据输入
30	XC2	模拟输出	连接 16MHz 晶振
31	XC1	模拟输入	连接 16MHz 晶振
32	XC32K2	模拟输出	连接 32.768kHz 晶振
芯片底部金属片	VSS	电源	连接此金属片到 VSS

2.3 nRF24AP2 的射频收发器

nRF24AP2 内部射频收发器的所有动作均由 ANT 协议堆栈所控制。ANT 协议堆栈的配置由外部微处理器通过串行接口用 ANT 命令来完成。

2.3.1 nRF24AP2 射频收发器功能

nRF24AP2 射频收发器的功能包括：
① 常规功能。
- 国际通用的 2.4GHz ISM 频段工作；
- 发射和接收采用同一天线接口；
- GFSK 调制；
- 1Mbps 空中速率。

② 发射器。可编程输出功率为：0，-6，-12 or -18dBm。
③ 接收器。
- 集成的通道滤波器；
- -85dBm 灵敏度。

④ 射频合成器。
- 全集成合成器；
- 1MHz 可编程频率分辨率；
- 78 个位于 2.4 GHz ISM 频段的射频频道；
- 可使用低成本的 $\pm 50 \times 10^{-6}$ 16MHz 晶振；
- 1MHz 非重叠频道间隔。

2.3.2 nRF24AP2 射频收发器内部框图

图 2-4 表示了 nRF24AP2 中射频收发器的内部电路框图。

第2章 2.4GHz 单片 ANT 超低功耗无线网络芯片 nRF24AP2

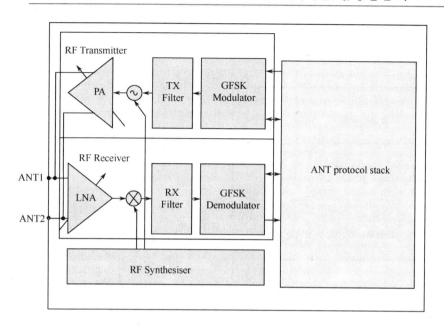

图 2-4　射频收发器的内部电路框图

2.4　ANT 协议概述

ANT 协议设计简洁高效,其目的就是实现超低功耗工作,使电池寿命最大化,并占用最小的系统资源,简化网络设计,以及降低系统成本。

2.4.1　ANT 内部框图

ANT 提供完善的物理层,数据链路层,网络层和 OSI 传输层处理(见图 2-5)。此外,还包括了从低级到复杂可由用户定义的网络安全特性。通过提供一个简单而有效的无线网络解决方案,ANT 确保提供足够的用户控制,同时大大减轻计算负担。

2.4.2　ANT 功能说明

下面将简要介绍 ANT 的基本概念。

1. ANT 节点

所有 ANT 网络均由节点构成(见图 2-6),一个节点可以是从简单的传感器到复杂的数据采集单元(如手表或计算机)。通常所有的节点都包含 ANT 引擎(nRF24AP2)来处理与其他节点的连接,而由一个主处理器来实现应用的功能。nRF24AP2 与主处理器通过串行口连接,所有的配置和控制都可以通过一个简单的命令库来完成。

2. ANT 通道

nRF24AP2 可以建立一个或多个(至多 8 个)逻辑通道到其他 ANT 节点,称为 ANT 通道(图 2-7)。ANT 的可用通道数量取决于具体所使用的 nRF24AP2 型号。nRF24AP2-1CH 只

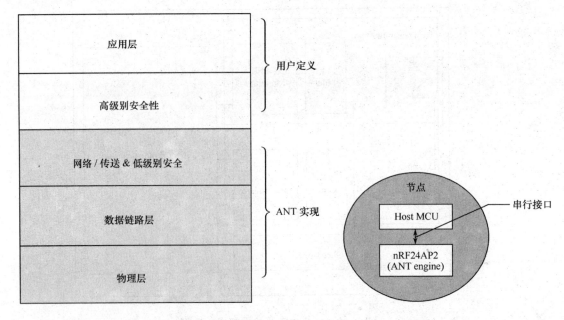

图 2-5　ANT 协议堆栈的 OSI 链路模型　　　　图 2-6　ANT 节点

有一个逻辑通道,nRF24AP2-8CH 最多可以提供 8 个逻辑通道,nRF24AP2-USB 最多也可以提供 8 个逻辑通道。

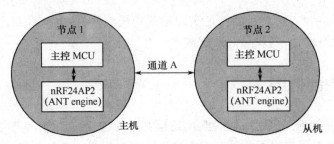

图 2-7　ANT 节点以及节点之间的通道

最简单的 ANT 通道称为独立通道,由两个节点组成,一个作为主节点,一个作为从节点。当每个 ANT 通道开启时,nRF24AP2 将建立并管理一个同步无线链路,并同其他 ANT 节点在预定的时间周期(称为通道周期如图 2-8 所示)交换数据包。主节点控制通道的时序,并发起通信。从节点跟踪由主节点设定的时序,并接收由主节点发送来的数据包,还可向主节点回送应答或数据包。

在每个时隙,一个 ANT 通道既可用简单的广播方式,即接收机应答的广播方式来传输用户数据(8 字节),也可以用突发方式传输数据(这将延长所使用的时隙)来容纳更多用户数据块的传送。一个 ANT 节点总的有效载荷带宽(20kbps)通过时分多址(TDMA)方式在当前激活的 ANT 通道中共享。当一个通道的时隙到来,而主机没有新数据,主机将发送上一个包来保持通道时序,并且如果需要的话可使能从机回发数据。

在 nRF24AP2 中每个可用的 ANT 通道可以配置为单向的(广播)或双向独立的通道,或在复杂应用中共享通道,如主机对多个从机(1:N 拓扑)。详请参考 ANT 消息协议及使用文档。

第 2 章　2.4GHz 单片 ANT 超低功耗无线网络芯片 nRF24AP2

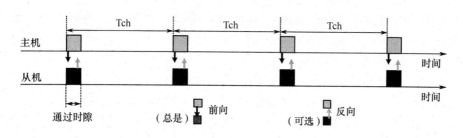

图 2-8　前向及反向通道的通信（未按比例画出）

3. ANT 通道配置

ANT 的独特之处在于，每个 ANT 通道的设置独立于网络中所有的其他 ANT 通道，包括同一个节点上的其他通道。这也意味着一个 ANT 节点可以在一个通道上作为主节点，同时还可以在另一个通道上作为从节点工作。既然在 ANT 网络上没有一个所谓整体上的总主节点，ANT 允许节点根据需要单独配置每个通道的参数。ANT 中的搜索和配对算法允许使用者根据需要，很容易地开启及关闭 ANT 通道，这将给使用者最大的灵活性来调整 ANT 通道的参数，如速率，延时等与功耗相关的参数，并且可以在任何时候，将网络按照所需要的复杂程度进行设置。为了使两个 ANT 节点间建立 ANT 通道，必须使用相同的通道配置及通道 ID。必要的配置参数见表 2-2 所概述。

表 2-2　ANT 通道配置和 ID

参　　数	说　　明
通道配置	
通道周期	在该通道上进行数据交换的时间间隔（5.2ms～2s）
RF 频率	该通道使用的 78 个可用射频频道中的序号
通道类型	双向从，双向主，共享的双向从，仅为从接收
网络类型	决定该 ANT 通道是否对所有 ANT 节点通常可以访问的通道（公共），即使用相同的通道配置和通道 ID；或是否限制该通道与属于其他私有网络器件的连接
通道 ID	
传送类型	1 字节，传输特性的标识，例如可以包含有效载荷应如何解释的编码
设备类型	1 字节，用以识别通道主机的设备类型（如：心跳带，温度传感器）
设备号	2 字节，该通道唯一的 ID

通道配置参数是主机与从机必须匹配的静态系统参数，通道 ID 包含在两个节点相互间所有传输标识中。关于每个参数更详细的解释请参考 ANT 消息协议及使用指南。

4. 网络

除了设定通道 ID 即 ANT 节点主要 ID 的内容外，通过为每个 ANT 通道定义网络，可以限制 ANT 节点连接到选定范围内的其他 ANT 节点。限制访问某些网络可以通过唯一的网络密钥来管理。

ANT 网络的定义如下：

（1）公共网络：没有连接限制的开放 ANT 网络，所有共享相同通道配置的 ANT 节点将可相互连接，这是 nRF24AP2 的默认设置。

(2)受管理的网络:即由特别兴趣小组及联盟管理的 ANT 网络。例如运动及健康产品的 ANT + 联盟。关于如何申请加入 ANT + 联盟,详情见 www.thisisant.com。加入 ANT + 联盟并按照 ANT + 设备的要求去做,可以达到两个目的。

① 限制连接:仅允许其他 ANT + 兼容的设备在此通道上连接。

② 互操作性:可以连接到其他生产商的 ANT + 兼容产品。

(3)专用网络:私人受保护专用网络,除非你与网络外的其他人共享网络密钥,否则其他 ANT 设备将不允许连接到你的 ANT 节点。注意:这需要向 ANT 购买一个唯一的专有网络密钥,详见 www.thisisant.com。

一个 ANT 节点(nRF24AP2 – 8CH)可以最多有 8 个 ANT 通道,由于每个 ANT 通道的网络参数是独立的,因而一个 ANT 节点可同时在多个不同的网络中工作。

注意:网络参数不影响你可以建立的网络拓扑结构,仅仅是一种保护你的 ANT 网络的工具,以及防止来自其他 ANT 节点偶然或故意的访问。

5. 通道 ID,搜索及配对

两个 ANT 节点用于实现相互识别的主要参数组成通道 ID。一旦建立了一个 ANT 通道,通道 ID 参数当然要匹配;但建立一个 ANT 通道并不需要节点预先彼此了解(预配置)。

当一个 nRF24AP2 配置为主机(在通道类型中设置)并开启一个 ANT 通道时,它将广播其整个通道 ID。因此作为主机在开启一个 ANT 通道前必须配置所有三个通道 ID 参数。

另一方面,从机可以设置 nRF24AP2 搜索,然后连接到已知及未知的主机节点。为了连接到一个已知的主机,在开启 ANT 通道前,nRF24AP2 必须配置传输类型,设备类型,设备号。

也可以配置 nRF24AP2 对通道 ID 三个参数中的一个或多个进行通配符搜索,来与未知的主机进行配对。例如可以设置希望所配对主机的设备类型,而设置传输类型和设备号为通配模式。当搜索到一个有相同设备类型的新主机时,从机将与之连接并存储通道 ID 中的未知参数。所获得的新通道 ID 参数也可以存储在 MCU 中,以便于此后对该主机的特定搜索。

6. 邻近搜索

当采用基本搜索和配对算法时,从机将自动识别并连接到第一个满足搜索条件的主机。在一个具有高密度类似主机节点的区域,或高密度独立 ANT 网络的区域,总有机会在覆盖区域内找到多个主机,可能会出现首先发现并连接到的主机节点并非所期望主机节点的情况。ANT 协议中邻近搜索功能可以标明从 1(最近)到 10(最远)的 10 个邻近的环,如图 2-9 所示。

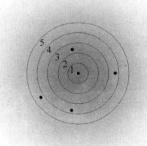

(a)标准搜索　　　　　　　　(b)邻近搜索

图 2-9 搜索方法

第2章　2.4GHz 单片 ANT 超低功耗无线网络芯片 nRF24AP2

该"环"功能允许对搜索进行更多的控制,例如只接入最近的主机节点(只接受落入"环"1和2中的主机节点),这使得用户配对网络节点更为容易,并防止偶然连接到属于其他相邻网络的节点。

7. 连续搜索模式

连续搜索模式允许一个使用连续搜索模式的 ANT 节点与任何其他采用标准主机通道的 ANT 节点间进行完全的异步通信,其仅使用标准 ANT 通道相比具有两个主要优点。首先搜索模式启动通信的延时减少为零,并且由邻近主通道发出的每个消息将被搜索设备所接收。其次,不需要维持通信所需的同步。这就意味着对于节点来说,可以快速进入及退出网络或在两次通信事件之间可以长时间关闭,这可为发射节点节约功耗。

连续搜索模式的缺点是与标准 ANT 通道模式相比消耗更多的电流,因此连续搜索模式通常用在插电式及不移动的设备如 PC(USB 适配器)可以。另外一个缺点是由于搜索模式下的节点关闭了标准 ANT 通道的功能,不能再被配置为发现主机通道使能。值得注意的是如果两个 ANT 节点都在搜索模式下它们之间将不能相互通信,因为本身不能发起通信。

在多数应用中推荐使用标准 ANT 通道多于扫描通道,特别是在设备进入或退出的动态系统中。这是因为扫描通道不推荐用于移动网络(即 ANT 的主要用途)。扫描通道通常用在静态及固定的网络,即扫描通道的节点是插电式以及不移动的情况下。

8. ANT 网络拓扑

根据功能的要求,通过不同功能来组合 ANT 通道,可以组建任何从简单的对等连接,星形网络到复杂的网络,如图 2-10 所示。

9. ANT 消息协议

各种不同 ANT 节点的全部配置及控制参数均由外部微处理器通过一个简单的串行接口使用命令库来处理。关于命令库详请参考 ANT 消息协议及使用章节。

表 2-3　nRF24AP2 支持的 ANT 消息汇总

类	类型	ANT 命令库中的命令	回答	来自
配置消息	取消指定通道	ANT_UnassignChannel( )	是	微处理器
	分配通道	ANT_AssignChannel( )	是	微处理器
	通道 ID	ANT_SetChannelId( )	是	微处理器
	通道周期	ANT_SetChannelPeriod( )	是	微处理器
	搜索超时	ANT_SetChannelSearchTimeout( )	是	微处理器
	通道射频频率	ANT_SetChannelRFFreq( )	是	微处理器
	设置网络	ANT_SetNetworkKey( )	是	微处理器
	发射功率	ANT_SetTransmitPower( )	是	微处理器
	ID 列表添加	ANT_AddChannelID( )[a]	是	微处理器
	ID 列表配置	ANT_ConfigList( )[a]	是	微处理器
	通道发射功率	ANT_SetLowPriorityChannelSearch Timeout( )	是	微处理器
	低优先级搜索超时	ANT_SetLowPriorityChannelSearchTimeout( )	是	微处理器
	使能扩展 RX 消息	ANT_RxExtMesgsEnable( )	是	微处理器
	开启 LED	ANT_EnableLED( )	是	微处理器

续表 2-3

类	类型	ANT 命令库中的命令	回答	来自
配置消息	开启晶体	ANT_CrystalEnable()	是	微处理器
	频率捷变	ANT_ConfigFrequencyAgility()	是	微处理器
	邻近搜索	ANT_SetProximitySearch()	是	微处理器
通知	启动消息	→ ResponseFunc(-,0x6F)	-	ANT
控制消息	系统复位	ANT_ResetSystem()	否	微处理器
	开启通道	ANT_OpenChannel()	是	微处理器
	关闭通道	ANT_CloseChannel()	是	微处理器
	开启 Rx 扫描模式	ANT_OpenRxScanMode()[a]	是	微处理器
	请求消息	ANT_RequestMessage()	是	微处理器
	睡眠消息	ANT_SleepMessage()	否	微处理器
数据消息	广播数据	ANT_SendBroadcastData() → ChannelEventFunc(Chan,EV)	否	微处理器/ANT
	应答数据	ANT_SendAcknowledgedData() → ChannelEventFunc(Chan, EV)	否	微处理器/ANT
	突发传输数据	ANT_SendBurstTransferPacket() → ChannelEventFunc(Chan, EV)	否	微处理器/ANT
通道事件消息	事件响应/事件	→ ChannelEventFunc(Chan,MessageCode) or → ResponseFunc(Chan, MsgID)	-	ANT
请求响应消息	通道状态	→ ResponseFunc(Chan, 0x52)	-	ANT
	通道 ID	→ ResponseFunc(Chan, 0x51)	-	ANT
	ANT 版本	→ ResponseFunc(Chan, 0x51)	-	ANT
	性能	→ ResponseFunc(-, 0x3E)	-	ANT
测试描述	CW 初始化	ANT InitCWTestMode()	是	微处理器
	CW 测试	ANT SetCWTestMode()	是	微处理器
扩展数据消息	扩展广播数据	ANT SendExtBroadcastData()[b] → ChannelEventFunc(Chan, EV)	否	微处理器
	扩展应答数据	ANT SendExtAcknowledgedData()[b] → ChannelEventFunc(Chan, EV)	否	微处理器
	扩展突发数据	ANT SendExtBurstTransferPacket()[b] → ChannelEventFunc(Chan, EV)	否	微处理器

a. 仅 nRF24AP2-8CH 支持。

b. nRF24AP2 不会发送 ChannelEventFunctions() 到微处理器。nRF24AP2 通过在标准的广播,应答,突发数据后附加额外的字节来发送扩展消息。

第 2 章 2.4GHz 单片 ANT 超低功耗无线网络芯片 nRF24AP2

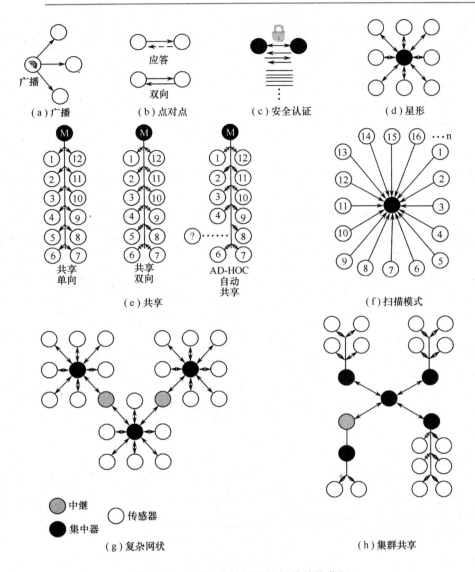

图 2-10 ANT 支持的网络拓扑结构范例

2.5 nRF24AP2 与微处理器的接口方式

主控 MCU 通过一个简单的串行接口来配置及控制 ANT 节点的所有功能,该串行接口有多种不同类型和选项,可以用各种高性能或低成本的微处理器来实现。

2.5.1 微处理器接口功能

nRF24AP2 支持的微处理器串行接口类型:
① 异步接口(UART)。
- 接口需要 5 根信号线与主控 MCU 相连接;

- 配置的波特率可从 4800～57600bps。
② 同步接口。
- 位或字节的流控制;
- 接口需要 6 根信号线与主控 MCU 相连接。

2.5.2 异步串行接口

主控 MCU 和 nRF24AP2 可以通过串行接口的异步模式进行通信,输入引脚 PORTSEL 设为低选择异步模式。

1. 异步模式下与微处理器的连接框图

nRF24AP2 和主控 MCU 间的异步串行接口如图 2-11 所示。

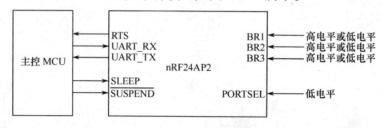

图 2-11 异步模式连接方式

异步串行通信为 1 个起始位,1 个停止位,8 个数据位,无校验位。数据发送和接收都是最低有效位在先。

2. 波特率的设置

主控 MCU 和 nRF24AP2 间异步串行通信的速率由 nRF24AP2 的引脚 BR1,BR2 和 BR3 来设置。表 2-4 列出了通信速率与引脚设置的关系。

表 2-4 通信速率与引脚设置关系(0 为低电平,1 为高电平)

BR3	BR2	BR1	波特率/bps
0	0	0	4800
0	1	0	19200
0	0	1	38400
0	1	1	50000
1	0	0	1200
1	1	0	2400
1	0	1	9600
1	1	1	57600

注意:波特率设置对系统的电流消耗有较大影响。

3. 异步串口控制(RTS)

当 nRF24AP2 配置为异步模式时,可在 nRF24AP2 与主控 MCU 间提供一个带流控制的全双工数据传送异步串行接口。流控制通过 RTS 信号实现,这是一个标准的 CMOS 电平硬件流

第 2 章　2.4GHz 单片 ANT 超低功耗无线网络芯片 nRF24AP2

控制信号。PC 机串口(RS232 电平)以及其他 RS232 设备上都具备该流控制信号。每收到一次正确格式的消息,RTS 信号将由低变高 50μs(图 2-12),信号的持续时间与速率无关。若消息有错或消息不完整,RTS 将不会有响应。

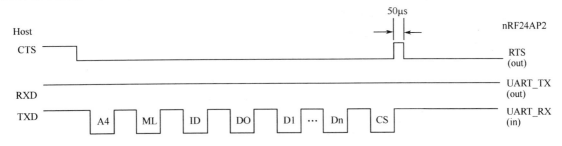

图 2-12　串口主机和 nRF24AP2 的传送完成后 RTS 信号出现

当 nRF24AP2 将 RTS 拉高后,主控 MCU 将不会发送任何数据,直到 nRF24AP2 将 RTS 再次变为低。而从 nRF24AP2 到主控 MCU 的数据发送没有流控制,因此主控 MCU 必须确保在任何时候都可以接收来自 nRF24AP2 的数据。每次 nRF24AP2 复位时将产生一个 RTS 脉冲输出。

当 nRF24AP2 接收完消息的最后一个字节后,将 RTS 信号拉高,在 RTS 拉高期间数据传送暂停,而此期间主控 MCU 发送给 nRF24AP2 的数据将会丢失。为了避免此问题,可在消息间用空格隔开,或在每个消息的最后附加用"0"填充的字节。例如,由于计算机是在驱动级解释 CTS,当计算机进行通信时,应在每个消息后,附加两个填"0"字节,nRF24AP2 将丢弃收到的填"0"字节。这种情况通常只发生在当主控 MCU 有突发的数据发往 nRF24AP2,并且期望有较高的速率时。

4. 睡眠功能(SLEEP)

SLEEP 输入信号允许 nRF24AP2 在不需要串口通信时进入休眠状态,当使用异步串口时该信号对于节能是非常重要的。其控制的机制如图 2-13 所示。

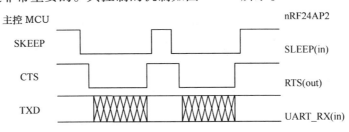

图 2-13　nRF24AP2 睡眠控制

如果不使用 SLEEP 信号,必须将其置低,此时 nRF24AP2 将不会进入睡眠状态并可随时接收数据。当不使用 SLEEP 信号时,SUSPEND 功能无效。

SLEEP 和 RTS 信号只对从主控 MCU 发往 nRF24AP2 的数据产生影响。nRF24AP2 将在任何需要的时候发送数据给主控 MCU,而不管这两个信号的状态如何。

5. 挂起模式控制(SUSPEND)

当使用异步串行接口时,还有一个可用的 SUSPEND 信号。使用 SUSPEND 信号将使 nRF24AP2 立刻停止无线及串口通信并进入掉电状态,而不管当前 nRF24AP2 系统处于何种状态。该信号提供了对 USB 应用的支持,USB 设备需要通过硬件的控制快速进入掉电状态。

进入及退出挂起模式,除了 SUSPEND 信号外,还需要使用到 SLEEP 信号。置位 SUSPEND 需要同时置位 SLEEP 信号。清除 SLEEP 信号是退出挂起模式的唯一方法,如图 2-14 所示。退出挂起后所有之前的处理及配置将全部丢失,nRF24AP2 和刚上电时的状态一样。

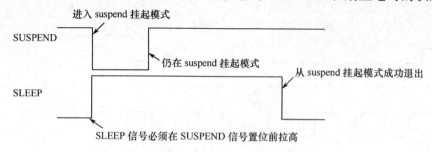

图 2-14 SUSPEND 信号的使用

2.5.3 同步串行接口

本节详细介绍 nRF24AP2 与主控 MCU 间的同步串行接口。将 PORTSEL 输入脚接高电平,选择同步串口模式。

当工作在同步模式时,需要注意复位时的特性,以避免由于疏忽导致 nRF24AP2 和主控 MCU 间的通信出现锁死的情况。

在同步模式下,nRF24AP2 采用带消息流控制的半双工同步主模式,主控 MCU 应配置为同步从模式。主控 MCU 既可以采用硬件的从接口,也可以采用端口 I/O 控制来实现。主控 MCU 保持对消息流的完全控制,如果需要也可暂停输入消息。

1. 同步模式下 nRF24AP2 与微处理器的连接框图

nRF24AP2 和主控 MCU 间的同步接口如图 2-15 所示。PORTSEL 信号引脚应接为高,设为同步串口模式。

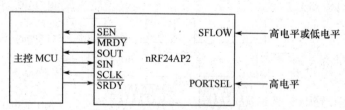

图 2-15 同步模式下 nRF24AP2 与主控 MCU 的连接框图

2. 流控制选择(SFLOW)

流控制选择信号用来配置同步串口为字节流还是位流控制方式。

表 2-5 流控制选择信号对应关系

SFLOW	流控制
0	字节流控制
1	位流控制

需要注意的是,字节流控制时,将需要主控 MCU 具有硬件同步通信接口(SPI),并且可以配置为同步从模式。位流控制适用于所有的微处理器,特别是那些没有硬件串行接口的微处理器,或者串行接口已经预留他用的微处理器。字节流控制和位流控制的不同将在本节中说明。

3. 同步接口的握手

通信机制的基本解释如下.
- nRF24AP2 所提供的同步串口为半双工主模式。
- 两个握手信号(SEN,MRDY)用来建立通信。
- 在主模式下,nRF24AP2 将所有通过无线收到的消息转发到主控 MCU。
- 主控 MCU 请求使用串口,在获得 nRF24AP2 应答后使用串口。
- SRDY 信号允许双向的流控制。

每个消息的第一个字节通常由 nRF24AP2 发出,并指示每个消息的方向。
启动双向消息同步传送所需的步骤如图 2-16 所示。

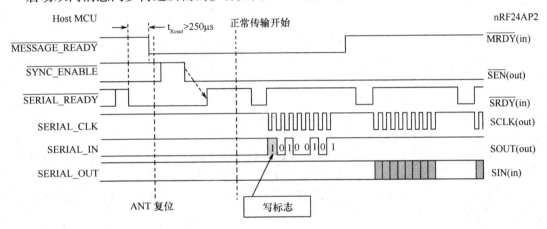

图 2-16 启动后与主控 MCU 同步

1) 同步

为了确保开始时主控 MCU 与 nRF24AP2 同步,必须有一个复位顺序操作应用于 nRF24AP2。该操作只在同步模式下才需要。

2) 上电/掉电

当所有的射频通道关闭并且 MRDY 输入没有激活信号时,nRF24AP2 将自动进入空闲模式。主控 MCU 应确保在此期间无需用到 nRF24AP2 的射频功能以使产品的电池寿命达到最大化。每次上电后,主控 MCU 必须执行同步复位操作。

图 2-17 举例说明了消息的传送时序:

对于主控 MCU->nRF24AP2 方向的消息:主控 MCU 将拉低 MRDY 引脚,指示有消息发往 nRF24AP2。

对于任何一个方向的消息:

① nRF24AP2 将拉低 SEN 引脚,指示消息传送开始。
② 当 SEN 引脚拉低后,主控 MCU 将拉低 SRDY 信号表示通信就绪已经准备。
③ 当 SEN 和 SRDY 引脚均拉低后,nRF24AP2 将发送第一个字节(例如 SYNC)。数据将

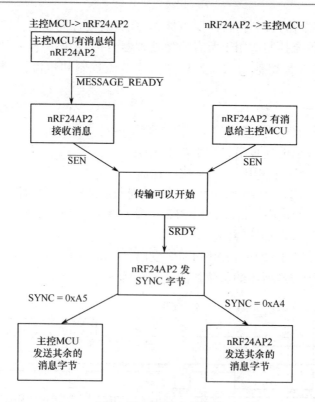

图 2-17 同步串行通信

由 SOUT 引脚输出,时钟由 SCLK 引脚输出。SYNC 字节的最低有效位指示余下消息的方向(0:接收消息,nRF24AP2→主控 MCU;1:发送消息,主控 MCU→nRF24AP2)。

④ 如果 SYNC 字节指示接收一个消息(nRF24AP2→主控 MCU),其他的消息将以与 SYNC 字节相同的方式传送。

⑤ 如果 SYNC 字节指示发送一个消息(主控 MCU→nRF24AP2),主控 MCU 必须按照 nRF24AP2 SCLK 引脚提供的时钟速率,输出数据到 nRF24AP2 的 SIN 引脚。

数据发送均是最低有效位(LSB)在先。

4. 字节同步模式

在微处理器带有硬件同步串口(SPI)时,可采用字节同步模式。

字节同步模式下,主控 MCU 的流控制信号 SRDY 必须每字节触发一次,可以由软件控制 I/O 口实现,或通过硬件串口来控制。数据位在 SCLK 的下降沿改变状态,并且在 SCLK 的上升沿读出。对于任何一个方向上传送均是如此。

传送顺序中的第一个字节总是由 nRF24AP2 发送给主控 MCU,第一个字节的第一位指示余下字节的传送方向。

图 2-18 和图 2-19 举例说明了主控 MCU 与 nRF24AP2 间的同步模式传送。

nRF24AP2 拉低 SEN 引脚,并等待主控 MCU 拉低 SRDY 引脚。一旦 SEN 和 SRDY 引脚均已拉低,nRF24AP2 将从 SOUT 引脚发送 SYNC 字节。

对于硬件 SRDY 信号,该信号将在第一个 SCLK 变化时变高,如果采用软件控制的 I/O 线作为 SRDY 信号,只需要在主控微处理器再次拉高前,保持低电平至少 2.5μs。SYNC 字节的

第2章　2.4GHz 单片 ANT 超低功耗无线网络芯片 nRF24AP2

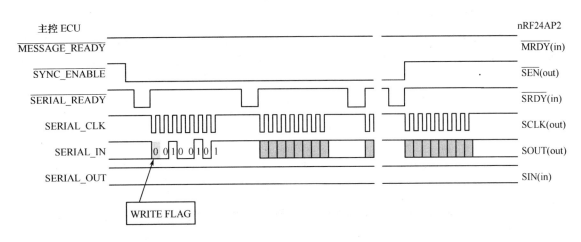

图 2-18　nRF24AP2 向主控 MCU 传送（同步模式）

最低有效位将指示主控 MCU 消息的方向（即 nRF24AP2 向主控 MCU），一旦就绪，主控 MCU 将再次拉低 SRDY 引脚，准备接收来自 nRF24AP2 的下一个消息字节。最后一个消息字节之后，SRDY 必须保持为高，直到请求下一个消息传送为止。

采用软件 SRDY 来处理 nRF24AP2 向主控 MCU 的传送时，与硬件 SRDY 时非常相似。唯一不同的是主控 MCU 只需直接输出 SRDY 脉冲而不必等到第一个 SCLK 变化。

对于带硬件 SRDY 的主控 MCU 向 nRF24AP2 的传送处理也很类似（见图 2-19）。主要的不同是，主控 MCU 先将 MRDY 拉低来通知 nRF24AP2，即主控 MCU 准备发送消息，nRF24AP2 将拉低 SEN 信号来响应并等待主控 MCU 拉低 SRDY。一旦 SEN 和 SRDY 均已拉低，nRF24AP2 将发送 SYNC 字节。对于硬件 SRDY，该信号将在第一个 SCLK 变化时变高。SYNC 字节的首位指示消息的方向（即主控 MCU 向 nRF24AP2），主控 MCU 将再次拉低 SRDY，并从 SOUT 按 SCLK 的速率向 SCLK 发送下一个消息字节。而硬件 SRDY 也将再次在第一个 SCLK 变化时拉高，并在每个字节后拉低，直到消息全部发送完成。在最后一个消息字节后，SRDY 将保持为高直到下一个发送请求发起。

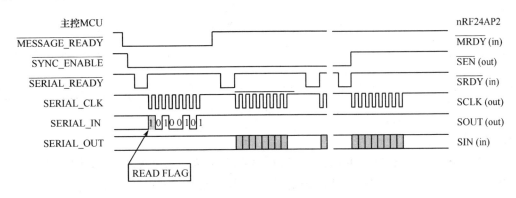

图 2-19　主控 MCU 向 nRF24AP2 传送（同步模式）

对于软件 SRDY 的主控 MCU 到 nRF24AP2 的传送处理与此类似（见图 2-19）。唯一的不同是主控 MCU 只需直接输出 SRDY 脉冲而不必等到第一个 SCLK 变化。

5. 字节同步模式时序

带字节流控制的同步模式与微处理器的硬件 SPI 从模式兼容,配置为模式 3 和极性 1。图 2-20 中左边的信号为微处理器的信号引脚,右边则是 nRF24AP2 的信号引脚。阴影区域的值无效。

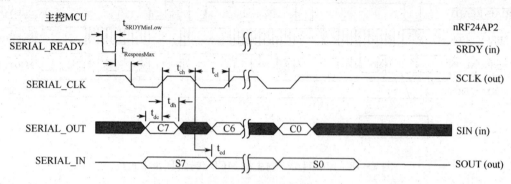

图 2-20 同步字节流时序

表 2-6 同步串行时序

标号	参数(条件)	注意	最小值	典型值	最大值	单位
$SCLK_{frequency}$	Synchronous clock frequency (bytemode)				500	kHz
t_{dc}	Data to SCK Setup (byte mode)		100			ns
t_{dh}	SCK to Data Hold (byte mode)		20			ns
t_{cd}	SCK to Data Valid (byte mode)				60	ns
t_{cl}	SCK Low Time (byte mode)		900	1000		ns
t_{ch}	SCK High Time (byte mode)		900	1000		ns
$t_{SRDY\,MinLow}$	Minimum $\overline{SRDY}$ low time		2.5			μs
t_{Reset}	Synchronous reset. $\overline{SRDY}$ falling edge to $\overline{MRDY}$ falling edge		250			μs
t_{POR}	Power on reset time (supply rise timenot included)	a			2.0	ms
$t_{SoftReset}$	Software reset (synchronous resetsuspend reset and reset command)	a			1.5	ms
$t_{ResponseMax}$	Time the nRF24AP2 will take torespond to input signal				1.0	ms

a. 所定义的复位后,在主控 MCU 可以开始配置 nRF24AP2 前的时间。

6. 位同步模式

如果微处理器上没有可用的硬件串口,那么可采用位流方式来控制 nRF24AP2。采用此方法,串口由软件控制 I/O 线来实现。所有消息处理过程中的电平与上节所述相同,唯一不同的是 SRDY 脉冲是在消息的每一位后输出,如图 2-21,图 2-22 所示。

需要特别引起注意的是主控 MCU 需要在 SCLK 的上升沿完成所有位处理,例外的情况是当数据由主控 MCU 发送给 nRF24AP2 时,此时第一个数据位先于第一个时钟沿有效,在字节传送最后上升沿过后将进行字节的处理图 2-23。

第 2 章　2.4GHz 单片 ANT 超低功耗无线网络芯片 nRF24AP2

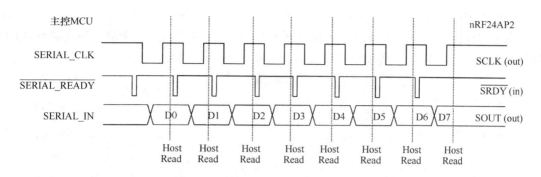

图 2-21　nRF24AP2 向主控 MCU 传送

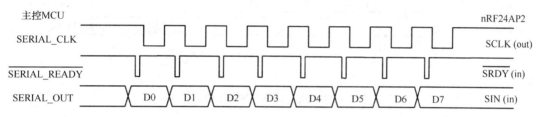

图 2-22　主控 MCU 向 nRF24AP2 传送

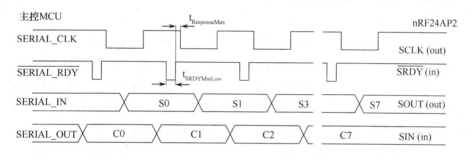

图 2-23　同步位流控制时序

7. 串行使能控制

SEN 信号将在所有消息传送前由 nRF24AP2 拉低,因此可以作为串口启动信号,也可用作主控 MCU 串口的硬件唤醒信号图 2-24。

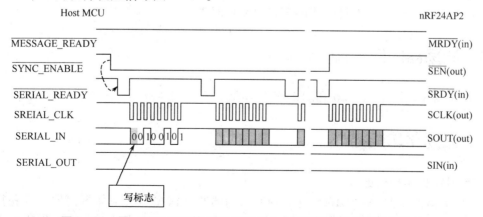

图 2-24　用 nRF24AP2 的 SEN 信号作为主控 MCU 的串行使能控制

8. 同步说明

为了确保应用 MCU 与 nRF24AP2 在一开始时即处于同步状态，一个复位序列必须作用于 nRF24AP2 上。此序列仅在同步模式通信时才需要采用图 2-25。

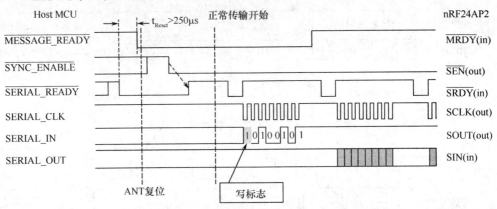

图 2-25　启动时与主控 MCU 同步

2.6　nRF24AP2 片内振荡器

为了给 ANT 协议堆栈工作提供必要的时钟，nRF24AP2 内固定的置了一个为无线收发器使用的高频时钟以及两个可选的用于 ANT 协议堆栈的低频时钟。高频时钟为 16MHz 的晶体振荡器，低频时钟可以是一个 32.768 kHz 的晶体振荡器或由 16MHz 时钟合成的 32.768kHz 时钟。也可以采用外部的 16MHz 和 32.768kHz 时钟来代替 nRF24AP2 的片内时钟。推荐使用 32.768kHz 晶体振荡器或提供 32.768kHz 时钟源，以获得最低的电源消耗。

2.6.1　振荡器特性

- 低功耗及低振幅控制的 16MHz 晶体振荡器；
- 超低功耗及低振幅控制的 32.768kHz 晶体振荡器；
- 低功耗，由 16MHz 时钟合成的 32.768kHz 时钟。

2.6.2　振荡器内部框图

振荡器内部框图如图 2-26 和图 2-27 所示。

2.6.3　振荡器功能描述

1. 16MHz 晶体振荡器

16MHz 晶体振荡器（XOSC16M）采用 AT 切割的并联谐振石英晶体振荡器。为获得准确的振荡频率，负载电容应满足晶体数据手册规格要求。负载电容指的是晶体外部所有等效电

第2章 2.4GHz 单片 ANT 超低功耗无线网络芯片 nRF24AP2

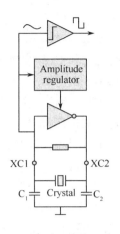
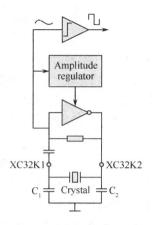

图 2-26 16MHz 晶体振荡器框图   图 2-27 32.768kHz 晶体振荡器框图

容之和：

$$C_{\text{LOAD}} = \frac{C_1' \cdot C_2'}{C_1' + C_2'}$$

$$C_1' = C_1 + C_{\text{PCB1}} + C_{\text{PIN}}$$

$$C_2' = C_2 + C_{\text{PCB2}} + C_{\text{PIN}}$$

C_1 和 C_2 是陶瓷 SMD 电容，分别连在晶体引脚和 VSS 之间，C_{PCB1} 和 C_{PCB2} 是 PCB 上的杂散电容，而 C_{PIN} 是 nRF24AP2 的 XC1 和 XC2 引脚的输入电容（典型值 1pF）。C_1 和 C_2 应为同一取值或尽可能接近。

为确保无线连接的频率准确度，晶体的精度不能低于 $\pm 50 \times 10^{-6}$。晶体的初始精度，温度漂移，老化以及不正确负载电容导致的频率偏移都必须加以考虑。为保证工作可靠，应该按照表 2-10 要求的负载电容，并联电容，等效串联阻抗（ESR）以及驱动电平来选用晶体，当负载电容或并联电容较大时，推荐使用低 ESR 的晶体，以获得更快的启动时间和较低的电流消耗。

当采用 9pF 负载电容及 ESR 为 60Ω 的晶体时，典型的启动时间为 1ms。一般的 3.2mm × 2.5mm 晶体均可以满足要求。若使用更小体积的晶体如 2.0mm × 2.5mm，需要注意晶体的启动时间，一般来说启动时间会更长一些。为确保启动时间 < 1.24 ms，晶体的负载电容应为 6pF。低负载电容的晶体将可减少启动时间及电流消耗。

2. 外部 16MHz 时钟

nRF24AP2 也可以使用外部 16MHz 时钟，并连接到 XC1 脚。输入信号必须是来自微处理器晶体振荡器的模拟信号，推荐输入信号幅值为 0.8V 或更高一些，以获得较低功耗性能和信噪比，直流的电平并不重要，只要信号电平不高于 VDD 或低于 VSS 即可。XC1 脚将会给微处理器晶体增加约 1pF 的负载电容及 PCB 走线的附加杂散电容，XC2 引脚则无需连接。

注意：为了获得可靠的无线性能，晶体频率精度需不低于 $\pm 50 \times 10^{-6}$。

3. 32.768kHz 晶体振荡器

晶体必须连接在 XC32K2 和 XC32K1 引脚之间。为了得到准确的振荡频率，负载电容与晶体数据手册规格相匹配是很重要的。负载电容指的是从晶体来看外部所有等效电容之和：

$$C_{\text{LOAD}} = \frac{C_1' \cdot C_2'}{C_1' + C_2'}$$

$$C'_1 = C_1 + C_{PCB1} + C_{PIN}$$
$$C'_2 = C_2 + C_{PCB2} + C_{PIN}$$

C_1 和 C_2 是陶瓷 SMD 电容分别连在晶体引脚和 VSS 之间,C_{PCB1} 和 C_{PCB2} 是 PCB 上的杂散电容,而 C_{PIN} 是 nRF24AP2 的 XC32K2 和 XC32K1 引脚输入电容(典型值3pF)。C_1 和 C_2 应为同一取值或尽可能接近,振荡器采用与 16MHz 晶体振荡器类似的幅值限制设计。为使工作可靠,应该按照表 9 要求的负载电容,并联电容,等效串联阻抗(ESR)以及驱动电平来选用晶体,当负载电容或并联电容较大时,推荐使用较低 ESR 的晶体,这将会提供更快的启动时间和较低的电流消耗。

注意:为获得可靠的 ANT 功能,需要至少 $\pm 50 \times 10^{-6}$ 精度的晶体。为启动外部晶体振荡器,需要执行 ANT_CrystalEnable( )函数。

4. 合成的 32.768kHz 时钟

低频时钟也可以通过 16MHz 晶体时钟来合成,这可以节省晶体的成本,但会增加平均功耗。XC32K1 引脚接 VSS 且 XC32K2 引脚悬空将启动合成时钟功能。

5. 外部 32.768kHz 时钟

nRF24AP2 可以使用一个外部的 32.768kHz 时钟,并接至 XC32K1 引脚。外部时钟必须是满幅的数字信号。XC32K2 引脚悬空。

注意:为获得可靠的 ANT 功能,需要至少 $\pm 50 \times 10^{-6}$ 精度的晶体。为启动外部晶体振荡器,需要执行 ANT_CrystalEnable( )函数。

2.7 nRF24AP2 工作条件

工作条件见表 2-7。

表 2-7 nRF24AP2 工作条件

标号	参数	注意	最小值	典型值	最大值	单位
VDD	工作电压		1.9	3.0	3.6	V
t_{R_VDD}	供电稳定时间(0V~1.9V)	a	1μs		50ms	
T_A	工作温度		-40		+85	℃

a. 如果电源稳定时间不能满足表中要求,可能会导致片上上电复位不能正常工作。

2.8 nRF24AP2 电气特性

本节包括电气以及时序规格,见表 2-8。
条件:VDD = 3.0V,T_A = -40℃ ~ +85℃(除非另有说明)

表 2-8 数字输入/输出

标号	参数(条件)	注意	最小值	典型值	最大值	单位
V_{IH}	输入高电平		0.7·VDD		VDD	V
V_{IL}	输入低电平		VSS		0.3·VDD	V
V_{OH}	输出高电平(I_{OH} = 0.5mA)		VDD - 0.3		VDD	V
V_{OL}	输出低电平(I_{OH} = 0.5mA)		VSS		0.3	V

第2章 2.4GHz 单片 ANT 超低功耗无线网络芯片 nRF24AP2

表 2-9 射频收发器特性

标号	参数(条件)	注意	最小值	典型值	最大值	单位
	基本 RF 特性					
f_{OP}	工作频率	a	2400	2403-2480	2483.5	MHz
PLL_{res}	PLL 分辨率			1		MHz
f_{XTAL}	晶体频率			16		MHz
Δf	频率偏差			±160		kHz
R_{GFSK}	空中速率	b		1000		kbps
$F_{CHANNEL}$	不重叠频率间隔	c		1		MHz
	电流功耗					
$I_{DeepSleep}$	深度睡眠时电流			0.5		μA
I_{Idle}	无激活通道 — 无通信时			2.0		μA
I_{PeakRX}	峰值接收电流	d		17		mA
I_{PeakTX}	峰值发射电流，0 dBm 时	e		15		mA
$I_{PeakTX-6}$	峰值发射电流，-6 dBm 时	e		13		mA
$I_{PeakTX-12}$	峰值发射电流，-12 dBm 时	e		11		mA
$I_{PeakTX-18}$	峰值发射电流，-18 dBm 时	e		11		mA
	发射					
P_{RF}	最大输出功率	f		0	+4	dBm
P_{RFC}	RF 功率控制范围		16	18	20	dB
P_{RFCR}	RF 功率精度			±4		dB
P_{BW1}	已调载波 20dB 带宽			950	1100	kHz
$P_{RF1.1}$	1st 邻道发射功率 1MHz				-20	dBc
$P_{RF2.1}$	2nd 邻道发射功率 2MHz				-40	dBc
	接收					
RX_{MAX}	最大接收信号 <0.1% BER			0		dBm
RX_{SENS}	灵敏度（0.1% BER）			-85		dBm
RX 接收选择性依照 ETSI EN 300 440-1 V1.3.1 (2001-09) 第 27 页						
C/I_{CO}	C/I$_{co}$ – channel			9		dBc
C/I_{1ST}	1st ACS, C/I 1MHz			8		dBc
C/I_{2ND}	2nd ACS, C/I 2MHz			-20		dBc
C/I_{3RD}	3rd ACS, C/I 3MHz			-30		dBc
C/I_{Nth}	Nth ACS, C/I f_i > 6MHz			-40		dBc
C/I_{Nth}	Nth ACS, C/I f_i > 25MHz			-47		dBc

续表 2-9

标号	参数(条件)	注意	最小值	典型值	最大值	单位
nRF24AP2 的 RX 选择性等于调制的干扰信号（对于 Pin = -67dBm 的有用信号）						
C/I_{CO}	C/I_{CO} – channel			12		dBc
C/I_{1ST}	1st ACS, C/I 1MHz			8		dBc
C/I_{2ND}	2nd ACS, C/I 2MHz			-21		dBc
C/I_{3RD}	3rd ACS, C/I 3MHz			-30		dBc
C/I_{Nth}	N^{th} ACS, C/I f_i > 6MHz			-40		dBc
C/I_{Nth}	N^{th} ACS, C/I f_i > 25MHz			-50		dBc
RX 互调性能符合蓝牙规范 2.0,2004 年第四版 42 页						
P_IM(3)	Input power of IM interferers at 3 and 6MHz distance from wanted signal	g		-36		dBm
P_IM(4)	Input power of IM interferers at 4 and 8MHz distance from wanted signal	g		-36		dBm
P_IM(5)	Input power of IM interferers at 5 and 10MHz distance from wanted signal	g		-36		dBm

a. 可用频段由所在地区规则所规定。
b. 突发的空中速率。
c. 最小频道间隔是 1MHz。
d. 接收下最大电流的时间典型为 500μs,最长 1ms。
e. 最大仅发射电流的时间典型为 300μs,最长 350μs。
f. 天线负载阻抗 = 15Ω + j88Ω。
g. 有效信号 Pin = 64dBm。使用两个功率相同的干扰信号,接近频率的干扰信号是非调制信号,另外一个干扰信号与有效信号同样的调制。当前误码率 BER = 0.1% 时的干扰信号输入功率。

表 2-10 外部电路规格要求

标号	参数(条件)	注意	最小值	典型值	最大值	单位
16MHz 晶体						
f_{NOM}	标称频率(并联谐振)			16.000		MHz
f_{TOL}	频率精度	a			±50×10^{-6}	
C_L	负载电容		9		16	pF
C_0	并联电容		3		7	pF
ESR	等效串联电阻			50	100	Ω
P_D	驱动电平				100	μW
T_{START}	所要求 16MHz 晶体的启动时间	b			1.24	ms
32.768kHz 晶体						
f_{TOL}	频率精度				±50×10^{-6}	
f_{NOM}	晶体频率(并联谐振)			32.768		kHz
C_L	负载电容		9		12.5	pF

第2章 2.4GHz 单片 ANT 超低功耗无线网络芯片 nRF24AP2

续表 2-10

标号	参数(条件)	注意	最小值	典型值	最大值	单位
C_0	并联电容			1	2	pF
ESR	等效串联电阻			50	80	kΩ
P_D	驱动电平				1	μW

a. 包括初始精度，温度稳定性，频率老化，以及不正确的负载所导致的频率偏移。
b. 晶体启动时间不能超过 1.24ms。

2.8.1 nRF24AP2 特定应用下的电流消耗

nRF24AP2 的电流消耗取决于对 nRF24AP2 的配置，以及具体如何使用串口，通道周期，主从工作，广播，应答，以及突发数据。

工作条件：VDD = 3.0V，TA = +25℃

表 2-11 说明在典型应用及接口下 nRF24AP2 的峰值电流和平均电流。

表 2-11 nRF24AP2 典型应用及接口下的峰值电流和平均电流

标号	参数(条件)	注意	最小值	典型值	最大值	单位
$I_{DeepSleep}$	深度睡眠的电流			0.5		μA
I_{Idle}	无激活通道—无通信发生			2.0		μA
$I_{Suspend}$	异步下挂起时的电流			2.0		μA
I_{Base_32kXO}	基本激活电流(32.768kHz 晶体或 32.768kHz 外部时钟源)			3.0		μA
$I_{Base\_32kSynt}$	基本激活电流(用 16MHz 合成的 32.768kHz 时钟)			87		μA
I_{Search}	搜索电流			2.9		mA
$I_{Msg\_Rx\_ByteSync}$	字节同步模式下接收每消息的平均电流			18		μA
$I_{Msg\_Rx\_BitSync}$	位同步模式下接收每消息的平均电流			25		μA
$I_{Msg\_Rx\_57600}$	57600bps 异步模式下接收每消息的平均电流			21		μA
$I_{Msg\_Rx\_50000}$	50000bps 异步模式下接收每消息的平均电流			21		μA
$I_{Msg\_Rx\_38400}$	38400bps 异步模式下接收每消息的平均电流			25		μA
$I_{Msg\_Rx\_19200}$	19200bps 异步模式下接收每消息的平均电流			31		μA
$I_{Msg\_Rx\_9600}$	9600bps 异步模式下接收每消息的平均电流			48		μA
$I_{Msg\_Rx\_4800}$	4800bps 异步模式下接收每消息的平均电流			83		μA
$I_{Msg\_TxAck\_ByteSync}$	字节同步模式下发射每带应答消息的平均电流			30		μA
$I_{Msg\_TxAck\_BitSync}$	位同步模式下发射每带应答消息的平均电流			42		μA
$I_{Msg\_TxAck\_57600}$	57600bps 异步模式下发射每带应答消息的平均电流			44		μA
$I_{Msg\_TxAck\_50000}$	50000bps 异步模式下发射每带应答消息的平均电流			41		μA
$I_{Msg\_TxAck\_38400}$	38400bps 异步模式下发射每带应答消息的平均电流			43		μA
$I_{Msg\_TxAck\_19200}$	19200bps 异步模式下发射每带应答消息的平均电流			56		μA
$I_{Msg\_TxAck\_9600}$	9600bps 异步模式下发射每带应答消息的平均电流			78		μA
$I_{Msg\_TxAck\_4800}$	4800bps 异步模式下发射每带应答消息的平均电流			132		μA
$I_{Msg\_RxAck\_ByteSync}$	字节同步模式接收每带应答消息的平均电流			21		μA

续表 2–11

标号	参数(条件)	注意	最小值	典型值	最大值	单位
$I_{Msg\_RxAck\_BitSync}$	位同步模式接收每带应答消息的平均电流			35		μA
$I_{Msg\_RxAck\_57600}$	57600bps 异步模式接收每带应答消息的平均电流			25		μA
$I_{Msg\_RxAck\_50000}$	50000bps 异步模式接收每带应答消息的平均电流			24		μA
$I_{Msg\_RxAck\_38400}$	38400bps 异步模式接收每带应答消息的平均电流			27		μA
$I_{Msg\_RxAck\_19200}$	19200bps 异步模式接收每带应答消息的平均电流			34		μA
$I_{Msg\_RxAck\_9600}$	9600bps 异步模式接收每带应答消息的平均电流			53		μA
$I_{Msg\_RxAck\_4800}$	4800bps 异步模式接收每带应答消息的平均电流			86		μA
$I_{Msg\_Tx\_ByteSync}$	字节同步模式下仅发射消息的平均电流	a		14		μA
$I_{Msg\_Tx\_BitSync}$	位同步模式下仅发射消息的平均电流	a		21		μA
$I_{Msg\_Tx\_57600}$	57600bps 异步模式下仅发射消息的平均电流	a		25		μA
$I_{Msg\_Tx\_50000}$	50000bps 异步模式下仅发射消息的平均电流	a		20		μA
$I_{Msg\_Tx\_38400}$	38400bps 异步模式下仅发射消息的平均电流	a		24		μA
$I_{Msg\_Tx\_19200}$	19200bps 异步模式下仅发射消息的平均电流	a		31		μA
$I_{Msg\_Tx\_9600}$	9600bps 异步模式下仅发射消息的平均电流	a		63		μA
$I_{Msg\_Tx\_4800}$	4800bps 异步模式下仅发射消息的平均电流	a		108		μA
$I_{Msg\_TR\_ByteSync}$	字节同步模式下发射消息的平均电流			24		μA
$I_{Msg\_TR\_BitSync}$	位同步模式下发射消息的平均电流			33		μA
$I_{Msg\_TR\_57600}$	57600bps 异步模式下发射消息的平均电流			36		μA
$I_{Msg\_TR\_50000}$	50000bps 异步模式下发射消息的平均电流			33		μA
$I_{Msg\_TR\_38400}$	38400bps 异步模式下发射消息的平均电流			35		μA
$I_{Msg\_TR\_19200}$	19200bps 异步模式下发射消息的平均电流			42		μA
$I_{Msg\_TR\_9600}$	9600bps 异步模式下发射消息的平均电流			71		μA
$I_{Msg\_TR\_4800}$	在异步模式 4800bps 下发射消息平均电流			120		μA
I_{Ave}	在字节同步模式下以 0.5 Hz 的周期广播发射电流	b		12		μA
I_{Ave}	在字节同步模式下以 2 Hz 的周期广播发射电流	b		48		μA
I_{Ave}	在字节同步模式下以 0.5 Hz 的周期广播接收电流	b		9.0		μA
I_{Ave}	在字节同步模式下以 2 Hz 的周期广播接收电流	b		36		μA
I_{Ave}	在字节同步模式下以 0.5 Hz 的周期应答发射电流	b		15		μA
I_{Ave}	在字节同步模式下以 2 Hz 的周期应答发射电流	b		60		μA
I_{Ave}	在字节同步模式下以 0.5 Hz 的周期应答接收电流	b		10		μA
I_{Ave}	在字节同步模式下以 2 Hz 的周期应答接收电流	b		42		μA
I_{Ave}	在字节同步模式下以 20 kbps 连续突发电流			4.8		mA
I_{Ave}	在位同步模式下以 7.5 kbps 连续突发电流			4.0		mA
I_{Ave}	在 57600bps 的异步模式下以 20kbps 连续突发电流			5.9		mA
I_{Ave}	在 50000bps 的异步模式下以 20 kbps 连续突发电流			4.9		mA

第 2 章 　 2.4GHz 单片 ANT 超低功耗无线网络芯片 nRF24AP2

续表 2-11

标号	参数(条件)	注意	最小值	典型值	最大值	单位
I_{Ave}	在 38400bps 的异步模式下以 13.8 kbps 连续突发电流			4.7		mA
I_{Ave}	在 19200bps 的异步模式下以 8.4kbps 连续突发电流			4.2		mA
I_{PeakRX}	峰值 RX 接收电流	c		17		mA
I_{PeakTX}	峰值 TX 发射电流(0 dBm)	d		15		mA

a. 仅发射模式不提供 ANT 通道管理,不推荐在正常工作中采用。
b. 不包括基本电流。见后关于 I_{Ave} 计算范例。
c. 在 RX 下最大消耗电流时间为 500μs 到 1ms。
d. 在 TX 下最大消耗电流时间为 300μs 到 350μs ms。

2.8.2　电流计算实例

使用表 2-11 所列出的数值以及本节的公式,可以计算得出特定应用下的电流消耗。通道周期定义为每秒发射或接收的数据包数目。

(1) 采用 32.768kHz 外部时钟源,主机以 0.5 Hz 周期广播数据,字节同步串行接口。

$$I_{Ave} = (I_{Msg\_Tx\_ByteSync} * Message\_Rate) + I_{Base\_32kXO} = (14 * 0.5) + 3 = 10(\mu A)$$

(2) 采用 32.768kHz 外部时钟源,以 2Hz 为周期,接收通道带应答数据,异步串行接口速率为 57600bps。

$$I_{Ave} = (I_{Msg\_RxAck\_57600} * Message\_Rate) + I_{Base\_32kXO} = (24 * 2) + 3 = 51(\mu A)$$

(3) 采用内部时钟源,发射通道周期为 2Hz,异步串行接口速率为 50000bps。

$$I_{Ave} = (I_{Msg\_TR\_50000} * Message\_Rate) + I_{Base\_32kSynt} = (33 * 2) + 87 = 153(\mu A)$$

2.9　nRF24AP2 绝对最大额定值

绝对最大额定值是 nRF24AP2 在功能不受损坏条件下所能达到的最大值,超过绝对最大额定值使用条件将会导致器件损坏或失效。

在绝对最大额定值时工作时芯片性能将不会得到保证。

表 2-12　nRF24AP2 绝对最大额定值

工作条件	最小值	最大值	单位
工作电压			
VDD	-0.3	+3.6	V
VSS		0	V
I/O 引脚电压			
VIO	-0.3	VDD +0.3, max 3.6	V
温度			
工作温度	-40	+85	℃
存储温度[a]	-40	+85	℃

a. 器件可以短时间忍耐最高 125℃。推荐长期存储温度应低于 65℃。

说明:超过一项或多项绝对最大额定值将会可能导致器件损坏。

2.10 nRF24AP2 封装尺寸规格

nRF24AP2 为下述 QFN 封装:QFN32 5mm×5mm×0.85mm,0.5mm 间距。

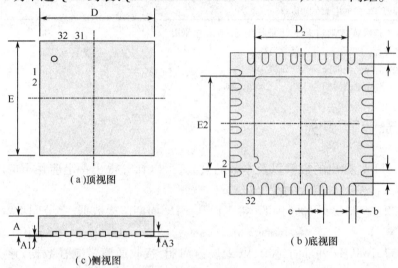

图 2-28 QFN32(5×5mm)

表 2-13 QFN32 尺寸 单位:mm

封装	A	A1	A3	b	D,E	D2,E2	e	K	L	
	0.80	0.00		0.18	4.9	3.20		0.20	0.35	最小值
QFN32	0.85	0.02	0.20	0.25	5.0	3.30	0.5		0.40	典型值
	0.90	0.05		0.30	5.1	3.40			0.45	最大值

2.11 nRF24AP2 应用范例

本节将介绍各种串行接口下的原理图,PCB 布局图,材料清单。

为了获得优良的性能,必须确保按照参考设计的原理图和布局图来进行设计,特别是天线匹配电路(即引脚 ANT1,ANT2,VDD_PA 与天线间的元件),布局的任何改变都会使性能发生变化,导致 RF 性能下降,或需要调整元件的参数。所有参考电路的设计均基于 50 Ohm 的单端天线。

2.11.1 PCB 设计指南

为了获得良好的射频性能,需要有良好的 PCB 布局。不良的 PCB 布局设计将会导致性能或功能的丧失。一个完全经过验证的 nRF24AP2 及其周围元件包括匹配网络的 PCB 布局可以在 www.nordicsemi.no 下载获得。

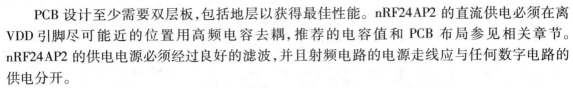

PCB 设计至少需要双层板,包括地层以获得最佳性能。nRF24AP2 的直流供电必须在离 VDD 引脚尽可能近的位置用高频电容去耦,推荐的电容值和 PCB 布局参见相关章节。nRF24AP2 的供电电源必须经过良好的滤波,并且射频电路的电源走线应与任何数字电路的供电分开。

应该避免 PCB 上过长的电源走线,所有的器件地,VDD 连接和 VDD 旁路电容应离 nRF24AP2 尽可能近,VSS 脚应直接连到大面积的敷铜地。对于底层是地的 PCB 板,最好的办法是用过孔尽可能近地将地连接到 VSS 焊盘,每个 VSS 引脚应确保至少有 1 个过孔与铺铜层连接。

满幅的数据或控制信号走线不能离晶体或供电电源走线过近。

2.11.2 同步(位)模式原理图

图 2-29 标明了所有直接连接到微处理器 I/O 引脚的接口信号。其中 SCLK 和 SEN 需要接到微处理器的中断引脚。RESET 信号是可选的,可以由微处理器的 I/O 引脚控制或悬空。

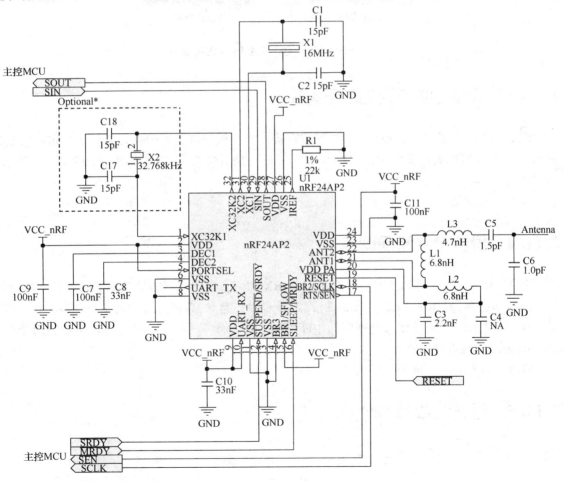

关于低频时钟选项,请参考振荡器章节说明

图 2-29 同步(位)模式原理图

PCB 布局图如图 2-30 所示。

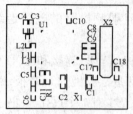

(a) 顶层丝印图

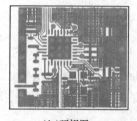

(b) 顶视图　　　　　　　(c) 底视图

图 2-30　同步(位)模式 PCB 布局图

2.11.3　同步(字节)模式原理图

图 2-30 标明了引脚 SOUT 和 SIN 如何直接连接到微处理器的硬件 SPI 串口。其中 SCLK 和 SEN 需要接到微处理器的中断引脚。RESET 信号是可选的,可以由微处理器的 I/O 引脚控制或者悬空。

PCB 板布局如图 2-32 所示。

2.11.4　异步模式原理图

图 2-33 标明了引脚 UART_TX 和 UART_RX 如何直接连接到微处理器的硬件异步串口。其中波特率选择脚(BR1,BR2, and BR3)设定异步串口速率,直接连接到所选定的逻辑电平即可。SCLK 和 SEN 需要接到微处理器的中断引脚。RESET 信号是可选的,可以由微处理器的 I/O 引脚控制,或者悬空。

PCB 布局如图 2-34 所示。

2.11.5　材料清单(BOM)

材料清单的明细详见表 2-14。

第 2 章　2.4GHz 单片 ANT 超低功耗无线网络芯片 nRF24AP2

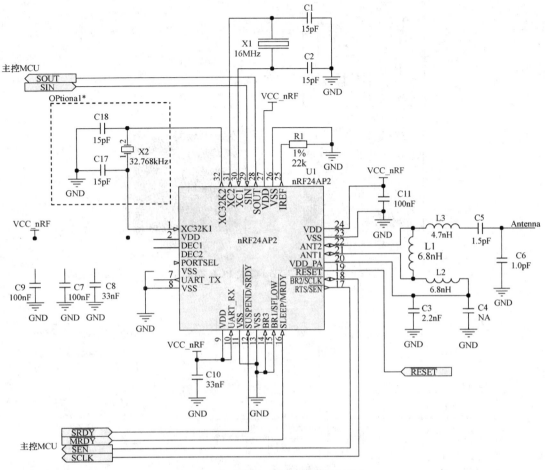

图 2-31　同步(字节)模式原理图

表 2-14　材料清单

标号	数值	封装	说明
C1，C2，C17，C18	15pF	0402	NP0 ±2%
C3	2.2nF	0402	X7R ±10%
C4	未焊接	0402	
C5	1.5pF	0402	NP0 ±0.1pF
C6	1.0pF	0402	NP0 ±0.1pF
C7，C9，C11	100nF	0402	X7R ±10%
C8，C10	33nF	0402	X7R ±10%
L1，L2	6.8nH	0402	高频片式电感 ±5%
L3	4.7nH	0402	高频片式电感 ±5%
R1	22kΩ	0402	1%
U1	nRF24AP2	QFN32	QFN32 5×5mm 封装
X1	16MHz	3.2×2.4	SMD-3225，16MHz，CL=9pF，±50ppm
X2	32.768kHz	7.0×1.5	32.768kHz CL=9pF，±50ppm
PCB	FR4 板材		

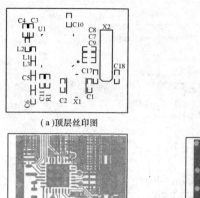

底层无元件面

(a) 顶层丝印图

(b) 顶视图 (c) 底视图

图 2-32 同步(字节)模式 PCB 布局图

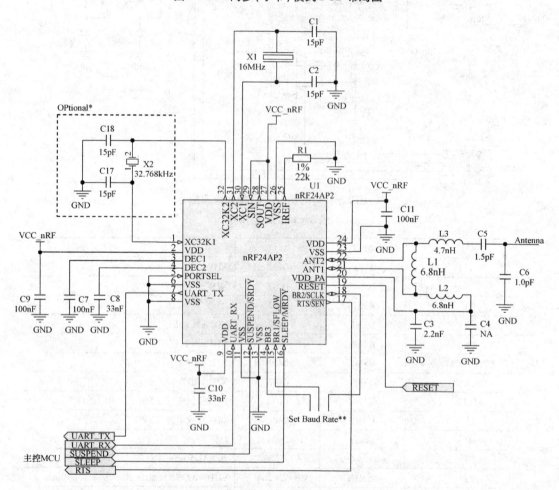

图 2-33 异步模式原理图

第 2 章　2.4GHz 单片 ANT 超低功耗无线网络芯片 nRF24AP2

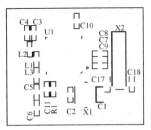

(a) 顶层丝印图

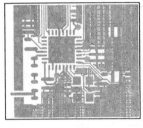

(b) 顶视图　　　　　　　　　(c) 底视图

图 2-34　异步模式 PCB 布局图

2.12　nRF24AP2 无线网络模块

　　AP1000 是采用 nRF24AP1-1CH 设计的 2.4GHz 无线网络模块，PCB 天线，体积小巧，便于各种嵌入式应用，内置 ANT 无线网络协议以及低功耗控制，通过串行接口即可完成无线网络的接入和数据的交换传递。

2.12.1　产品特性

- 新一代单片 ANT 模组解决方案，全嵌入的增强型 ANT 协议堆栈；
- 国际通用 2.4GHz ISM 频段，GFSK 调制，1Mbps 空中速率；
- 真正超低功耗，纽扣电池可达数年工作寿命；
- 内建设备搜索及配对功能，内建时间及电源管理；
- 内建抗干扰处理，可配置通道周期 5.2ms～2s；
- 广播，应答，及突发工作模式；突发速率可达 20kbps；
- 适用于简单及复杂的网络拓扑结构：点对点，星形，树形及其他实际网络结构；
- 支持公共、私有及受管理网络；支持 ANT+设备配置文件实现不同厂家产品之间互通；
- 完全兼容 nRF24AP1 以及其他基于 ANT 芯片/模组的产品；
- 简单的异步/同步主机串行接口；单电源 1.9～3.6V 供电；
- 含天线约 26mm×20mm×3mm 超小体积，灵活高效的开发手段，迅速掌握和实现嵌入式无线网络应用；
- AP1000 为 1 个逻辑通道无线模块，适用于传感器节点；
- AP2000 为 8 个逻辑通道无线模块，适用于集中器节点；

- 集射频和嵌入式设计之专业经验,具备优异的无线网络通信性能,超低功耗和强抗干扰性。

注:相关产品

- AP1000 为单通道无线网络模块,内置天线;AP1000 + 为外置天线模块;AP1000PA 为增强功率无线网络模块。
- AP2000 为八通道无线网络模块,内置天线;AP2000 + 为外置天线模块;AP2000PA 为增强功率无线网络模块。
- AP3000 为 USB 接口八通道无线网络模块,内置天线;AP3000 + 为外置天线模块;AP3000PA 为增强功率无线 USB 网络模块。

2.12.2 适合各种无线网络拓扑应用

广泛适用运动、健康、家庭健康监控、家庭/工业自动化、环境传感器网络、有源 RFID、物流/货物追踪、观众反馈系统等无线应用,低功耗应用及物联网的理想选择。

2.12.3 工作条件

工作条件见表 2 - 15。

表 2 - 15 工作条件

标号	参数	注意	最小值	典型值	最大值	单位
VDD	工作电压		1.9	3.0	3.6	V
t_{R_VDD}	供电稳定时间(0~1.9V)	a	1μs		50ms	
T_A	工作温度		-40		+85	℃

a. 如果电源稳定时间不能满足表中要求,可能会导致片上的上电复位不能正常工作。

2.12.4 引脚排列及说明

引脚排列及说明见表 2 - 16。

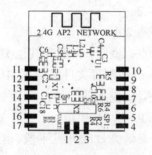 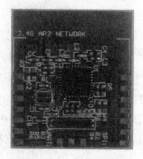

图 2 - 35 引脚位置图

第 2 章　2.4GHz 单片 ANT 超低功耗无线网络芯片 nRF24AP2

表 2-16　引脚排列及说明

引脚	名称	功能	备注
Pin1	TEST	测试脚,应悬空	
Pin2	RESET	复位输入,低电平有效	
Pin3	VDD	正电源输入(1.9~3.6V)	
Pin4	GND	电源地	
Pin5		未使用	
Pin6	SUSPEND/SRDY	挂起/串口就绪	
Pin7	SLEEP/SMSGRDY	睡眠/消息就绪	
Pin8		未使用	
Pin9	PORTSEL	串口选择:接 VDD 为同步,接 GND 为异步	
Pin10	BR2/SCLK	波特率选择/同步时钟	
Pin11	TXD/SOUT	异步数据输出/同步数据输出	
Pin12	RXD/SIN	异步数据输入/同步数据输入	
Pin13	BR1/SFLOW	波特率选择/位或字节流控制	
Pin14	BR3	波特率选择	
Pin15	RESERVED1	保留,未使用	
Pin16	RESERVED2	保留,未使用	
Pin17	RTS/SEN	异步请求发送/同步串行使能	

2.12.5　微处理器接口

1. 串口选择设置

表 2-17　串口选择设置

	PORTSEL	R2	R3	R4	R5	R6
同步模式	VDD	短接	未接	短接	未接	未接
异步模式	GND	未接	短接	未接	短接	短接

注意:PORTSEL 为模块的引脚;R2,R3.R4,R5,R6 位于无线模块顶层。

2. 异步串行接口应用模式

1) 异步接口(UART)

- 接口需要 5 根信号线与主控 MCU 相连接(图 2-36)。
- 配置的波特率可从 4800 到 57600bps。

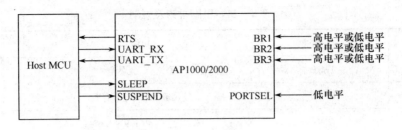

图 2-36 异步接口连接框图

2) 异步接口(UART)连接典型应用原理图见图 2-37。

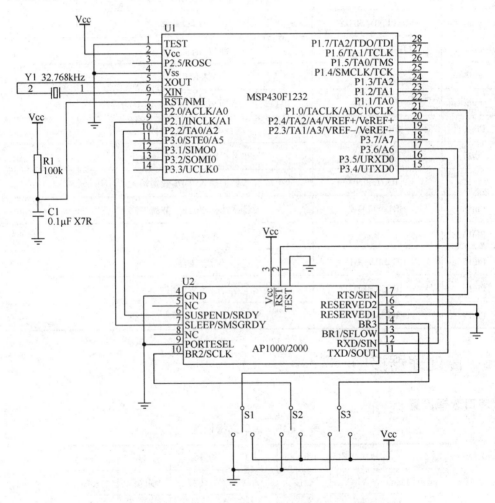

图 2-37 异步接口(UART)连接典型应用原理图

- 模块的 RXD 和 TXD 直接连接到微处理器的硬件 UART 端口。
- 模块的波特率选择脚(BR1,BR2,BR3)根据需要连接到相应的逻辑电平上。
- 为了方便应用,在某些应用中模块的 RTS 引脚可以连接到微处理器的中断引脚。

注意:波特率的设置对系统电流功耗有较大影响。

第 2 章　2.4GHz 单片 ANT 超低功耗无线网络芯片 nRF24AP2

表 2-18　通信速率与引脚设置的关系其中 0 为低电平,1 为高电平

BR3	BR2	BR1	波特率/bps	BR3	BR2	BR1	波特率/bps
0	0	0	4800	1	0	0	1200
0	1	0	19200	1	1	0	2400
0	0	1	38400	1	0	1	9600
0	1	1	50000	1	1	1	57600

3. 同步串行接口应用模式

1)同步接口

同步串行接口框图如图 2-38。

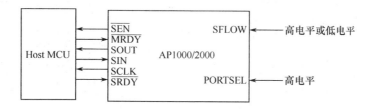

图 2-38　同步接口连接框图

同步接口采用位或字节的流控制;接口需要 6 根信号线与主控 MCU 相连接。流控制选择信号 SFLOW 用来配置同步串口为字节流还是位流控制方式。流控制选择信号控制关系见表 2-19。

表 2-19　流控制选择信号控制关系

SFLOW	流控制
0	字节流控制
1	位流控制

请注意,字节流控制时,将假定主控 MCU 具有硬件同步通信接口,并可以配置为同步从模式。位流控制适用于所有的微处理器,特别是那些没有硬件串行接口的微处理器,或者串行接口已经预留他用的微处理器。

2)字节同步模式(Byte Sync Mode)连接典型应用原理图

字节同步模式连接典型应用原理图见图 2-39。

① 模块的 SOUT,SIN,和 SCLK 引脚直接连接到微处理器的硬件同步串口。

② 模块的 SEN 引脚需要连接到微处理器具有中断能力的 I/O 引脚上。

3)位同步模式(Bit Sync Mode)连接典型应用原理图

位同步模式连接典型应用原理图见图 2-40。

nRF24AP2 单片 ANT 超低功耗无线网络原理及高级应用

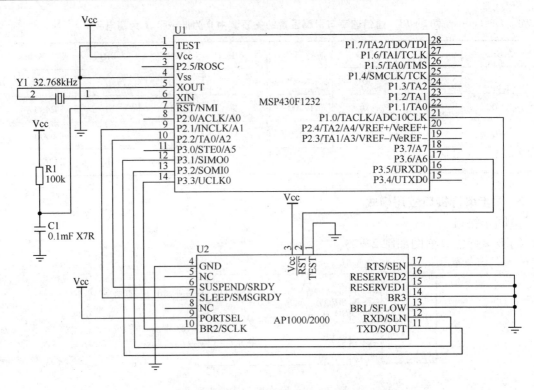

图 2-39　字节同步模式连接典型应用原理图

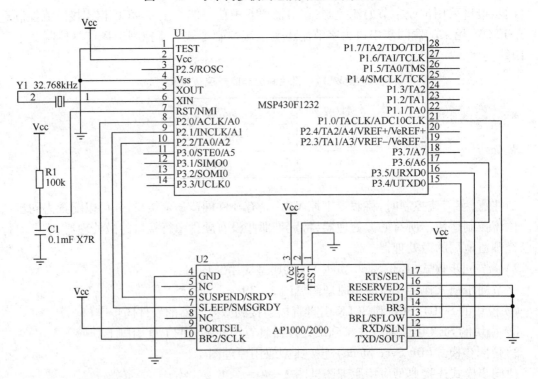

图 2-40　位同步模式连接典型应用原理图

2.13　nRF24AP2 增强功率 PA 无线网络模块

当在某些应用中需要到更远的通信距离和更大的功率时,可采用 2.4GHZ 无线网络加大功率 PA 模块 AP1000PA,该模块采用功率扩展技术,最大输出发射功率约 +20dBm,其功能引脚与 AP1000 模块完全一致,可直接替换使用,采用外接的专业 SMA 射频天线接口方式。

模块顶视图及引脚说明如下所示说明(图 2 - 41,表 2 - 20)。

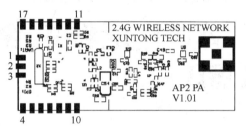 

图 2 - 41　增强功率 PA 无线网络模块引脚排列及正视图

表 2 - 20　增强功率和 PA 无线网络模块引脚说明

引脚	名称	功　能	备注
Pin1	TEST	测试脚,应悬空	
Pin2	RESET	复位输入,低有效	
Pin3	VDD	正电源输入(2.7~3.6V)	
Pin4	GND	电源地	
Pin5		未使用	
Pin6	SUSPEND/SRDY	挂起/串口就绪	
Pin7	SLEEP/SMSGRDY	睡眠/消息就绪	
Pin8		未使用	
Pin9	PORTSEL	串口选择:接 VDD 为同步,接 GND 为异步	
Pin10	BR2/SCLK	波特率选择/同步时钟	
Pin11	TXD/SOUT	异步数据输出/同步数据输出	
Pin12	RXD/SIN	异步数据输入/同步数据输入	
Pin13	BR1/SFLOW	波特率选择/位或字节流控制	
Pin14	BR3	波特率选择	
Pin15	RESERVED1	保留,未使用	
Pin16	RESERVED2	保留,未使用	
Pin17	RTS/SEN	异步请求发送/同步串行使能	

第 3 章
带 USB 接口的单片 ANT 无线网络芯片 nRF24AP2 – USB

3.1 nRF24AP2 – USB 介绍

nRF24AP2 – USB 是 Nordic 公司低成本高性能 2.4GHz 无线系列芯片成员之一,内嵌 ANT 无线网络协议堆栈和 USB2.0 接口。nRF24AP2 – USB 为超低功耗无线网络应用提供了目前市场上最有效的单片无线收发解决方案,集成了具有极高电源使用效率的 ANT 协议堆栈,业界领先的 Nordic 2.4GHz 射频技术,以及关键的低功耗振荡器及定时功能,是一个 ANT 无线网络 USB 网桥的单芯片解决方案。

3.1.1 nRF24AP2 – USB 基本特性

- 第二代单片 ANT 解决方案;
- ANT 网络及设备到个人电脑以及互联网的网桥;
- nRF24AP2 – USB 支持多达 8 个 ANT(逻辑)通道,是集中器应用的理想选择;
- 国际通用 2.4GHz ISM 频段工作;
- USB 2.0 接口;
- 全嵌入增强型 ANT 协议堆栈;
- 内建设备搜索及配对功能;
- 内建时间及电源管理;
- 内建抗干扰处理;
- 可配置通道周期 5.2ms ~ 2s;
- 广播,应答及突发工作模式;
- 突发速率可达 20kbps;
- 适用于简单及复杂的网络拓扑结构:点对点、星形、树形及其他复杂网络结构;
- 支持公共、私有及受管理网络;
- 支持 ANT + 设备配置文件实现不同厂家产品之间互通;

第3章 带 USB 接口的单片 ANT 无线网络芯片 nRF24AP2-USB

- 完全兼容 nRF24AP1 和基于 Dynastream 公司 ANT 芯片/模组产品以及 nRF24AP2 系列；
- RoHS 无铅 5mm×5mm 32 脚 QFN 封装；
- 使用 16MHz 低成本晶体。

3.1.2 nRF24AP2-USB 应用领域

- 运动；
- 健康；
- 家庭健康监控；
- 家庭/工业自动化；
- 环境传感器网络；
- 有源 RFID；
- 物流/货物追踪；
- 观众反馈系统。

3.2 nRF24AP2 概述

ANT 是一个性能出众的无线传感器网络（WSN）协议，适合从简单的点对点到复杂的绝大多数无线网络应用。与之相配的是嵌入在 nRF24AP2 中来自 Nordic Semiconductor 业界领先的 2.4GHz 无线电技术。这两者的结合提供了一个高性能低功耗的无线网络应用平台。nRF24AP2-USB 具有 USB 2.0 兼容的串行接口，可作为 ANT 网络与骨干网基础设备的网桥。骨干网基础设备即具有高级用户界面的计算机或其他启用 USB 接口的设备。

图 3-1 说明了一个嵌入了 nRF24AP2-USB 的网络节点，可与多达 8 个 ANT 节点通信。这个例子可以表示计算机在含有多个传感器（如心率，速度，距离传感器）的便携式传感器网络的集中器（手表）中采集数据。8 通道节点当然还可以与其他中心节点建立 ANT 通道（例如健身设备）。通过 nRF24AP2-USB 采集的数据可以自身使用，也可以通过本地网络或互联网与他人共享。复杂 ANT 网络拓扑结构的配置见图 3-10。

3.2.1 nRF24AP2-USB 功能

nRF24AP2-USB 功能包括：

① 超低功耗 2.4GHz 无线射频收发。
- 全球 2.4GHz ISM 频段工作；
- 基于 nRF24L01+无线射频内核；
- GFSK 调制；
- 1Mbps 空中速率；
- 1MHz 频率分辨率；
- 78 个射频通道；
- -85dBm 灵敏度；

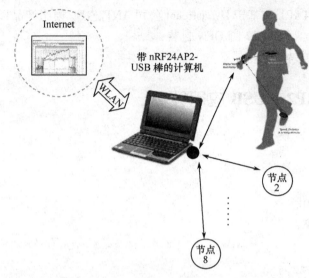

图 3-1　nRF24AP2-USB 的简单设置

- 最高 0dBm 射频输出功率。

② ANT 协议堆栈。
- 完全实现物理层,数据链路层,网络层,传送 OSI 层;
- 基于包的通信-每包 8 字节载荷;
- 超低功耗工作优化。

③ ANT 通道。
- 节点间逻辑通信通道;
- nRF24AP2USB 支持 8 通道——集中器的理想选择;
- 内置时钟及电源管理;
- 内置抗干扰处理;
- 可配置的通道周期为 5.2ms~2s;
- 广播,应答和突发通信模式;
- 突发模式速率最高 20kbps。

④ 设备搜索及配对。
- 通配符搜索;
- 邻近搜索;
- 指定搜索;
- 如果找到正确设备,自动建立连接;
- 如果连接丢失,自动尝试重新连接;
- 可配置的搜索超时。

⑤ 网络拓扑。
- 使用独立 ANT 通道的点对点及星形网络;
- 共享网络:使用 ANT 共享通道的轮询方式($N:1$);
- 广播网络:用于大量的数据分发($1:N$)。

⑥ 网络管理/ANT+。

- 支持公共及私有(受管理)网络；
- 支持 ANT + 系统实现不同厂家间的系统互通。

⑦ ANT 增强核心堆栈。
- 后台通道扫描；
- 连续扫描模式；
- 支持高密度节点；
- 改进的通道搜索；
- 通道 ID 管理；
- 改进的每个通道上发射功率控制；
- 频率捷变；
- 邻近搜索。

⑧ 电源管理。
- 完全由 ANT 协议堆栈控制；
- 片内稳压器；
- USB 电源供电；
- 电源电压范围为 4.0 ~ 5.25V。

⑨ 片内振荡器和时钟输入。
- 16MHz 晶体振荡器支持低成本晶体

⑩ 主机接口；
- USB 2.0 兼容；
- D + 上的片内上拉电阻；
- 两个控制端点和两个批量端点；
- 具备挂起和恢复的电源管理功能；
- ANT 支持的 USB 驱动和 ANT 命令库。

3.2.2　nRF24AP2 – USB 内部框图

nRF24AP2 – USB 由 5 个主要部分组成,如图 3 – 2 所示。包括 USB 接口,电源管理,ANT 协议引擎,片内振荡器和 2.4GHz 无线射频收发器。

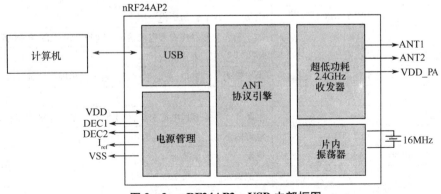

图 3 – 2　nRF24AP2 – USB 内部框图

3.2.3　nRF24AP2 – USB 引脚分配

引脚分配见图 3 – 3。

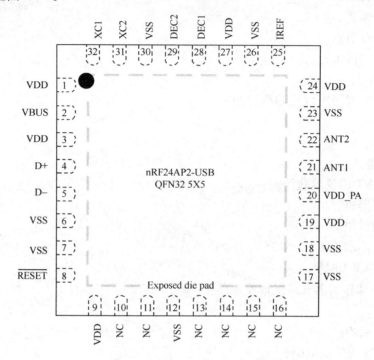

图 3 – 3　nRF24AP2 – USB 引脚分配（顶视图）QFN32 5mm × 5mm 封装

3.2.4　nRF24AP2 – USB 引脚功能

表 3 – 1　nRF24AP2 – USB 引脚功能

引脚	名称	类型	说明
21,22	ANT1,ANT2	射频	差分天线连接（TX 和 RX）
5,4	D –,D +	数字 I/O	差分 USB 连接
28,29	DEC1,DEC2	电源	电源输出退耦
25	IREF	数字输入	器件参考电流输出。连到 PCB 上的参考电阻
10,11,13,14,15,16	NC	NC	未连接
8	RESET	数字输入	复位，低电平有效。若不使用则连接到 VDD
2	VBUS	电源	USB 电源
1,3,9,19,24,27	VDD	电源	替代电源引脚，该引脚必须始终连接外部去耦
20	VDD_PA	电源输出	片内 RF 功放用的电源输出（ + 1.8V）
6,7,12,17,18,23,26,30	VSS	电源	电源地
32,31	XC1,XC2	模拟输入	连接 16MHz 晶振
	芯片底部焊盘	功耗/散热	悬空，不连接

第3章 带USB接口的单片ANT无线网络芯片 nRF24AP2-USB

1. nRF24AP2-USB 电源引脚

VBUS 和 VSS 是电源和接地引脚。nRF24AP2-USB 可以单电源供电工作。

nRF24AP2-USB 包含片内稳压器,可以从 VBUS 电源线(4.0~5.25V)获得+3.3V,并在VDD 引脚上输出。作为另外的选择,VBUS 引脚可以悬空,而在 VDD 引脚输入外部 3.3V 供电。在这种情况下,片内 3.3V 稳压器关闭。

2. nRF24AP2-USB 复位引脚

当 nRF24AP2-USB 位于一个系统中并且具有主复位源时,RESET 引脚提供一个可选的复位,在正常的应用中可不必使用该引脚。将 RESET 引脚拉低至少 0.2μs,然后返回高电平将复位 nRF24AP2-USB,使之进入默认状态。未使用 RESET 引脚时,应将其接到 VDD 引脚。

3.3 nRF24AP2-USB 射频收发器

nRF24AP2 射频收发器的所有操作完全由 ANT 协议堆栈所控制。ANT 协议堆栈的配置通过串行 USB 接口发送 ANT 命令到 nRF24AP2-USB 来完成。

3.3.1 nRF24AP2-USB 射频收发器功能

nRF24AP2-USB 的射频收发器功能包括:

① 常规功能。
- 国际通用的 2.4GHz ISM 频段工作;
- 发射和接收采用同一天线接口;
- GFSK 调制;
- 1Mbps 空中速率。

② 发射器。可编程输出功率:0,-6,-12,-18dBm。

③ 接收器。
- 集成的通道滤波器;
- -85dBm 灵敏度。

④ RF 合成器。
- 全集成合成器;
- 1MHz 可编程频率分辨率;
- 78 个位于 2.4GHz ISM 频段射频频道;
- 可使用低成本 $\pm 50 \times 10^{-6}$ 的 16MHz 晶振;
- 1MHz 非重叠频道间隔。

3.3.2 nRF24AP2-USB 射频收发器内部框图

图 3-4 说明 nRF24AP2-USB 中射频收发器的内部框图。

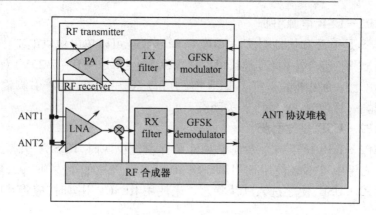

图 3-4　与 ANT 相关的射频收发器内部框图

3.4　ANT 协议概述

ANT 协议设计简洁高效，其目的就是实现超低功耗工作，使电池寿命最大化，并占用最小的系统资源，简化网络设计，实施成本极低。

3.4.1　ANT 内部框图

ANT 提供完善的物理层，数据链路层，网络层和 OSI 传输层处理，见图 3-5。此外，还包括实现从低级别到复杂的，可由用户定义的网络安全特性。通过提供一个简单而有效的无线网络解决方案，ANT 确保足够的用户控制，同时大大减轻计算负担。

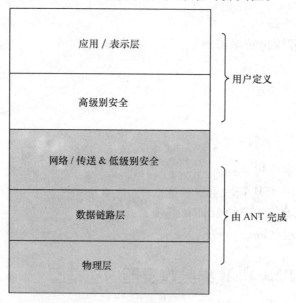

图 3-5　ANT 协议堆栈的 OSI 链路模型

3.4.2 功能描述

下面简要介绍 ANT 的基本概念。

1. ANT 节点

所有 ANT 网络均由节点所构成，见图 3-6。一个节点可以是简单的传感器到复杂的数据采集单元如手表或计算机。通常所有的节点都包含有 ANT 引擎(即 nRF24AP2)来处理与其他节点的所有连接，而由一个外部微处理器来实现应用的功能。nRF24AP2 与外部微处理器通过串行口连接，所有的配置和控制的执行都可以通过一个简单的命令库来完成。

2. ANT 通道

nRF24AP2 可以建立一个或最多八个到其他 ANT 节点的逻辑通道，称为 ANT 通道。ANT 通道的可用数量取决于具体所使用的 nRF24AP2 型号。nRF24AP2-1CH 只有一个逻辑通道，nRF24AP2-8CH 最多可以提供 8 个逻辑通道，nRF24AP2-USB 最多可以提供 8 个逻辑通道。

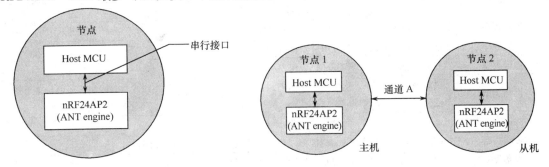

图 3-6　ANT 节点　　　　图 3-7　ANT 节点以及节点之间的通道

最简单的 ANT 通道称为独立通道，由两个节点组成，一个作为主节点，一个作为从节点。当每个 ANT 通道开启时，nRF24AP2 将建立并管理一个同步无线链路，并同其他 ANT 节点在预定的时间周期(称为通道周期如图 3-8 所示)交换数据包。主节点控制通道的时序，也就是说，它总是主动发起节点之间的通信。从节点锁定由主节点所设定的定时，并接收由主节点发送来的数据包，还可以向主节点回送应答或数据包(若进行相关配置)。

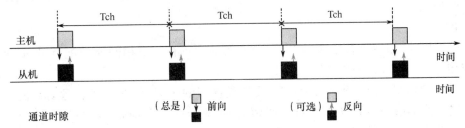

图 3-8　前向及反向通道的通信(未按比例)

在每个时隙，一个 ANT 通道既可用简单的广播方式，以及接收机应答的广播方式来传输用户数据(8 字节)，或用突发方式传输数据(这将延长所使用的时隙)来容纳更多用户数据块的传送。一个 ANT 节点总的有效载荷带宽(20kbps)通过时分多址(TDMA)方式在当前激活的 ANT 通道中共享。当一个通道的时隙到来，而主机没有新数据，主机将发送上一个包来保持通道时序,并且如果需要可使能从机回发数据。

在 nRF24AP2 中每个可用的 ANT 通道可以配置为单向的(广播)或双向独立的通道;或在复杂应用中共享通道,如主机对多个从机(1:N 拓扑)。详请参考 ANT 消息协议及使用文档。

3. ANT 通道配置

ANT 的独特之处在于,每个 ANT 通道的设置独立于网络所有的其他 ANT 通道,包括同一个节点上的其他通道。这也意味着一个 ANT 节点可以在一个通道上作为主节点,同时还可以在另一个通道上作为从节点工作。既然在 ANT 网络上没有一个所谓整体上的总主节点,ANT 允许节点根据需要单独配置每个通道的参数。ANT 中的搜索和配对算法允许使用者根据需要很容易开启及关闭 ANT 通道,这将给使用者最大的灵活性来调整 ANT 通道的参数,如速率、延时等与功耗相关的参数,并且可以在任何时候,将网络按照所需要的复杂程度进行设置。为了使两个 ANT 节点间建立 ANT 通道,必须使用相同的通道配置及通道 ID。必要的配置参数见表 3-2。

表 3-2 ANT 通道 ID

参数	说明
通道配置	
通道周期	在该通道上进行数据交换的时间间隔(5.2ms~2s)
射频频率	该通道使用的是 78 个可用射频频道中的哪一个
通道类型	双向从,双向主,共享的双向从,仅为从接收
网络类型	决定该 ANT 通道是否所有 ANT 节点通常可以访问的通道(公共);或是否限制该通道与属于其他受管理或私有网络设备的连接
通道 ID	
传输类型	1 字节-传输特性的标识,例如可以包含有效载荷如何解释的编码
设备类型	1 字节-用以识别通道主机的设备类型(如:心跳带,温度传感器)
设备号	2 字节-该通道唯一的 ID

通道配置参数是主机与从机必须匹配的静态系统参数,通道 ID 包含在两个节点相互间所有的传输标识中。关于每个参数更详细的解释请参考 ANT 消息协议及使用章节。

网络

除了设定通道 ID 即 ANT 节点主要 ID 的内容外,通过为每个 ANT 通道定义一个网络,可以限制 ANT 节点连接到选定范围内的其他 ANT 节点。限制访问某些网络可以通过唯一的网络密钥来管理。

ANT 网络定义:

(1) 公共网络:没有连接限制的开放 ANT 网络。所有共享相同通道配置的 ANT 节点将可相互连接。这是 nRF24AP2 的默认设置。

(2) 受管理网络:即由特别兴趣小组及联盟管理的 ANT 网络。例如运动及健康产品的 ANT+联盟。关于如何申请加入 ANT+联盟,详情见 www.thisisant.com。加入 ANT+联盟并按照 ANT+设备的要求去做,可以达到两个目的:

① 限制连接:仅允许其他 ANT+兼容的设备在此通道上连接。

② 互操作性:可以连接到其他生产商的 ANT+兼容产品。

(3) 专用网络:你自己的受保护专用网络,除非你与网络外的其他人共享网络密钥,否则其他 ANT 设备将不允许连接到你的 ANT 节点。注意:这需要向 ANT 购买一个唯一的专有网络密钥,详见 www.thisisant.com。

第3章 带USB接口的单片ANT无线网络芯片nRF24AP2-USB

由于可以自主地独立选择每个ANT通道的网络参数,一个ANT节点可以有最多8个ANT通道,因而一个ANT节点可以同时在多个不同的网络中工作。

注意:网络参数不影响你可以建立的网络拓扑结构。仅仅是一种保护你的ANT网络的工具,以及防止来自其他ANT节点偶然或故意的访问。

通道ID,搜索和配对

两个ANT节点用于相互识别的主要参数组成通道ID。一旦建立了一个ANT通道,通道ID参数当然要匹配;但建立一个ANT通道,并不需要节点预先彼此知道(预配置)。

当一个nRF24AP2配置为主机(在通道类型中设置)并开启一个ANT通道时,它将广播其整个通道ID。因此必须配置所有三个通道ID参数,然后才能作为主机开启ANT通道。

另一方面,在从机可以设置nRF24AP2搜索,然后连接到已知及未知的主机节点。为连接到一个已知的主机,在开启ANT通道前,nRF24AP2必须配置传输类型,设备类型,设备号。

也可以配置nRF24AP2对通道ID三个参数中的一个或多个进行通配符搜索,来与未知的主机进行配对。例如可以设置希望所配对主机的设备类型,而设置传输类型和设备号为通配模式。当搜索到一个有相同设备类型的新主机时,从机将与之连接并存储通道ID中的未知参数。所获得的新通道ID参数也可以存储在MCU中,以便于此后对该主机的特定搜索。

4. 邻近搜索

当采用基本搜索和配对算法时,从机将自动识别并连接第一个满足搜索条件的主机。在一个具有高密度类似主机节点的区域,或高密度独立ANT网络的区域,总有机会在覆盖区域内找到多个主机,可能会出现首先发现并连接到的主机节点并非所期望主机节点的情况。ANT协议中邻近搜索功能可以标明从1(最近)到10(最远)的10个邻近的环如图3-9所示。

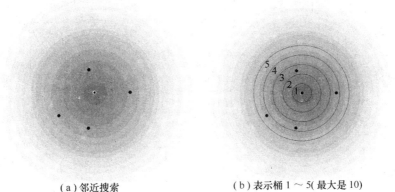

(a)邻近搜索　　　　　　(b)表示桶1~5(最大是10)

图3-9　标准搜索

该"环"功能允许对搜索进行更多的控制,例如只接入最近的主机节点(只接受落入"环"1和2中的主机节点),这使得用户配对网络节点更为容易,并防止偶然连接到属于其他相邻网络的节点。

5. 连续扫描模式

连续搜索模式允许一个使用连续搜索模式的ANT节点与任何其他采用标准主机通道的ANT节点间进行完全的异步通信。与仅使用标准ANT通道相比具有两个主要优点。首先搜索模式启动通信的延时减少为零,并且由邻近主通道发出的每个信息将被搜索设备所接收。

其次，不需要为维持通信所需的同步。这就意味着对于节点来说，可以快速进入及退出或在两次通信事件之间可以长时间关闭。这可使对应的发射节点节约功耗。

连续搜索模式的缺点是需要比标准 ANT 通道模式消耗更多的电流，因此连续搜索模式通常用在插电式及不移动的设备如 PC 上（USB 适配器）。另外一个缺点是由于搜索模式下的节点关闭了标准 ANT 通道的功能，不能再被配置为可以发现主机通道。值得注意的是如果两个 ANT 节点都在搜索模式下将不能相互通信，因为本身不能发起通信。

在多数应用中推荐使用标准 ANT 通道多于扫描通道，特别是在设备进入或退出的动态系统中。这是因为扫描通道不推荐用于移动网络（即 ANT 的主要用途）。扫描通道通常用在静态及固定的网络，即扫描通道的节点是插电式以及不移动的。

6. ANT 网络拓扑

根据本身要求通过不同功能来组合 ANT 通道，可以组建任何从简单的对等链接，星形网络到复杂的网络，如图 3-10 所示。

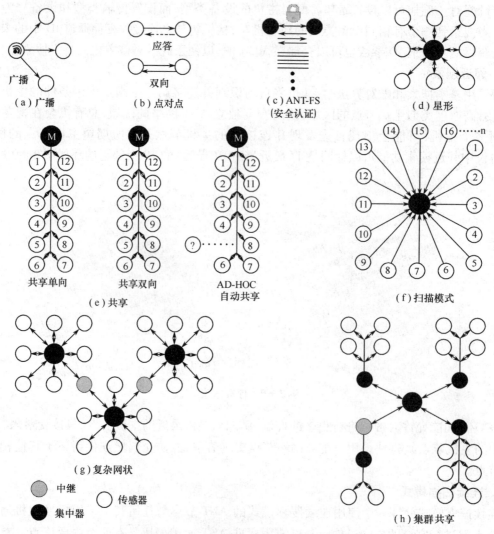

图 3-10 ANT 支持的网络拓扑结构范例

第3章 带USB接口的单片ANT无线网络芯片nRF24AP2-USB

7. ANT消息协议

各种不同ANT节点的全部配置及控制参数均由主微处理器通过一个简单的串行接口使用命令库来处理。关于命令库详情参考ANT消息协议及使用章节。nRF24AP2支持的ANT信息汇总见表3-3。

表3-3 nRF24AP2支持的ANT信息汇总

类	类型	ANT命令库中的命令	回应	来自
配置消息	取消指定通道	ANT_UnassignChannel( )	是	微处理器
	分配通道	ANT_AssignChannel( )	是	微处理器
	通道ID	ANT_SetChannelId( )	是	微处理器
	通道周期	ANT_SetChannelPeriod( )	是	微处理器
	搜索超时	ANT_SetChannelSearchTimeout( )	是	微处理器
	通道射频频率	ANT_SetChannelRFFreq( )	是	微处理器
	设置网络	ANT_SetNetworkKey( )	是	微处理器
	发射管理	ANT_SetTransmitPower( )	是	微处理器
	ID列表添加	ANT_AddChannelID( )	是	微处理器
	ID列表配置	ANT_ConfigList( )	是	微处理器
	通道发射功率	ANT_SetChannelTxPower( )	是	微处理器
	低优先级搜索超时	ANT_SetLowPriorityChannelSearchTimeout( )	是	微处理器
	使能扩展RX消息	ANT_RxExtMesgsEnable( )	是	微处理器
	频率捷变	ANT_ConfigFrequencyAgility( )	是	微处理器
	邻近搜索	ANT_SetProximitySearch( )	是	微处理器
通知	启动消息	→ResponseFunc(-,0x6F)	-	ANT
控制消息	系统复位	ANT_ResetSystem( )	否	微处理器
	开启通道	ANT_OpenChannel( )	是	微处理器
	关闭通道	ANT_CloseChannel( )	是	微处理器
	开启Rx扫描模式	ANT_OpenRxScanMode(	是	微处理器
	请求消息	ANT_RequestMessage( )	是	微处理器
数据消息	广播数据	ANT_SendBroadcastData( ) →ChannelEventFunc(Chan,EV)	否	微处理器/ANT
	应答数据	ANT_SendAck否wledgedData( ) →ChannelEventFunc(Chan,EV)	否	微处理器/ANT
	突发传输数据	ANT_SendBurstTransferPacket( ) →ChannelEventFunc(Chan,EV)	否	微处理器/ANT
通道事件消息	通道响应/事件	→ChannelEventFunc(Chan,MessageCode) or →ResponseFunc(Chan,MsgID)	-	ANT
请求响应消息	通道状态	→ResponseFunc(Chan, 0x52)	-	ANT
	通道ID	→ResponseFunc(Chan,0x51)	-	ANT
	ANT版本	→ResponseFunc(Chan,0x51)	-	ANT
	性能	→ResponseFunc(-,0x3E)	-	ANT

续表 3-3

类	类型	ANT 命令库中的命令	回应	来自
测试模式	CW Init	ANT_InitCWTestMode( )	是	微处理器
	CW 测试	ANT_SetCWTestMode( )	是	微处理器
扩展数据消息	扩展广播数据	ANT_SendExtBroadcastData( )[a] →ChannelEventFunc(Chan,EV)	否	微处理器
	扩展应答数据	ANT_SendExtAcknowledgedData( )[a] →ChannelEventFunc(Chan,EV)	否	微处理器
	扩展突发数据	ANT_SendExtBurstTransferPacket( )[a] →ChannelEventFunc(Chan,EV)	否	微处理器

a. nRF24AP2 不会发送 ChannelEventFunctions( ) 到微处理器。nRF24AP2 通过在标准的广播,应答,突发数据后附加额外的字节来发送扩展消息。

3.5　nRF24AP2 的主机接口

nRF24AP2-USB 具有 USB 2.0 兼容接口,可以直接连接到计算机或其他 USB 端口开启的设备。连同由 ANT 提供的命令库和 USB 驱动程序,nRF24AP2-USB 使得 ANT 与计算机以及其他高级主机设备的连接成为可能。

3.5.1　主机接口功能

nRF24AP2-USB 的 USB 串行接口包括如下几方面。
① 串行接口引擎:USB 2.0 兼容;D+片内上拉电阻。
② 两个控制端点和两个批量端点。
③ 具备挂起和恢复的电源管理功能。
④ ANT 支持的 USB 和 ANT 命令库。

产品做 USB 兼容性测试时,下面的 USB 功能必须声明:
① 全速外设;
② 微控制器及 USB 驱动在同一芯片中;
③ 总线供电;
④ 没有远程唤醒。

3.5.2　主机接口内部框图

图 3-11 说明了一个带有外部信号 VBUS,D+,D-,GND 的 USB 块,D+有内部的片内上拉电阻。

注意:VBUS,D+和 D-上的串联电阻做 ESD 保护用且兼容 USB v2.0 标准

第3章 带USB接口的单片ANT无线网络芯片nRF24AP2-USB

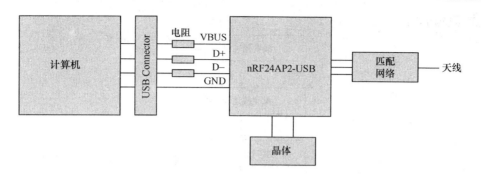

图3-11 计算机USB端口连接到nRF24AP2-USB

3.5.3 主机接口功能描述

当nRF24AP2-USB插入USB端口后,首先需要进行的是向USB集中器标识自身,这个过程被称为枚举,由nRF24AP2-USB自动完成。一旦设备枚举完成,主机上的应用程序就可以用ANT命令库访问nRF24AP2-USB。

本节概述了枚举过程,用户可配置的USB参数,以及发生在nRF24AP2-USB主机接口的信息交换。

1. USB 物理连接

nRF24AP2-USB和主机的物理连接必须遵循USB 2.0标准(例如使用经过USB认证的连接器),以确保基于nRF24AP2-USB的应用可以通过USB兼容性测试。

2. USB 枚举

该USB枚举过程是由nRF24AP2-USB处理。在枚举时,主机读出USB描述符和字符串,以确定哪个设备已连接到总线。主机收到参数后,将给设备分配一个地址,并允许它在总线上传输数据。

一个典型的枚举过程包括以下步骤:

① 主机通过D+的上拉电阻检测到总线上有新设备。
② 主机发出复位命令置nRF24AP2-USB为默认状态。这将使该设备响应默认地址0的要求。
③ 主机在地址0上请求设备描述符。
④ 主机发出另一个总线重启命令。
⑤ 主机发出一个设置地址命令,使nRF24AP2-USB为设置地址状态。
⑥ 主机再次请求的设备描述符。
⑦ 主机请求配置,接口和端点描述符。
⑧ 主机请求字符串描述符。

枚举过程结束后,nRF24AP2-USB即可在总线上传输ANT消息。所支持ANT消息的完整摘要见表3-3。

3. USB 描述

nRF24AP2-USB的USB描述符图3-12中描述的是有关制造商,产品,USB版本,端点数量及其类型的信息。

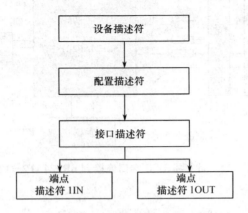

图 3-12 USB 描述符的组织

设备描述符包含有关该设备的基本信息,如支持的 USB 版本,最大数据包大小,厂商和产品标识,见表 3-4。

表 3-4 设备描述符

域	注意	值	描述符
bLength		0x12	18
bDescriptorType		0x01	设备
bcdUSB		0x0200	2.0
bDeviceClass		0x00	在接口级定义的类
bDeviceSubClass		0x00	在接口级定义的子类
bDeviceProtocol		0x00	无
bMaxPacketSize0		0x20	32
idVendor	a	0x0FCF	Dynastream Innovations, Inc.
idProduct	a	0x1008	0x1008
bcdDevice		0x0100	1.0
iManufacturer		0x01	1
iProduct		0x02	2
iSerialNumber		0x03	3
bNumConfigurations		0x01	1

a. 这些字段的值可由用户自定义

配置描述符指定该设备供电方式,最大功率消耗,以及所使用接口的数量,见表 3-5。

表 3-5 配置描述符

域	注意	值	描述符
bLength		0x09	合法的
bDescriptorType		0x02	配置
wTotalLength		0x0020	32 字节

第3章 带USB接口的单片ANT无线网络芯片nRF24AP2-USB

续表3-5

域	注意	值	描述符
bNumInterface		0x01	1
bConfigurationValue		0x01	1
iConfiguration		0x02	2
bmAttributes.Reserved		0x00	零
bmAttributes.RemoteWakeup		0x0	不支持
bmAttributes.SelfPowered		0x0	否，总线供电
bmAttributes.Reserved7		0x1	一个
bMaxPower		0x32	100mA

该接口描述符包含有关端点的数量及端点的类，见表3-6。

表3-6 接口描述符

域	注意	值	描述
bLength		0x09	合法的
bDescriptorType		0x04	接口
bInterfaceNumber		0x00	0
bAlternateSetting		0x00	0
bNumEndpoints		0x02	2
bInterfaceClass		0xFF	厂商指定
bInterfaceSubClass		0x00	厂商指定
bInterfaceProtocol		0x00	无
iInterface		0x02	2

端点描述符包含传输类型，时间间隔和数据包大小，主机将使用这些信息来决定总线的请求。nRF24AP2-USB使用两个端点来与主机通信，一个端点配置为输入IN，而另一个端点配置为OUT，见表3-7和表3-8。

表3-7 端点描述符1 IN

域	注意	JD0001]值	描述
bLength		0x07	合法的
bDescriptorType		0x05	端点
bEndpointAddress		0x81	1 IN
bmAttributes.TransferType		0x2	批量
bmAttributes.Reserved		0x00	零
wMaxPacketSize		0x0040	64字节
bInterval		0x01	忽略全速,批量端点

表3-8 端点描述符1 OUT

域	注意	值	描述
bLength		0x07	合法的
bDescriptorType		0x05	端点
bEndpointAddress		0x01	1 OUT
bmAttributes. TransferType		0x2	批量
bmAttributes. Reserved		0x00	零
wMaxPacketSize		0x0040	64 字节
bInterval		0x01	忽略全速,批量端点

4. 字符串描述符

字符串描述符提供关于制造商,产品和用于 nRF24AP2－USB 序列号。这些字符串可以被修改,见下一部分。

字符串索引 0 返回一个支持的语言列表,见表3-9~表3-12。

表3-9 字符串索引0(语言标识符)

域	注意	值	描述
bLength		0x04	4
bDescriptorType		0x03	STRING
wLANGID[0]		0x0409	English（US）

表3-10 字符串索引1(制造厂商字符串)

域	注意	值	描述
bLength		0x30	48
bDescriptorType		0x03	STRING
bString	a	"Dynastream Innovations"	

a. 此字段可以自定义生产厂家的自己字符串。

表3-11 字符串索引2(产品字符串)

域	注意	值	描述
bLength		0x1E	30
bDescriptorType		0x03	STRING
bString	a	"ANT USBStick2"	

a. 此字段可以自定义自己的产品字符串。

表3-12 字符串索引3(序列号字符串)

域	注意	值	描述
bLength		0x2A	42
bDescriptorType		0x03	STRING
bString	a	"123"	

a. 此字段可以自定义序列号。

第3章 带USB接口的单片ANT无线网络芯片nRF24AP2-USB

5. 自定义描述符

nRF24AP2-USB使用默认的VID/PID值编程,这将允许其功能可使用ANT提供的库及驱动,同时也可以自定义nRF24AP2-USB接口,可以自定义下列值和字符串描述符:

- 厂商ID(VID);
- 产品ID(PID);
- 制造商的字符串;
- 产品字符串;
- 序列号。

使用Set_Descriptor_String(0xc7)命令来配置USB描述符字符串。此命令是对ANT命令接口的扩展,并以与其他ANT串行命令相同的方式发送,描述符字符串最多可以设置3次。详请请参考关于命令库的ANT消息协议和使用章节。

注意:更新VID,PID或USB描述符时不能移除电源。

6. 控制传输

控制传输用于所有的命令,并在USB设备枚举过程查询。nRF24AP2-USB允许的控制传输数据包最大32个字节。所有的控制传输最多可以有三个阶段,并由nRF24AP2-USB自动处理。

1) 控制写传输

设置阶段开始于一个SETUP令牌包,后面是一个详细说明请求类型的数据包图3-13。如果nRF24AP2-USB正确收到了设置数据将回送一个ACK握手包,否则不回送任何数据。

图3-13 设置阶段

当nRF24AP2-CSB请求指示主机要发送控制数据,数据阶段将由一个或多个的OUT传输组成(图3-14)。每个OUT传输由一个OUT令牌开始并跟随一个DATA包。如果一切都被正确接收,nRF24AP2-USB将回复一个ACK握手包。如果来自主机的前一个包仍在处理中,将返回NAK。如果令牌的任何部分或数据包被损坏或丢失,将什么都不返回。如果收到令牌和数据但另一个错误发生,将返回STALL。

状态阶段用来验证全部请求的状态。对于一个控制写传输,状态阶段将由一个IN令牌包开始(图3-15)。如果全部请求是成功的,nRF24AP2-USB将回复一个零长度的DATA包。如果在传输处理过程中的任何一点发生错误,将返回STALL。如果主机仍在忙于处理传输,将返回NAK。最后,主机将发送一个ACK握手包,表明它已收到状态。

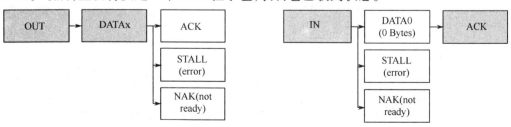

图3-14 数据阶段(可选)　　　　　　　　图3-15 状态阶段

2) 控制读传输

设置阶段开始于一个 SETUP 令牌包,后面是一个详细说明请求类型的 DATA 包(图 3-16)。如果 nRF24AP2-USB 正确收到了设置数据将回送一个 ACK 握手包,否则不回送任何数据。

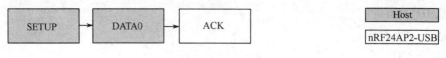

图 3-16 设置阶段

当请求表明主机要接收控制数据时,数据阶段将由一个或更多的 IN 传输组成(图 3-17)。每个 IN 传输由一个 IN 令牌包开始。nRF24AP2-USB 可回复一个 DATA 表示收到,一个 STALL 表明发生一个错误或一个 NAK 表示数据还没有准备好。最后,DATA 由主机成功接收后将由主机发送一个 ACK 握手包。

对于一个控制读传输,状态阶段由主机用来确认它已成功收到数据。(图 3-18)状态阶段将由一个 OUT 令牌包开始并跟随一个零长度 DATA 包。如果成功接收到状态包,nRF24AP2-USB 将回复一个 ACK 握手包。如果在传输过程处理中的任何一点发生错误,将返回 STALL。如果 nRF24AP2-USB 正忙,将返回 NAK,并要求主机重复状态阶段。

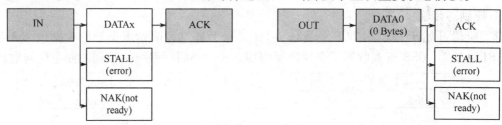

图 3-17 数据阶段(可选)　　　　图 3-18 状态阶段

7. 主机命令流

主机和 nRF24AP2-USB 之间所有其他通信都是通过 USB 驱动程序和 ANT 库来处理(表 3-13)。这些 USB 库与设备之间通过两个端点进行交互(EP1IN 和 EP1OUT)。主机接口的使用文档参考 ANT 消息和用法,可在 www.nordicsemi.com 下载。

表 3-13 与 nRF24AP2-USB 通信所需的驱动程序/应用程序的 USB 参数

USB 参数	值
VID(厂商标识)	0x0FCF
PID(产品标识)	0x1008
IN 端点地址	0x81
OUT 端点地址	0x01

1) 批量传输

批量传输用于传送 ANT 命令接口指定的串行消息。nRF24AP2-USB 支持的最大批量数据包是 64 个字节。

当主机准备接收批量数据就会发送一个 IN 令牌包到 IN 端点(0x81)(图 3-19)。如果已准备就绪,nRF24AP2-USB 将发送一个 DATA 包,如果发生错误将发送一个 STALL,如果数据

第 3 章　带 USB 接口的单片 ANT 无线网络芯片 nRF24AP2 – USB

没有准备好或什么也不做将发送一个 NAK。最后,如果成功地接收到 DATA 包,主机将发送一个 ACK 握手包。

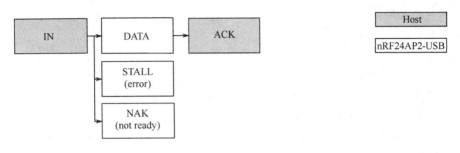

图 3 – 19　批量 IN 传输

当主机要发送大量数据到 nRF24AP2 – USB,它将发送一个 OUT 令牌包到 OUT 端点(0x01)图 3 – 20。随后是一个包含批量数据的 DATA 包。如果 nRF24AP2 – USB 成功接收到数据,它将返回一个 ACK 握手包。如果在处理过程中发生错误时,nRF24AP2 – USB 将返回一个 STALL。如果 nRF24AP2 – USB 仍忙于处理前一个的 DATA 包,将返回 NAK。如果 OUT 令牌的任何部分或数据包被损坏或丢失,nRF24AP2 – USB 将什么也不做。

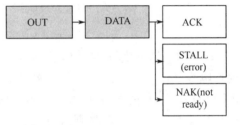

图 3 – 20　批量 OUT 传输

2) 批量传输的范例

可以从 ANT 获得的库包含了所有支持配置和使用 nRF24AP2 – USB 的消息。图 3 – 21 和图 3 – 22 表示了主机和设备之间传递一个串行消息的例子。

在这个例子中,主机发出一个 ANT_RequestMessage( ) 来读取设备的 ANT 版本。为方便调试主机串行接口已包括十六进制值。

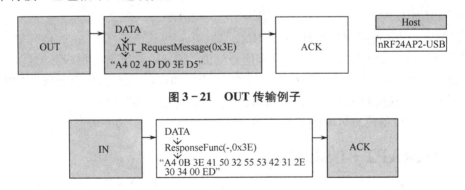

图 3 – 21　OUT 传输例子

图 3 – 22　IN 传输例子

3.6　nRF24AP2 – USB 的片内振荡器

为了给 ANT 协议堆栈提供必要的时钟,nRF24AP2 内置一个为无线收发器所使用的高频时钟。高频时钟源必须是 16MHz 的晶体振荡器。

1. 振荡器特性

低功耗及低振幅控制的 16MHz 晶体振荡器

2. 振荡器内部框图

振荡器内部框图见图 3-23。

3. 振荡器功能描述

1) 16MHz 晶体振荡器

16MHz 晶体振荡器(XOSC16M)采用 AT 切割的并联谐振石英晶体振荡器。为获得准确的振荡频率,负载电容应满足数据手册规格要求。负载电容指的是晶体外部所有等效电容之和:

$$C_{LOAD} = \frac{C_1' \cdot C_2'}{C_1' + C_2'}$$

$$C_1' = C_1 + C_{PCB1} + C_{PIN}$$

$$C_2' = C_2 + C_{PCB2} + C_{PIN}$$

C_1 和 C_2 是分别连在晶体引脚和 VSS 之间的陶瓷 SMD 电容,C_{PCB1} 和 C_{PCB2} 是 PCB 上的杂散电容,而 C_{PIN} 是 nRF24AP2-USB 的 XC1 和 XC2 引脚的输入电容(典型值 1pF)。C_1 和 C_2 应为取值相同或接近。

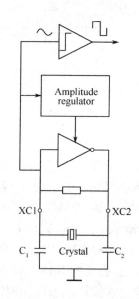

图 3-23 16MHz 晶体振荡器框图

为确保功能无线连接的频率准确度,晶体的精度不能低于 $\pm 50 \times 10^{-6}$。晶体的初始精度,温度漂移,老化以及不正确负载电容导致的频率偏移都必须加以考虑。为保证工作可靠,应该按照表 3-13 要求的负载电容,并联电容,等效串联阻抗(ESR)以及驱动电平来选用晶体。当负载电容或并联电容较大时,推荐使用低 ESR 的晶体,这将获得更快的启动时间和较低的电流消耗。

2) 外部 16MHz 时钟

nRF24AP2-USB 也可以使用外部 16MHz 时钟,并连接到 XC1 脚。输入信号必须是来自微处理器晶体振荡器的模拟信号,推荐输入信号幅值为 0.8V 或更高,以获得较好的低功耗性能和信噪比。直流的电平只要不高于 VDD 或低于 VSS 即可。XC1 脚将会给微处理器晶体增加约 1pF 的负载电容及 PCB 走线的附加杂散电容,XC2 引脚无需连接。

注意:为了使设备具有可靠的无线性能,频率精度需不低于 50×10^{-6}。

3.7 nRF24AP2-USB 工作条件

nRF24AP2-USB 的工作条件及外部电路规格要求见表 3-14 和表 3-15。

表 3-14 工作条件

标号	参数(条件)	注意	最小值	典型值	最大值	单位
VBUS	电源电压		4.0	5	5.25	V
VDD	替代电源电压		3.05	3.27	3.5	V
TEMP	工作温度		-40	+27	+85	℃

第3章 带 USB 接口的单片 ANT 无线网络芯片 nRF24AP2－USB

表 3－15 外部电路规格要求

标号	参数（条件）	注意	最小值	典型值	最大值	单位
	16MHz 晶体					
f_{NOM}	额定频率（并联谐振）			16.000		MHz
f_{TOL}	频率公差	a			±50	$\times 10^{-6}$
C_L	负载电容			9	16	pF
C_0	并联电容			3	7	pF
ESR	等效串联电阻			50	100	Ω
P_D	驱动电平				100	μW
	偏置电阻（IREF 引脚到 ND）					
Rref	阻值			22		kΩ
Rrefacc	精度				1	%

a. 包括初始精度、温度稳定性、老化和由于负载电容不正确导致的频率偏移。

3.8　nRF24AP2－USB 电气规格

本节包括电气规格及时序。

条件：VDD＝3.0V，T_A＝－40℃～＋85℃（除非另有说明）

表 3－16 射频收发器特性

标号	参数（条件）	注	最小值	典型值	最大值	单位
	基本射频条件					
f_{OP}	工作频率	a	2400	2403－2480	2483.5	MHz
PLL_{res}	PLL 编程分辨率			1		MHz
f_{XTAL}	晶体频率			16		MHz
Δf	频率调制			±160		kHz
R_{GFSK}	空中速率	b		1000		kbps
$F_{CHANNEL}$	非重叠频道间隔	c		1		MHz
	发射机					
P_{RF}	最大输出功率	d		0	＋4	dBm
P_{RFC}	RF 射频功率控制范围		16	18	20	dB
P_{RFCR}	RF 功率准确度				±4	dB
P_{BW1}	调制载波的 20dB 带宽			950	1100	kHz
$P_{RF1.1}$	1st 邻道发射功率 1MHz				－20	dBc
$P_{RF2.1}$	2nd 邻道发射功率 2MHz				－40	dBc
	接收机					
RX_{MAX}	BER ＜ 0.1% 的最大接收信号			0		dBm
RX_{SENS}	灵敏度（0.1% BER）			－85		dBm

续表 3-16

标号	参数(条件)	注	最小值	典型值	最大值	单位
RX 接收选择性依照 ETSI EN 300 440-1 V1.3.1 (2001-09) 第 27 页						
C/I_{CO}	C/I co-channel			9		dBc
C/I_{1ST}	1st ACS, C/I 1 MHz			8		dBc
C/I_{2ND}	2nd ACS, C/I 2 MHz			-20		dBc
C/I_{3RD}	3rd ACS, C/I 3 MHz			-30		dBc
C/I_{Nth}	N^{th} ACS, C/I f_i > 6MHz			-40		dBc
C/I_{Nth}	N^{th} ACS, C/I f_i > 25MHz			-47		dBc
nRF24AP2 的 RX 选择性等于调制的干扰信号(对于 Pin = -67dBm 的有用信号)						
C/I_{CO}	C/I co-channel			12		dBc
C/I_{1ST}	1st ACS, C/I 1MHz			8		dBc
C/I_{2ND}	2nd ACS, C/I 2MHz			-21		dBc
C/I_{3RD}	3rd ACS, C/I 3MHz			-30		dBc
C/I_{Nth}	N^{th} ACS, C/I f_i > 6MHz			-40		dBc
C/I_{Nth}	N^{th} ACS, C/I f_i > 25MHz			-50		dBc
RX 互调性能符合蓝牙规范 2.0, 2004 年第四版 42 页						
P_IM(3)	Input power of IM interferers at 3 and 6MHz distance from wanted signal	e		-36		dBm
P_IM(4)	Input power of IM interferers at 4 and 8MHz distance from wanted signal	g		-36		dBm
P_IM(5)	Input power of IM interferers at 5 and 10MHz distance from wanted signal	g		-36		dBm

a. 可用频段由所在地区规则所规定。
b. 突发的空中速率。
c. 最小频道间隔是 1 MHz。
d. 天线负载阻抗 = 15Ω + j88Ω。
e. 有用信号 Pin = 64dBm。使用两个功率相同的干扰信号,接近频率的干扰信号是非调制,另外一个干扰信号与有用信号同样的调制。当前误码率 BER = 0.1% 时的干扰信号输入功率。

3.8.1 nRF24AP2 的 USB 接口

USB 接口的电气性能符合 USB 规范 2.0 标准,见表 3-17 和表 3-18。

表 3-17 USB 接口特性

特性	标号	条件	最小值	典型值	最大值	单位
电气特性						
输入高电平(驱动)	VIH		2.0			V
输入低电平	VIL				0.8	V
差分输入灵敏度	VDI	|(D+) - (D-)|	0.2			V

第3章 带USB接口的单片ANT无线网络芯片 nRF24AP2-USB

续表1-17

特性	标号	条件	最小值	典型值	最大值	单位
共模电压范围	VCM	包括VDI范围	0.8		2.5	V
单端接收器阈值	VSE		0.8		2.0	V
单端接收滞后	VSEH			200		mV
输出低电平	VOL		0		0.3	V
输出高电平	VOH		2.8		3.6	V
差分输出信号的交叉点电压	VCRS		1.3		2.0	V
内部上拉电阻(待机模式)	R_{PU1}		900	1100	1575	Ω
内部上拉电阻(激活模式)	R_{PU2}		1425	2100	3090	Ω
连接到R_{PU}的终端电压	VTRM		3.05		3.5	V
输出驱动电阻(不包括串联电阻)	ZDRV	稳态驱动		15		Ω
时序特性						
驱动器上升时间	TFR	CL=50pF	4		20	ns
驱动器下降时间	TFF	CL=50pF	4		20	ns
上升/下降时间匹配	TFRFF	TRF/TFF	90		111	%
收发器焊盘电容	CIN	焊盘到地			20	pF

表3-18 串行时序

标号	参数(条件)	注	最小值	典型值	最大值	单位
$t_{Suspend}$	空闲到唤醒的时间				3.25	ms
t_{Reset}	上电复位,软件复位,引脚复位时间				2.0	ms
$t_{Response-Max}$	nRF24AP2-USB响应输入命令的时间				1.0	ms

3.8.2 nRF24AP2-USB的直流电气特性

nRF24AP2-USB的直流电气特性见表3-19和表3-20。

表3-19 DC直流特性

标号	参数(条件)	注	最小值	典型值	最大值	单位
	片内稳压器					
VDD	输出电压	a	3.05	3.27	3.5	V
IVDD	外部负载电流				2	mA

a. VDD输入电压也有效

表3-20 数字输入/输出

标号	参数(条件)	注	最小值	典型值	最大值	单位
V_{IH}	输入高电平		0.7·VDD		VDD	V
V_{IL}	输入低电平		VSS		0.3·VDD	V

3.8.3　nRF24AP2-USB 的电流消耗

nRF24AP2-USB 的功耗取决于 nRF24AP2-USB 的配置。

注意：nRF24AP2-USB 不适合采用电池供电的应用。超低功耗应用建议使用 nRF24AP2-1CH 或 nRF24AP2-8CH。

表 3-21 说明了典型应用下 nRF24AP2-USB 的峰值和基本电流消耗。

条件：TA = +25℃

表 3-21　nRF24AP2-USB 的峰值和基本电流消耗

标号	参数（条件）	注	最小值	典型值	最大值	单位
I_{Idle}	空闲时电流（无激活通道—没有通信）			9.3		mA
$I_{Suspend}$	挂起电流			500		μA
I_{PeakRX}	RX 峰值电流	a		22		mA
I_{PeakTX}	0dBm 时 TX 峰值电流	b		20		mA
$I_{PeakTX-6}$	-6dBm 时 TX 峰值电流	b		18		mA
$I_{PeakTX-12}$	-12dBm 时 TX 峰值电流	b		17		mA
$I_{PeakTX-18}$	-18dBm 时 TX 峰值电流	b		16		mA

a. RX 下电流工作时间的典型值为 500 微秒，最大 1 毫秒。
b. TX 下电流工作时间的典型值为 300 微秒，最大 350 微秒。

3.9　nRF24AP2-USB 的绝对最大额定值

绝对最大额定值是 nRF24AP2 在功能不受损坏条件下所能达到的最大值，超过绝对最大额定值使用条件将会导致器件损坏或失效。

说明：工作条件见表 3-22。

表 3-22　绝对最大额定值

工作条件	最小值	最大值	单位
电源电压			
VBUS	-0.3	+5.75	V
VSS		0	V
VDD	-0.3	+3.6	V
输入电压			
VI	-0.3	+3.6	V
温度			
工作温度	-40	+85	℃
存储温度[a]	-40	+85	℃

a. 器件可以短时间忍耐最高 125℃。推荐长期存储温度应低于 65℃。

说明：一项或多项超过绝对最大额定值将可能导致器件损坏。

3.10　nRF24AP2–USB 的封装尺寸规格

nRF24AP2–USB 为下述 QFN 封装:QFN32 5mm×5mm×0.85mm,0.5mm 间距。如图 3–24 所示。QFN32 尺寸见表 3–23。

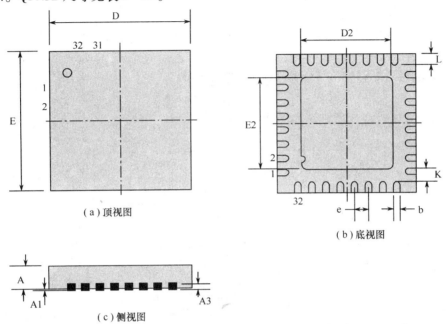

图 3–24　QFN32 5mm×5mm 封装

表 3–23　QFN32 尺寸　　　　　　　　　　　　　　　　　　　　单位:mm

封装	A	A1	A3	b	D, E	D2, E2	e	K	L	
	0.80	0.00		0.18	4.9	3.20		0.20	0.35	最小值
QFN32	0.85	0.02	0.20	0.23	5.0	3.30	0.5		0.40	典型值
	0.90	0.05		0.30	5.1	3.40			0.45	最大值

3.11　nRF24AP2–USB 应用范例

为了获得最优的性能,必须确保按照参考设计的原理图和布局图来进行设计,特别是天线匹配电路(即引脚 ANT1,ANT2,VDD_PA 与天线间的元件),布局的任何改变都会使性能发生变化,导致 RF 性能的下降,或需要调整元件的参数。所有参考电路均基于 50Ohm 的单端天线设计。

3.11.1　PCB 设计指南

为了获得良好的射频性能,需要有良好的 PCB 布局。一个不良的 PCB 设计将导致性能或功能的丧失。一个完全经过验证的 nRF24AP2–USB 及其周围元件包括匹配网络的 PCB 布局可以在 www.nordicsemi.no 下载获得。

PCB 设计至少需要双层板,包括地层以获得最佳性能。nRF24AP2–USB 的直流供电必须在离 VDD 引脚尽可能近的地方用高频电容去耦,推荐的电容值和 PCB 布局参见相关章节。nRF24AP2-USB 的供电电源必须经过良好的滤波,并且电源走线应与任何数字电路供电分开。

应该避免 PCB 上过长的电源走线,所有的器件地,VDD 连接和 VDD 旁路电容应离 nRF24AP2-USB 尽可能近。对于顶层有射频地层的 PCB,VSS 脚应直接连该铺地层。对于底层铺地的 PCB 板,最好的办法是用过孔尽可能近将地连接到 VSS 焊盘,每个 VSS 引脚应确保至少 1 个过孔与铺铜层连接。

满幅的数据或控制信号走线不能距晶体或供电电源走线过近。

3.11.2 nRF24AP2-USB 应用原理图

nRF24AP2-USB 应用原理图如图 3-25 所示。

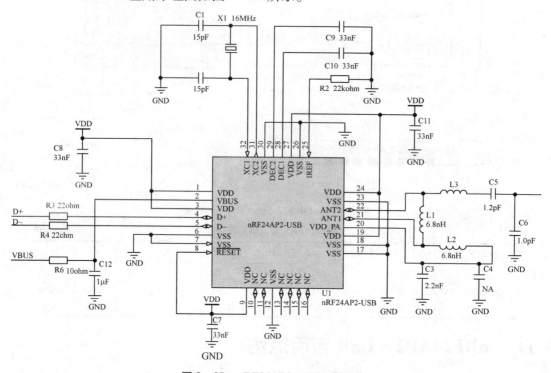

图 3-25 nRF24AP2-USB 原理图

3.11.3 PCB 布局图

使用 1.6mm 厚度的双层 FR-4 板材。底层有铺地层。PCB 板的元件面应有铺地区域,确保关键部件有足够的接地。还应该用大量的过孔连接顶层和底层的铺地层。PCB 布局图如图 3-26 所示。

3.11.4 材料清单(BOM)

材料清单见表 3-24。

第3章　带USB接口的单片ANT无线网络芯片nRF24AP2-USB

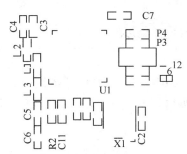

(a) 顶层丝印

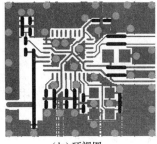

(b) 顶视图

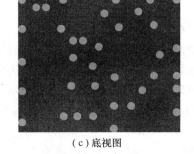

(c) 底视图

图3-26　PCB布局图

表3-24　材料清单

标号	值	封装	说明
C1	15pF	0402	NP0 ±2%
C2	15pF	0402	NP0 ±2%
C3	2.2nF	0402	X7R ±10%
C4	未安装	0402	
C5	1.2pF	0402	NP0 ±0.1pF
C6	1.0pF	0402	NP0 ±0.1pF
C7	33nF	0402	X7R ±10%
C8	33nF	0402	X7R ±10%
C9	33nF	0402	X7R ±10%
C10	33nF	0402	X7R ±10%
C11	33nF	0402	X7R ±10%
C12	1uF	0805	X7R ±10%
L1	6.8nH	0402	高频片式电感±5%
L2	6.8nH	0402	高频片式电感±5%
L3	4.7nH	0402	高频片式电感±5%
R2	22kΩ	0402	±1%
R3	22Ω	0402	±1%
R4	22Ω	0402	±1%
R6	10Ω	0402	±5%
U1	nRF24AP2-USB	QFN32	nRF24AP2-USB
X1	16MHz	3.2×2.5mm	SMD-3225,16MHz,CL=9pF,±50ppm
PCB	FR4板材	16.9×15.4mm	2层,板厚1.6mm

3.12 nRF24AP2 – USB 无线网络模块

AP3000 是采用 nRF24AP2 – USB 设计的 2.4GHz 无线 USB 网络模块，PCB 天线，体积小巧，便于各种嵌入式应用，内置 ANT 无线网络协议以及低功耗控制，通过 USB 接口即可完成无线网络的接入和数据的交换传递。

3.12.1 产品特性

- 第二代单片 ANT 解决方案
- ANT 网络及设备到 PC 电脑以及互联网的网桥
- 支持多达 8 个 ANT 逻辑通道-理想的集中器
- 国际通用 2.4GHz ISM 频段工作，ISM 频段，GFSK 调制，1Mbps 空中速率
- USB 2.0 接口，全嵌入增强型 ANT 协议堆栈
- 内建设备搜索及配对功能，内建时间及电源管理
- 内建抗干扰处理，可配置通道周期 5.2ms～2s
- 广播，应答，及突发工作模式，突发速率可达 20Kbps
- 适用于简单及复杂的网络拓扑结构：点对点，星形，树形及其他实际网络结构
- 支持公共、私有及受管理网络
- 支持 ANT + 设备配置文件实现不同厂家产品之间互通
- 完全兼容 nRF24AP1 和其他基于 ANT 芯片/模组产品以及 nRF24AP2 系列
- 尺寸约为 17mm×11mm×2.4mm（不含 USB 连接器），或 32mm×11mm×4.8mm（包括 USB 连接器）
- 集射频和嵌入式设计之专业经验，具备优异的无线网络通信性能，超低功耗和强抗干扰性
- 提供 Windows/MAC 驱动，方便各种平台下的灵活应用

注：相关产品

- AP1000 单通道无线模块，内置天线；AP1000 + 为外置天线模块；AP1000PA 为增强功率无线网络模块
- AP2000 八通道无线模块，内置天线；AP2000 + 为外置天线模块；AP2000PA 为增强功率无线网络模块
- AP3000 USB 接口无线模块，内置天线；AP3000 + 为外置天线模块；AP3000PA 为增强功率无线 USB 网络模块

3.12.2 各种无线网络拓扑应用

广泛适用运动、健康、家庭健康监控、家庭/工业自动化、环境传感器网络、有源 RFID、物流/货物追踪、观众反馈系统等无线应用，低功耗应用及物联网的理想选择，各种无线网络拓扑应用如图 3–27 所示。

第 3 章　带 USB 接口的单片 ANT 无线网络芯片 nRF24AP2－USB

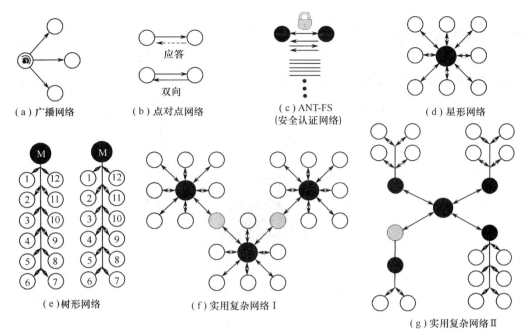

图 3－27　无线网络拓扑应用

3.12.3　基本电气特性

nRF24AP2－USB 无线网络模块的基本电气特性见表 3－25。

表 3－25　基本电气特性

标号	说明	注	最小	典型	最大	单位
VBUS	电源电压		4.0	5	5.25	V
Channel Closed Current	工作温度			~9.3		mA
TX Peak Current	发射峰值电流@0dBm			~20		mA
RX Peak Current	接收峰值电流			~22		mA
Suspend Current	挂起模式电流			~0.5		mA

3.12.4　模块顶视图及主机接口

无线网络模块预视图及主机接口，如图 3－28 所示。

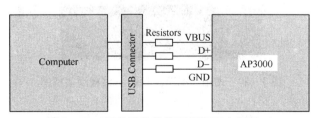

图 3－28　无线网络模块顶视图及主机接口

3.12.5 典型应用

无线网络模块的典型应用,如图 3-29 所示。

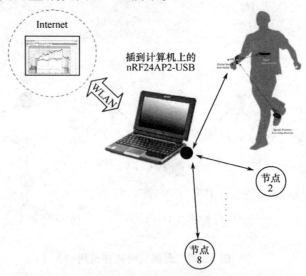

图 3-29 一个典型的 2.4GHz 运动/医学无线应用网络
①无线传感节点(nRF24AP2)发送感知数据;
②集中器节点(nRF24AP2-USB)接收各无线传感节点数据;
③PC 通过 USB 端口读取集中器收到的无线数据进行处理;
④更可进一步经由 WiFi 进行 internet 远程传输。

3.13 nRF24AP2-USB 增强功率无线 USB 网络模块

当在特定应用中需要到更远的通信距离和更大的发射功率时,可采用 2.4GHZ 增强功率无线 USB 网络模块 AP3000PA,该模块采用功率扩展技术,最大输出发射功率约 +20dBm,其功能引脚与 AP1000 模块完全一致,可直接替换使用,采用外接的专业 SMA 射频天线接口方式。

3.13.1 模块顶视图

模块顶视图如图 3-30。

图 3-30 增强功率无线 USB 网络模块顶视图

3.13.2 基本电气特性

模块基本电气特性,见表 3-26。

表 3-26 增强功率无线 USB 网络基本电气特性

标号	说明	注	最小	典型	最大	单位
VBUS	电源电压		4.0	5	5.25	V
Channel Closed Current	工作温度			~9.3		mA
TX Peak Current	发射峰值电流@ +20dBm			~70		mA
RX Peak Current	接收峰值电流			~22		mA
Suspend Current	挂起模式电流			~0.5		mA

第4章 ANT 芯片及模块接口详述

4.1 ANT 接口介绍

ANT™ 是一个工作在 2.4GHz ISM 频段的实用无线传感器网络协议,专为超低功耗,易用性,效率和可扩展性的应用而设计,ANT 协议可以轻松处理点对点,星型,树型网络以及复杂的网状拓扑结构。ANT 协议提供可靠的数据通信,运行灵活的自适应网络和强抗干扰能力。ANT 的协议栈非常紧凑,只需要用到最小的微控制器资源,大大降低了系统成本。

ANT 提供关于物理,网络和传输 OSI 层完善的处理见图 4-1。此外,它还集成了重要的低级别安全功能,可为实现用户定义的复杂网络高级别安全奠定基础。ANT 确保提供足够的用户控制,同时还大大减轻为实现一个简单而有效的无线网络解决方案所需要的计算负荷。

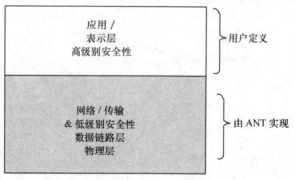

图 4-1 各 ISO 层

ANT 与主控 MCU 的接口的设计非常简单,这样 ANT 网络可以方便快捷地在新设备和新应用中得以实现。复杂的协议已经封装在 ANT 芯片内,大大降低了应用微控制器的负担,让使用低成本的 4 位或 8 位微控制器来建立和维护复杂的无线网络成为可能。数据传输可以安排在一个确定的时刻或临时的方式来完成。突发模式允许大数据量存储设备与 PC 或其他计算机设备间的高效传输成为可能。

本章提供应用微处理器与 ANT 之间的详细接口要求,以及接口信号和物理层数据格式的详细说明。关于 ANT 消息协议的完整说明请参考 ANT 消息协议和使用文档章节。

4.2　ANT 的异步串行接口

4.2.1　ANT 的异步串行接口说明

主控 MCU 和 ANT 可以使用串行异步模式通信,连接图如图 4-2 所示,将 ANT 的 PORTSEL 引脚置低实现异步模式。

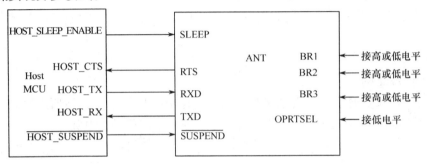

图 4-2　异步模式硬件连接

4.2.2　ANT 的异步串行接口参数

1. 异步通信设置

异步通信的设置采用 1 个起始位,1 个停止位,8 个数据位,无效验位。数据的发送和接收是最低位在先。

2. 串行端口选择(PORTSEL)

该 PORTSEL 脚接低电平,选择异步串行模式。

3. 异步通信速率选择(BR1,BR2,BR3)

输入引脚 BR1,BR2 和 BR3 用来设定主控 MCU 和 ANT 之间异步通信的速率。注意:nRF24AP2 上有该三个设置引脚,但并非所有的 ANT 产品上都有此三个引脚,更多信息,请参考相关型号产品的数据手册。

表 4-1 说明速率选择和相应引脚设置的对应关系。

表 4-1　引脚设置与对应的波特率

BR3 *	BR2	BR1	波特率
0	0	0	4800
0	1	0	19200
0	0	1	38400
0	1	1	50000
1	0	0	1200
1	1	0	2400
1	0	1	9600
1	1	1	57600

注:*请注意,波特率的设置对系统的电流消耗有很大影响。

4.2.3　ANT 的链路层协议

1. ANT 接口协议特性

ANT 接口协议特点如下：
- 二进制协议；
- 可变长度包；
- 每个数据包包含一个 8 位校验；
- 异步数据的发送采用一个起始位，一个停止位，8 个数据位，无效验位，标准 CMOS 电平信号；
- 全双工串行口。

2. ANT 消息结构

ANT 和外部 MCU 通过发送消息来互相通信。每个消息的格式如下所示。每一个可变长度消息的发送以同步字节开始，校验和结束。字节的发送以最低位开始。

SYNC	LENGTH	ID	DATA_1	DATA_2	…	DATA_N	CHECKSUM	Opt. Zero Pad1	Opt. Zero Pad2

3. ANT 消息的详细说明

ANT 消息的详细说明见表 4-2。

表 4-2　ANT 消息详细说明

字节#	位#	名称	长度	说明
0	7:0	SYNC（同步）	1 字节	固定的同步字段 = 10100100（MSB:LSB）
1	-	长度	1 字节	消息中的数据字节个数
2	-	ID	1 字节	数据类型标识 0：无效 ID 1..255：有效的数据类型 ID
3..N+2		DATA_1 … DATA_N	N 字节	消息数据字节
N+3		CHECKSUM（效验）	1 字节	之前所有字节异或（包括 SYNC）
N+4，N+5		可选的 0 填充字节	1 或 2 字节	当进行突发传输时，0 填充字节可能需要与流控制配合使用。

以下是一个如何编码/解码 ANT 串行消息的例子。
ANT_OpenChannel(1)->SerialData(0xA4,0x01,0x4B,0x01,0xEF)
本示例串行消息的内容，详解见表 4-3。

表 4-3　ANT 串行消息内容

字节#	名称	长度	数据	说明
0	SYNC（同步）	1 字节	0xA4	SYNC（同步）总是 0xA4
1	长度	1 字节	0x01	该消息中数据字节的个数 =1
2	ID	1 字节	0x4B	ANT_OpenChannel 消息的 ID 是 0x4B
3	DATA_1	1 字节	0x01	此消息有 1 个数据字节：该字节是通道号#。通道已被设置为 =1
4	效验	1 字节	0xEF	0xA4 xor 0x01 xor 0x4B xor 0x01 =0xEF

第4章 ANT 芯片及模块接口详述

4. 可选的"0"填充字节

ANT 在接收到消息的最后一个字节后将 RTS 信号置高(见图4-3),所以在 RTS 信号再次激活以前,ANT 将丢失此后由主控 MCU 已发送来或发送中的数据,并且 ANT 与 MCU 间消息传输暂停。为了避免这个问题,主 MCU 可以将消息隔开,或将"0"填充字节附加到每个被传输处理的消息后,所有字节需要放置在合适位置。例如,在与 PC 通信时,两个"0"填充字节必须附加到每一个消息后,因为 PC 是在驱动层面而不是在硬件层面对 CTS 进行解释。ANT 将丢弃所接受的"0"填充字节。这个问题通常只会发生在数据从主控 MCU 到 ANT,使用突发传输且需要高数据速率时。

4.2.4 ANT 消息

各类不同 ANT 消息的描述详请参阅关于第五章"ANT 消息协议和使用文档章节"。

4.2.5 异步串口控制信号(RTS)

当 ANT 配置为异步模式,将为主控 MCU 到 ANT 的数据传送提供一个带流控制的全双工异步串行端口。流控制是通过 RTS 信号进行,符合标准的硬件流控制 CMOS 信号电平。因此,该信号可连接到 PC 串口(配合一个 RS-232 电平转换器使用)或其他 RS-232 设备。RTS 信号将在接收到一个格式正确的消息后拉高大约 50μs(图4-3)。RTS 信号周期与速率无关。消息不正确或消息不完整将没有应答。

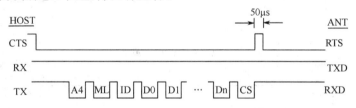

图4-3 主控 MCU->ANT 传输时的 RTS 信号

当 ANT 将 RTS 信号置高后,主控 MCU 将不会再发送任何数据,直到 RTS 信号再次变低。从 ANT 到主控 MCU 方向没有流控制信号,因此主控 MCU 必须具备随时接收来自 ANT 数据的能力。每次 ANT 复位时都将产生一个 RTS 脉冲输出(nRF24AP1 除外)。

4.2.6 节电控制

1. 睡眠模式使能(SLEEP)

当串口不使用时,SLEEP 输入信号可使 ANT 进入 sleep 模式,帮助节省功耗。这种控制机制如图4-4所示。这个信号对于 nRF24AP1 节电是必须的。

如果 SLEEP 信号不使用,必须将其置低。在此情况下,在 ANT 系统将永不睡眠,并随时准备接收数据。如果不使用 SLEEP 休眠信号,SUSPEND 挂起功能将不能使用。

SLEEP 和 RTS 信号只影响主 MCU 发送到 ANT 的数据。ANT 将可在任何需要时将数据

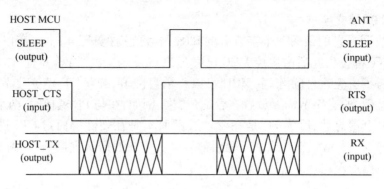

图 4-4 ANT Sleep 睡眠控制

发送到主控 MCU 而不用考虑这两个信号的状态。

2. 挂起模式控制(SUSPEND)

发出 SUSPEND 信号将导致 ANT 将终止所有的 RF 和串行端口活动和并进入掉电状态。这在 SUSPEND 信号发出后立即生效,与 ANT 当前系统状态无关。这个信号提供了对 USB 应用的支持,USB 设备都必须具备通过硬件控制快速进入低功耗状态的支持。

进入和从挂起模式中退出除了需要 SUSPEND 信号外,还需要 SLEEP 信号。当发出 SUSPEND 信号时,SLEEP 信号当时也必须发出。去除 SLEEP 信号是从挂起模式中退出的唯一方法,如图 4-5 所示。退出挂起模式以后,所有之前的处理和配置将丢失,ANT 将处于上电状态。

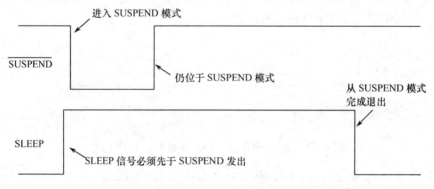

图 4-5 SUSPEND 挂起信号的使用

4.3 ANT 的同步串行接口

4.3.1 ANT 同步串行接口说明

本节详细介绍了 ANT 和主控 MCU 之间的同步串行接口。这种模式通过将 PORTSEL 信号接高电平实现的,可以与硬件 SPI 端口配合使用。

请注意,在工作同步模式时,需仔细注意复位时的同步操作,以防止 ANT 和主控 MCU 之间的通信不慎锁死。

在同步模式下,ANT 使用带消息流控制的半双工同步主控串行接口。与其接口的主控

MCU 必须配置为同步从模式。该接口可以满足与主控 MCU 端的硬件同步从端口或一个简单 I/O 通信的需要。由于具备双向的全流量控制,因此主控 MCU 可以保持对消息流的完全控制,并可根据需要暂停接收消息。

4.3.2 ANT 同步串行接口参数

ANT 和主控 MCU 之间的同步串行接口如图 4-6 所示。

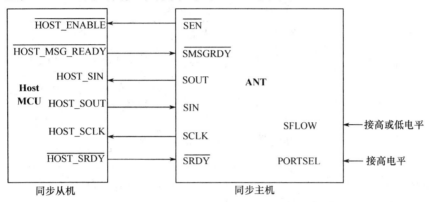

图 4-6 同步模式连接

1. 端口选择(PORTSEL)

端口 PORTSEL 接高电平选择同步串行模式。

2. 流控制选择(SFLOW)

流控制选择信号用于设置同步端口为字节流模式或位流模式,见表 4-4。

表 4-4 端口设置与流控制关系

SFLOW	流控制
0	字节流控制
1	位流控制

请注意字节流控制假定主控 MCU 采用可配置为同步从模式的硬件同步串行通信串口,而采用位流量控制时,所有串行信号都在主控 MCU 上用软件实现。字节流和位流控制的区别下面有叙述。

4.3.3 ANT 链路层协议

1. ANT 接口协议特性

ANT 接口协议有如下特点:
- 二进制协议;
- 可变长度包;
- 每个数据包包含一个 8 位校验;
- 数据传送低位先。

2. ANT 消息结构

ANT 和主控 MCU 通过发送消息来互相通信。每个消息的格式如下所示。

SYNC R/W	MSG LENGTH	MSG ID	DATA_1	DATA_2	……	DATA_N	CHECKSUM

3. ANT 消息的详细说明

ANT 消息的详细说明见表 4-5。

表 4-5 ANT 消息详细说明

字节#	位#	名称	长度	说明
0	7:1	SYNC(同步)	7 位	固定同步字段 = 1010010 (MSB:LSB)
0	0	R/W	1 位	0:写 (Message ANT→Host) 1:读 (Message Host→ANT)
1	—	LENGTH	1 字节	消息中数据字节的个数 (个数应介于 1 和 9 之间)
2	—	ID	1 字节	数据类型标识符 0:无效 1..255:有效数据类型 ID
3..N+2	—	DATA_1 … DATA_N	N 字节	消息字节 (将有 1 到 9 个数据字节)
N+3	—	CHECKSUM	1 字节	之前所有字节的异或(包括同步)

以下是主控 MCU 发送到 ANT 消息如何编码的例子,见表 4-6。
ANT_OpenChannel(1)
←SerialData(0xA5)　　//0xA5 被读取指示主控 MCU 可以发送一个消息到 ANT
　SerialData(0x01,0x4B,0x01,0xEE) //主控 MCU 可以发送 4 字节的消息到 ANT

表 4-6 主控 MCU 编码例子

字节#	名称	长度	方向	数据	说明
0	SYNC	1 字节	ANT -> Host	0xA5	主机->ANT 时同步字是 0xA5
1	LENGTH	1 字节	Host -> ANT	0x01	该沙息中数据字节个数 =1
2	ID	1 字节	Host -> ANT	0x48	ANT_OpenChannel 消息 ID 是 0x4B
3	DATA_1	1 字节	Host -> ANT	0x01	该沙息中有一个数据字节:该字节是通道号#,并已设置为通道 1
4	CHECKSUM	1 字节	Host -> ANT	0xEE	0xA5 xor 0x01 xor 0x4B xor 0x01 = 0xEE

下面是主控 MCU 如何解码一个来自 ANT 消息的例子,见表 4-7。
←SerialData(0xA4,0x02,0x52,0x01,0x03,0xF6) // 主控 MCU 接收 6 字节消息。
←Channel_Status(1,3) // 解码成一个通道状态消息

第 4 章　ANT 芯片及模块接口详述

表 4-7　主控 MCU 解码例子

字节#	名称	长度	方向	数据	说明
0	SYNC	1 字节	ANT -> Host	0xA4	ANT -> 主控 MCU 时同步字是 0xA4
1	LENGTH	1 字节	ANT -> Host	0x02	该消息中数据字节个数 =2
2	ID	1 字节	ANT -> Host	0x52	Channel_Status 消息 ID 为 0x52
3	DATA_1	1 字节	ANT -> Host	0x01	消息中有两个数据字节:本字节是通道号#,通道号为 1
4	DATA_2	1 字节	ANT -> Host	0x03	本字节是状态,状态字 =3,标明通道在跟踪
5	CHECKSUM	1 字节	ANT -> Host	0xF6	0xA5 xor 0x02 xor 0x52 xor 0x01 xor 0x03 =0xF6

4.3.4　实现同步

为了保证主控 MCU 与 ANT 的启动条件同步,必须对 ANT 使用一个特定的复位序列(图 4-7)。仅应用于同步通信模式下。

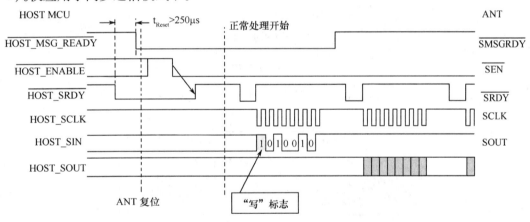

图 4-7　与 ANT 启动同步

4.3.5　串口通信的工作机制

一个通信机制的基本描述如下:

ANT 所提供的同步串行端口是半双工同步主控 MCU 端口,双向通信流控制。发送到主控 MCU 数据的流控制是 SRDY 信号,而发送到 ANT 数据流的流控制是主 SCLK 信号。默认情况下,主控 MCU 在接收模式而 ANT 在发送模式。在这种状态下,ANT 会把所有收到的无线电消息传送给主控 MCU。ANT 用 SEN 信号来指示一个消息传送的开始,而主控 MCU 用 SRDY 信号来指示准备就绪可以接收消息。通信开始前应先发出 SRDY 信号。

参考上述关于消息处理过程的时序图,如图 4-8 所示。

对于一个主控 MCU -> ANT 的消息:主控 MCU 将发出 SMSGRDY 信号表明它想要进入发送模式。

在接收或发送模式:ANT 将发出 SEN 信号表示消息传输开始;SEN 信号发出后,主控 MCU 将发出 SRDY 信号表示已通信准备就绪;当 SEN 和 SRDY 信号均已发出后,ANT 总是先发送第一个字节(同步字节),受 SCLK 驱动,从 SOUT 输出。同步字节的最低有效位指示余下字节的方向(0:消息接收,ANT→主控 MCU;1:消息发送,主控 MCU→ANT);如果同步字节表示消息接收(ANT→主控 MCU),后续消息用与同步字节相同的方式发送;如果同步字节表示消息发送(主控 MCU→ANT),主控 MCU 必须在由 ANT 提供的 SCLK 时钟速率下,向 ANT 的 SIN 引脚输出数据。

数据发送时最低有效位(LSB)在先。

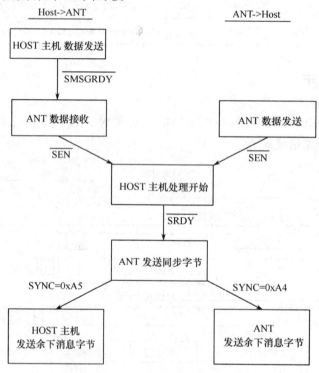

图 4-8 同步串行通信流程

4.3.6 字节同步的消息传输

当硬件串行端口可用时采用字节流控制模式。

主控 MCU 流控制信号 SRDY 可以实现软件控制 I/O 来实现,或者在某些情况下,可以由主控 MCU 的硬件串行端口控制(如爱普生单片机的 USART 支持 SRDY 信号)。

数据位在 SCLK 的下降沿改变状态并在 SCLK 的上升沿读取,这是真正的双向交换。

传输序列的第一个字节(如同步字节)总是从 ANT 发送到主控 MCU。同步字节的第一位决定在本次数据传输中剩余的字节方向。

字节同步模式下,主控 MCU 和 ANT 间分别采用硬件或软件 SRDY 进行通信的例子,如图 4-9~图 4-12 所示。

对于 ANT 到主控 MCU 间通信的硬件 SRDY 处理,首先由 ANT 发出 SEN 信号并等待由主

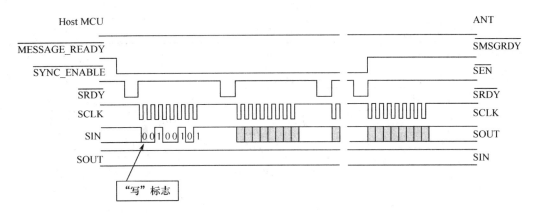

图 4-9　ANT→主控 MCU 处理过程(硬件 SRDY)

控 MCU 发出 SRDY。一旦 SEN 和 SRDY 信号均已发出,ANT 将从 SOUT 引脚发出同步字节。同步字节的第一位用来指示主控 MCU 消息的方向(如 ANT→主控 MCU),主控 MCU 将再次置位 SRDY 以接收来自 ANT 的下一个消息字节。循环往复,SRDY 将在第一个 SCLK 时清除,并在每个字节后重新发出,直到整个消息传输完成。上一个消息的最后一个字节后,SRDY 将保持清除,直到下一个消息处理的请求开始。

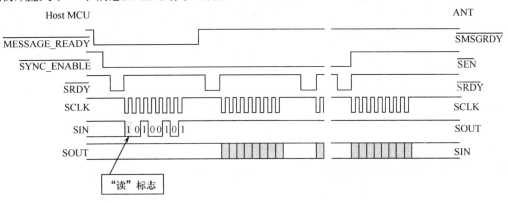

图 4-10　主控 MCU→ANT 处理过程(硬件 SRDY)

对于主控 MCU 到 ANT 带硬件 SRDY 的通信,此过程与前述相类似。主要不同是主控 MCU 先发出 SMSGRDY 信号给 ANT,通知其即将开始发送一个消息。ANT 将发出 SEN 信号来响应,然后等待主控 MCU 发出 SRDY 信号。一旦 SEN 和 SRDY 都发出,ANT 将发出同步字节。对于硬件 SRDY,SRDY 信号将在第一个 SCLK 时清除。同步字节的第一位指示消息的方向(即由主控 MCU 发出),主控 MCU 将再次发出 SRDY 信号,然后在 SCLK 的速率下,在主控 MCU 的 SOUT 上发送下一个消息字节到 ANT。循环往复,SRDY 将在第一个 SCLK 时清除,并在每个字节后重新发出,直到整个消息传输完成。上一个消息的最后一个字节后,SRDY 将保持清除,直到下一个消息处理的请求开始。

带软件 SRDY 时从 ANT 到主控 MCU 的处理与硬件 SRDY 非常相似。唯一的区别是,主控 MCU 可以只输出 SRDY 脉冲,而不需要等待第一个 SCLK 的变化。

带软件 SRDY 时从主控 MCU 到 ANT 的处理与硬件 SRDY 也非常相似。唯一的区别是,主控 MCU 可以只输出 SRDY 脉冲,而不需要等待第一个 SCLK 的变化。

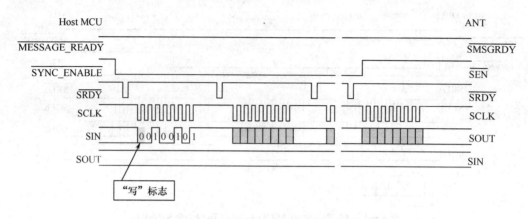

图 4-11　ANT→主控 MCU 处理过程(软件 SRDY)

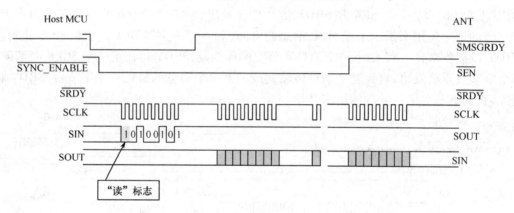

图 4-12　主控 MCU→ANT 处理过程(软件 SRDY)

4.3.7　位同步的消息传输

即使主控 MCU 上没有硬件 SPI,ANT 仍然可以用位流进行控制(图 4-13,图 4-14)。采用这个方法,串行线可以用软件控制 I/O 来实现。所有与消息相关的信号与前述过程相同;唯一不同的是,不是在每个消息字节后输出 SRDY 脉冲,而是在每个消息位后输出 SRDY 脉冲。

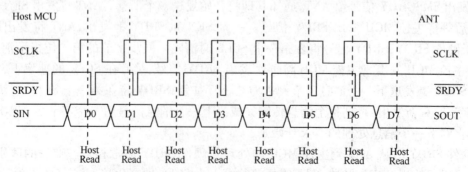

图 4-13　ANT→主控 MCU 传输处理过程(软件位流控制)

尤其需要注意的是主控 MCU 将在 SCLK 的上升沿进行所有的位处理,例外情况是当字节

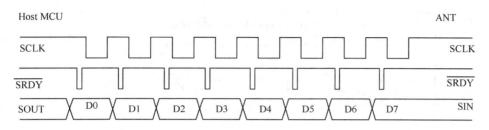

图 4-14　主控 MCU→ANT 传输处理过程(软件位流控制)

从主控 MCU 发送到 ANT 时,第一个数据位需先于第一个时钟沿发出。字节传送的最后一个上升缘将作为驱动字节处理事件。

4.3.8　上电/掉电控制

当所有无线电通道关闭并且 SMSGRDY 输入没有激活信号时,ANT 自动进入深度睡眠模式。为了最大限度地提高产品的电池寿命,主控 MCU 应在不需要 ANT 射频工作的时候,确保这些条件。每次上电后,主控 MCU 必须执行同步复位序列。

4.3.9　串行使能控制(ANT→主控 MCU)

SEN 信号由 ANT 驱动,该信号将在消息发送前发出(图 4-15)。因此,它可以被用来作为一个串行端口使能信号,这在主控 MCU 的串行接口需要硬件信号激活的情况下非常有用。

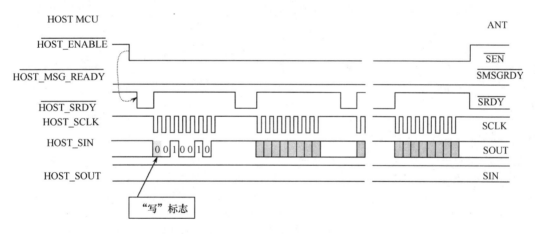

图 4-15　串行使能控制

4.3.10　采用 Epson MCU 作为主控 MCU 的典型应用

nRF24AP2 接口已设计为易于与内置 USART 的微处理器通信,如 Epson 的微处理器(图 4-16)。

上述应用的实施方式:

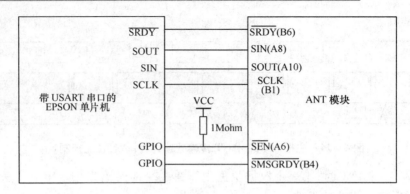

图 4-16　EPSON 微处理器配置为字节同步串行接口的配置

（1）连接到 SEN 的 GPIO 必须配置为输入。
（2）连接到 SMSGRDY 的 GPIO 必须配置为输出。
（3）EPSON 单片机的 USART 必须配置为同步从串口。
（4）SRDY 引脚配置由 USART 的控制。注意：当等待一个新字节到来时，在来自 ANT 设备的 SEN 信号变低以前，绝对不能清除导致 SRDY 引脚变低的寄存器标志。这是为了避免产生前面所述的同步条件死锁条件。

有了上面的设置，将由爱普生 MCU 的硬件 USART 控制 SRDY，SIN，SOUT 和 SCLK 引脚信号，而将由 MCU 的软件处理连接到 GPIO 的 SEN 和 SMSGRDY 信号。

第 5 章
ANT 消息协议详述和使用

5.1 ANT 协议介绍

ANT™是一个 2.4GHz 频段下工作的实用无线传感器网络协议,设计用作超低功耗,易使用,高效,以及高灵活性的应用。ANT 容易用于点对点、星形、树形以及其他网状拓扑网络。ANT 提供可靠,灵活,自适应,及高抗干扰的数据通信。ANT 协议堆栈设计得简洁紧凑和高效,仅需用到最少的微处理器资源,换而言之降低了系统设计的复杂性和成本。

ANT 提供完整的物理层,网络层及传输层 OSI 的处理。此外还提供了初步的安全功能,用户还可进一步定义并实现更高级别的安全功能。ANT 确保用户对无线网络有足够的控制,并同时提供一套简单,高效的无线网络解决方案。

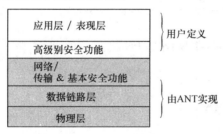

图 5-1 ANT 的 OSI 层模型

ANT 与主机的接口设计简单易用,便于用新器件快速实现新设计及新应用。复杂的无线协议已封装在 ANT 芯片内部,大大减少应用应用微处理器的负荷,这样甚至可以采用低成本的 4 位或 8 位微处理器作为应用设计的控制器来建立及维护复杂的无线网络。数据可以按计划安排进行传输。突发模式可以用来向 PC 或其他设备发送或接收大批量的数据。

一个典型的 ANT 应用节点由一个微处理器(MCU)以及一个 ANT 模块/芯片所组成。通过一组简单、双向的串行信息协议,微处理器(MCU)实现与其他 ANT 远端节点建立通信并维持会话。本文档详细介绍该协议,并提供范例说明如何用 ANT 来实现无线网络通信。

5.2 ANT 产品系列

ANT 技术已经被纳入一个产品系列,允许产品设计者按照特定应用的需要来灵活选用实现的方式。

当前可用的 ANT 技术产品如下:

5.2.1 ANT 单芯片和芯片组

拟整合到用户的印刷电路板并与微控制器接口相连接。

(1) Nordic Semiconductor 的 nRF24AP2 芯片系列集成了 ANT 协议的第二代单芯片产品。

(2) Nordic Semiconductor nRF24AP1 系列集成了 ANT 协议的第一代单芯片产品。

(3) AT3 芯片组家族两片式的 ANT 解决方案,包括一个 ANT 协议的 MCU,以及一个 Nordic 的射频收发芯片(nRF24L01+ 或 nRF24L01)。

5.2.2 ANT 模组

ANT 模块是经过认证的印刷电路板模块,集成了 ANT 芯片或芯片组,可安装到现有的 PCB 上使用,可以用最快的速度完成产品的整合。

5.2.3 ANT USB 接口棒

ANT USB 接口棒提供了 ANT 网络与 PC 机通信的网桥,随 USB 棒一起提供免费并可随 ANT 产品再次分发的驱动。

5.2.4 ANT 开发工具包

开发套件可为 Ant 在嵌入和 PC 环境下的开发与集成提供及时和有效的途径。嵌入式环境可方便与用户硬件集成。PC 环境提供了 USB 互联的驱动及范例。

5.2.5 ANT PC 接口软件

一个免费的 PC 软件库提供了与 ANT USB 棒及 ANT 开发工具包的接口,很容易集成到客户的 PC 应用程序。

5.3 ANT 网络拓扑

ANT 协议已设计为支持从基本到大范围的弹性网络拓扑结构。可以是简单的从发射到接收间的非双向双节点,或者点对多点通信的多收发器节点网络(图5-2)。

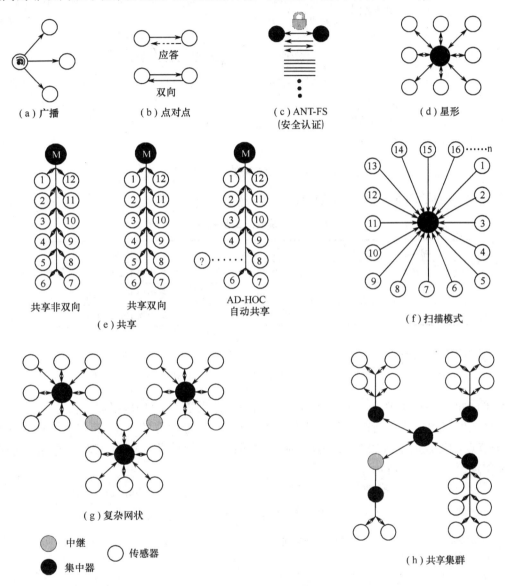

图5-2 ANT网络拓扑范例

为了进一步说明,下面用一个简单的例子说明ANT通道的基本概念(图5-3)。

ANT的使用和配置是基于通道的。每只ANT节点(由一个圆圈代表)可以通过专用通道连接到其他ANT节点。每个通道可将两个节点连接在一起,但一个通道实际上可以连接多个节点。

每个通道都至少要有一个单主机和一个单从机。主机一般以发射为主,从机一般以接收为主。图5-3中大箭头表示自从机到主机的主要数据流,小箭头表示反向的信息流(例如,通道B,C)。带小箭头的通道(如通道A)用来表示一个单向的链接,支持仅做来发射的低功耗节点。注意:一个ANT节点既可以同时作为从节点(如集中器Hub1的通道A,B),也可以作为主节点(如集中器1的通道C)。

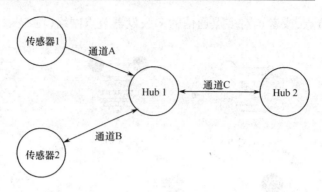

图 5-3 一个简单的 ANT 网络

表 5-1 说明了图 5-3 中每个通道的主机/从机状态。

表 5-1 通道的主从机状态

通道	主机	从机
通道 A	传感器 1(TX-Only)	集中器 Hub1(RX)
通道 B	传感器(TX)	集中器 Hub1(RX)
通道 C	集中器 Hub1(TX)	集中器 Hub2(RX)

5.4 ANT 节点

ANT 网络中的每个节点由一个 ANT 协议引擎和微处理器(MCU)组成。由于 ANT 引擎封装了建立和保持通道联系所需的复杂固件,大大减轻了微处理器的负担,而仅仅在初始化与其他 ANT 节点的通信时需要很少的计算负荷。它通过一个简单的主机和 ANT 引擎之间的串行接口来实现,如图 5-4 所示。

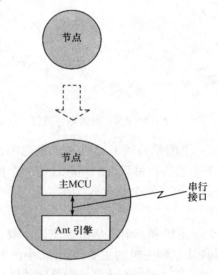

图 5-4 一个 ANT 节点的内部构成

5.5 ANT 通道

在本节中,将进一步详细介绍 ANT 协议最基本的概念:通道。如前所述,必须建立一个通道来连接两个节点(图5-5)。一个通道包括:一个主机(如节点1)和一个从机(如节点2)。

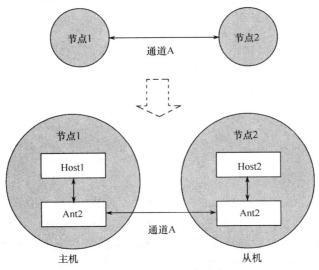

图 5-5 两个 ANT 节点间的通道通信

5.5.1 ANT 通道上的通信

ANT 数据类型将确定一个通道上两个节点间的通信类型。有三种数据类型:广播,应答和突发信息传输。每次主机应用程序发送数据信息到 ANT,并说明新的的数据类型。主机到 ANT 串行接口以及信息将在后续章节进一步说明。

通信共分两级,指定方向(主机到从机或反之)和指定类型。将在下面章节详细说明。

数据信息在两个节点之间的两个方向之一传输:前向传输(主机→从机)和反向传输(从机→主机)。

信息在指定的通道周期(Tch)内前向发送。换句话说,一旦通道工作,主机将如下图所示的每个通道时隙上发送信息。从机则可在反向通道上回送可选的数据。共有三种基本的数据类型支持前向和反向通信:广播,应答和突发。

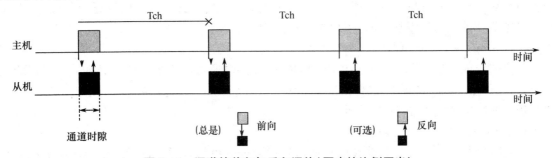

图 5-6 通道的前向与反向通信(图未按比例画出)

5.5.2 ANT 的通道配置

为使得两个 ANT 器件相互通信,需要有相同通道配置包括通道相关的工作参数。下面信息用来定义一个通道配置。

- 通道类型;
- 可选扩展分配;
- 射频频率;
- 通道 ID;
- 传输类型;
- 器件类型;
- 设备号;
- 通道周期;
- 网络。

虽然在整个连接过程中指定通道的参数是保持不变的,但当通道开放时,大多数参数可以进行修改。主机也可以同时用不同配置参数的通道保持多个连接。

在开启通道之前,有些参数必须先行设置。在通道已开启期间允许或不允许改变的参数,以及其他的相关影响在 5.5.3 节中说明。

1. ANT 的通道类型

通道类型规定了在通道上所发生通信的类型。这是一个在 0 ~ 255 的某些可以接受的范围值的 8 位字段。通道类型必须在开放并建立通道前设置。下面给出一些常见的通道类型,见表 5 - 2。

表 5 - 2　常见的通道类型

值	说明	值	说明
0x00	双向从机通道	0x20	共享双向从机通道
0x10	双向主机通道	0x40	单接收从通道

1) ANT 的双向通道

对于双向通道类型,数据可以正向和反向传输。数据的主要方向由模式指定。例如,如果一个节点建立一个双向的从通道类型,它将主要为接收,同时也可以反向发送。与此类似,主节点将主要在前向通道发送,但也可以在反向通道接收。

2) ANT 的共享双向通道

共享的双向通道是基本双向通道类型的扩展。共享通道用于单个节点必须处理及接收来多个来自其他节点的数据,在这种情况下,多个节点将与中心节点共用一个独立通道。一个共享频道网络的范例如图 5 - 2 所示。

3) ANT 的单发射或单接收通道

单发射接收的通道类型只能在前行通道发送数据。也就是说主机不能接收任何从机的数据;而与此类似,对于单接收通道,从机不能发送数据。因此,这个通道类型只可以使用广播

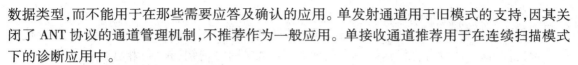

数据类型,而不能用于在那些需要应答及确认的应用。单发射通道用于旧模式的支持,因其关闭了 ANT 协议的通道管理机制,不推荐作为一般应用。单接收通道推荐用于在连续扫描模式下的诊断应用中。

4) ANT 的通道扩展分配

可选的扩展分配字节允许启动不同的 ANT 功能。目前,这些功能包括频率捷变以及后台扫描通道。扩展分配字节并非在所有的 ANT 器件中均可用,详请参考各器件数据手册。

(1) ANT 的频率捷变

与跳频体系类似,ANT 的频率捷变功能允许一个通道改变其工作频率来提高与其他无线系统如 WiFi 共存的能力。然而,与其他跳频系统不同,该功能将监控通道的性能是否有明显的下降。主机与从机必须都配置为频率捷变使能,并且有相同的一组三个用于频率捷变的工作频率。

(2) ANT 的后台扫描通道

后台扫描通道是一个执行连续扫描操作的通道。如同标准的 ANT 扫描,它可以执行高或低优先级模式。一个器件同时只能有一个开启的后台扫描通道。如果其他通道是开放的,推荐后台通道搜索超时配置为低优先搜索模式。这将可确保后台搜索机制不干扰到器件上其他通道的工作。后台扫描通道也可以用来与邻近搜索结合。

2. ANT 的射频工作频率

ANT 技术支持现有 125 个射频工作频率的使用。分配工作频率时,需遵循国际上相应频率标准的要求。一个通道将一直在单个频率上进行工作,这是在建立通道前主机和从机双方都必须事先了解和遵守的规则。当通道建立以后,射频频率可以在运行中改变(当通道开放时);然而,新的射频频率都必须同时在主机节点和从节点设置。请注意,这可能会导致从节点返回搜索模式,直到找到主机节点并与之同步。

射频频率为 8 位字段,可接受的值范围为 0~124。该值对应于从 2400 MHz 开始以 1MHz 为间隔的偏移量,最高频率是 2524MHz。下列等式用来确定射频频率字段的值:

$$频率字段值 = \frac{目标频率 - 2400}{1}$$

例如,如果目标工作频率为 2450MHz,射频频率字段的值为 50。

射频频率字段的默认值是 66,对应的射频工作频率为 2466MHz。要注意,无需设置不同的射频频率来支持多通道共存。ANT 系统的 TDMA 性质意味着,在一个共同的 RF 频率上可以共存大量的通道。确保设备满足世界各地区的无线电频率法规,是产品开发者的责任。

3. ANT 的通道 ID

一个最基本的通道描述,并且器件配对的关键是通道 ID。为建立一个 ANT 通道,必须指定其通道 ID(主机),或它希望寻找的通道 ID(从机)。这是一个包含 3 个字段 4 字节的值:传输类型,设备类型(包括配对位),以及设备号。对于私人或公共网络,这 3 个字段可以由用户定义。通常的,该设备类型是一个表示主设备的类(或类型)的数字。设备号是一个唯一的数字代表一个特定的主设备。传输类型是一个数字,一个设备的不同传输特性,它可以由制造商或预先在 ANT + 管理的网络中定义。只有通道 ID 相匹配的设备能够互相通信。通道 ID 表示主设备的传输类型/设备号,必须在主设备处进行指定。在从设备处,这些字段需进行设定,以决定与哪个主设备进行通信。

它们可以设置为与特定的主设备相匹配,或这些字段的部分或全部也可以设置为 0,代表一个通配符,这样从设备将找到第一个其他通道参数(网络密钥,频率)相匹配的主设备。这三种类型将在下面更进一步详细介绍。

1) ANT 的传输类型

传输类型是一个 8 位字段用于定义某一个设备传输特性。一个用法范例是 SensRcore™ 的实现,在数据载荷开始的共享地址字段,定义了传输类型的两个最低有效位来指示存在及大小,第三个最低有效位(LSB)来表示一个全球数据识别字节的存在。此参数必须指定一个主设备,也可以在从设备设为 0(即通配符)。至于私人网络,传输类型可以被定义为所需类型。

2) ANT 的设备类型(+ 配对位)

设备类型是一个 8 位字段,表示每一个参与的网络设备类型(或类)。此字段是用来区分网络设备中多个节点,这样网络中的设备可以互相了解,并能对接收到的数据进行正确的解码。例如,一种设备类型的值可以定义为心率监视器,该值就与定义为自行车速度传感器的设备类型不同,他们将对各自的数据有效载荷将进行相应的解释。请注意,该设备类型最高位是一个设备配对位。此参数必须在一个主设备上指定,也可以在从设备上设置为 0(通配符)。对于私人网络,设备类型可以被定义为所需类型。

3) ANT 的设备号

设备号是一个 16 位字段,是为设备提供一个唯一的设备编号。通常情况下,这可能是相关设备的序列号,或如果为特定产品设置序列号的过程不可用,它也可能是一个由设备产生的随机数。该参数必须在一个主设备指定,不能设置为 0。在从设备,在设备配对时,该字段可以设置为通配。

4. ANT 的通道周期

该通道周期代表由主机发送的数据包的基本信息传输速率。默认情况下,一个广播的数据包会在此速率下的每个时隙发送(主机)和接收(从机)。通道的信息传输速率的范围为 0.5Hz ~ 200Hz,最高限制取决于具体的实施。

通道周期是 16 位字段,其值由下列公式确定。

$$通道周期 = \frac{32768}{信息率}$$

例如,有一个通道上的信息传输速率为的 4Hz,通道周期的的值必须设置为 32768 / 4 = 8192。

默认的信息传输速率为 4Hz,这可以提供良好,可靠的性能。这是推荐的默认信息传输速率,可以提供容易发现且具有良好的功率和延迟特性的网络。最高的信息传输速率(或最小通道周期)取决于该系统的计算能力。高速率与多个激活通道的结合将大大限制最高信息传输速率。在下面进一步描述的突发模式,可以获得 20Kbps 的速率。这与消息率无关。换句话说,消息率会影响整个的突发传输时间,但不影响实际的突发速率。

适当分配通道周期是关键的,必须注意到下面问题。

- 信息速率是直接与功耗相关的。

详请参考 ANT 产品的数据手册。

- 一个较小通道周期允许更高的数据传输速率。
- 一个较小的通道周期可以使得设备搜索更快完成。

5. ANT 网络

ANT 可支持众多唯一,公共的,管理或私有网络的建立。一个特定的网络可以为网络中所有参与的节点指定一套运行规则。为使两个 ANT 节点可以相互通信,必须是同一个网络中的成员。这提供了一个建立网络的能力,该网络可以是公共的,以期建立一个"开放性"的为目标由多家厂商参加的互操作设备系统。

一个可管理的网络对其使用规则和管理的具体行为进行定义。一个可管理网络的一个例子 ANT+网络。那些已经通过 ANT+互操作型承诺的公司成为 ANT+联盟的成员,即特别兴趣小组成员,该小组将致力于顶级产品优化,品牌价值和伙伴关系的提升。这种独特受管理网络的主要优点是设备的互通性,及能够与其他 ANT+产品进行无线通信。目标应用包括运动,健康,家庭等的无线传感器监控。

ANT+的设备配置文件可以指定数据格式,通道参数和网络密钥等参数。ANT+已有的设备配置文件包括:心率监视器;速度及计步器;行车速度及节奏传感器;自行车功率传感器;体重计(例如,监控 BMI(体质指数,世界公认的一种评定肥胖程度的分级方)及体脂肪百分比;健身设备数据传感器;温度传感器。

相反地,可以定义一个专用网络来确保网络的私隐性,并限制除了许可设备以外的访问。通道可以独立地分配到不同的网络,这样一个 ANT 设备可以是多个不同网络的成员之一。

ANT 网络有两个组成部分,介绍如下。

1) ANT 网络号

一个网络号是一个 8 位字段,用来在 ANT 设备上对网络进行标识,其值从 0 到 ANT 所定义的最大值。主机可以通过使用相应的请求信息命令来查询 ANT 系统,以获得此最大值。默认的网络号为"0",网络号"0"分配给公共网络。对于 AP1 设备,其余剩下网络号未初始化;对于非 AP1 的设备(nRF24AP2),所有的网络号都默认为公共网络密钥。网络号使用设置网络密钥命令(0x46)来分配,任何单独的通道指定一个网络号需要使用相关的 8 字节网络密钥。多个通道可以分配相同的网络号,因此一个网络密钥可以应用在多个通道中而不需要多次输入密钥。

2) ANT 网络密钥

网络密钥是唯一标识一个网络的 8 字节数字,能够提供安全措施和访问控制。网络密钥有主机应用程序配置,一个特定的网络号将有一个相应的网络密钥。仅具有相同有效密钥的通道可以相互通信。也只有具有有效网络密钥才可为 ANT 网络接受。注意,如果设置网络密钥命令(0x46)设置的是无效密钥,密钥将不会改变,将保留在此之前的有效命令。网络号和网络密钥一起提供了对网络的安全及访问控制不同层次控制的手段。在默认情况下,网络号为 0,网络密钥为公共网络密钥。该公共网络将开放给所有参与的设备,并没有固定的规则限制它的使用。

6. ANT 通道配置范例

一个简单应用的 ANT 通道配置实例见表 5-3。

表 5-3 ANT 通道配置实例

参数	数值	说明
网络号	0	默认的公共网络
射频频率	66	默认工作频率 2466MHz
设备号	1	范例所用设备的序列号
传输类型	1	传输类型（没有共享地址）
设备类型	1	设备类型示例
通道类型	0x10	双向传输通道
通道周期	16384	2Hz 信息传输速率
数据类型	0x4E	广播

注意网络号设为"0"，这是公共网络密钥的默认网络号。

5.5.3 建立一个 ANT 通道

建立一个 ANT 通道的前提是主机和从机采用相同的配置参数，如 5.5.2 节所述。图 5-7 显示了两个 ANT 节点间建立通信的处理过程。某些通道参数(实线内)没有默认值，必须由应

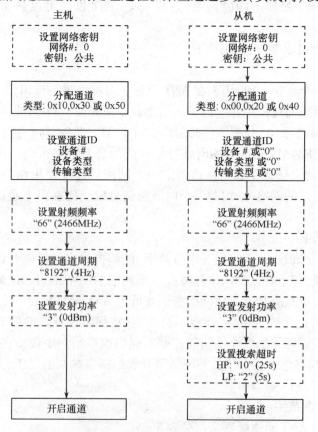

图 5-7 主机和从机节点间建立通信通道的过程

用程序来设置,其他参数(虚线内)有默认值,仅在需要改变时设置。

默认的网络配置是公共网络密钥,分配的网络号为"0"。如果私有或受管理网络需要,该参数必须在设置其他参数前进行设置。一旦设置了网络密钥,其他所有通道参数将恢复为默认值。设置网络密钥后(可选项),准备开启的通道必须首先分配通道类型。例如,主节点将需要指定一个发送的通道类型,而从节点将需要为其指定相应的接收通道类型。

其次,通道 ID 也必须设置。设备号/类型以及传输类型必须在主节点进行设定。从节点可以设置全部、部分字段与主节点相同,或完全不同,这取决于应用程序的需要。任何与主机不匹配的字段,应被设置为通配符"0"。如果需要,其他通道参数如射频频率、通道周期,以及待讨论的 TX 功率和搜索超时都可以进行设置,但并非必要。

最后一步是开启通道。一旦通道开启后,主机将按建立的信息传输速率,在指定的时隙传输 8 字节的数据包。主机的 ANT 通道将维持此信息传输速率。该通道的主控制器可随意地向 ANT 引擎提供新的数据,以供连续传输。

在另一方面,一旦从机的通道打开,将立即开始寻找一个与其通道 ID 标准吻合的主机。一旦主机找到,建立一个连接,从机将以给定的信息传输速率接收数据。如果在给定的超时周期没有发现主机,从机通道将关闭。作为主机不需要进行搜索,无需设置超时值。主机将在该指定通道发送,直到通道由应用程序关闭。

5.5.4 ANT 数据类型

ANT 支持三种数据类型:广播、应答和突发数据。每个数据类型将以 8 字节的数据包在 RF 通道发送。数据类型不属于一个通道配置参数,且一个双向的 ANT 通道不仅限于传输单一种的数据类型,换而言之,这三种数据类型可以由主机决定,在通道指定的时隙上前向或反向任意传输。唯一的限制是单向通道只能前向发送广播数据。

1. 广播数据

广播数据是系统默认的最基本数据类型。广播数据在每个通道相应的时隙由主机发送到从机。只有在从机节点的微处理器明确要求的情况下,广播数据可以从从机反向发送给主机(默认情况下,未经请求禁止发送数据)。

一个主机总是在每个时隙内前向发送数据。如前所述,广播数据类型是系统默认值。如果主处理器没有提供新的数据,以前的消息包,无论是广播或以其他方式传输,将被重新作为一个广播消息传输。另一方面,不要求每个通道周期都有反向的消息。广播消息只能在相反的方向发送一次。广播数据是没有应答的,因此如果有任何数据丢失,原始节点将不会知道。在单向传输链路的情况(如仅由主机发送数据给从机通信),广播数据是唯一可用的数据类型,而主机无法接收应答。广播数据的 RF 带宽消耗和系统电源消耗是最少的。这对于可以容许偶尔丢失数据包的通信,它是最好的选择(注意:在非极端的 RF 环境下,任何发生数据丢失的情况将是非常有限的)。偶尔的数据丢失并非重要的例子是温度记录系统,温度上的变化与通信信息速率相比较而言较慢。

2. 应答数据

在建立双向连接后的任何时间,不论是正向还是反向,一个设备均可以选择在下一个时隙发送一个应答包。收到应答数据包的节点将响应一个应答信息给源设备。源设备的主控制器将会被通知包是否成功或失败,也就知道数据包是否已成功发送。未应答数据包不自动重发。

主机应用程序将每个数据包作为应答数据发送,或可为特定的应用适当混合广播和应答数据。要判断哪个更合适,应考虑以下两点:

① 应答数据包将会占用更多的 RF 带宽和电流消耗,在设计对功耗敏感的应用是需要特别注意。

② 应答数据包尤其适合传输控制数据,这可以确保节点可以留意到对方的状态。

对于一个主设备,如果数据类型没有指定为应答,或一个应答的信息已经发送而在下一个发送时隙前没有新的数据提供,信息将在通道的下一个时隙上以广播数据类型发出。

3. 突发数据

突发数据传输提供了可在设备间传输大量数据的机制。突发传输由一系列快速连续带应答的数据信息组成。通道内以突发方式通过的包速率比通道周期下的速率大大加快,最大的数据吞吐量可达 20Kbps。应当指出,这也意味着突发数据包彼此同步关闭,而不是通常的通道周期。与应答信息相类似,源主机的微处理器将会被通知发送成功或失败。该成功/失败通知对应于整个突发传输过程,而不是每个数据包。不同于应答信息,任何在传输过程丢失的包将自动重试。如果五次重试后数据包没有传输成功,ANT 将中止突发传输,并以一个传输失败的消息通知主控 MCU。

突发传输没有持续时间的限制。突发传输将比两个参与节点的所有其他已开启通道优先处理。如果系统中有其他通道,应该注意采取合理的频率安排。虽然 ANT 协议稳定可靠,能处理突发传输或其他外部干扰所导致的停机,但通道负载过大将可能导致失去同步或丢失数据。

对于长时间的突发传输,由于互相数据包间的同步关闭,时钟误差可能导致正常通道周期漂移,从而可能失去同步。因此,一旦突发传输完成,通道不再同步,从机进入搜索。

另一个极端情况下的例子是当一个通道的主节点在另一个通道上长时间服务突发传输时;如果突发传输的时间太长,之前通道的从机节点可能会失去同步,将回到搜索和超时(关闭通道)。

突发传输会对那些在相同的 RF 射频频率下工作的其他设备产生干扰。

所有的数据类型在 5.9.5 节中进一步详细介绍,并提供序列图。主机和从机端的应用软件应使用共同的数据类型(即广播,应答,突发)以适合特定的应用。该数据有效载荷内容的具体内容格式必须由双方的主控制器先确定,以使得数据可以进行正确的解码及解释。所有数据类型也可以"扩展",这样,接收节点的 ANT 会随着数据将通道 ID 传给主机。

表 5-4 数据类型与说明

数据类型	通道方向	说 明
广播	前向	默认数据类型。每时隙发送广播信息(除非另有请求),若 ANT 没有收到来自主 MCU 新的数据将重发之前的信息。
	反向	广播消息可选择在每个通道时隙发送。仅在收到从机 MCU 的请求时发送,仅发送一次,不重发。

续表 5-4

数据类型	通道方向	说　明
应答	前向	如发起请求,将在下一个通道时隙发送 如果数据类型没有具体指定为应答类型或新数据没有在下一个发送时隙前提供,信息将以广播数据类型在下一个通道时隙重发。
	反向	应答数据类型仅在要求时发送 不重新发送
突发	前向	一个突发传输将从下一个时隙开始。突发传输时相互的同步将关闭。
	反向	同上

5.5.5　ANT 独立通道

一个独立通道只有一个主机和一个从机。作为主机或从机还可能是其他的节点的主机或从机。在一个独立的通道上,每种只有一个。例如图 5-3 中的 4 节点网络,每个通道只有一个主机和一个从机。

一个广播网络,如图 5-2 所示,同样使用独立通道,数据由一个主机发出,而被许多从机所接收。这种网络具有唯一的主机,且不会在同一个通道上主动发起与多个从机的通信。这种网络具有独特的主机,且不会主动在同一个通道上主动发起与多个从机的通信。请注意,在广播网络中数据的方向仅为前向。这可以防止从多个从机同时将数据发送给一个单一主机而发生冲突。然而也有一个解决方案,可以实现数据的双向传输。

虽然独立通道实现简单,但由于系统计算能力限制,一个节点同时只能支持有限数量的独立通道。例如,nRF24AP1 只能支持 4 个独立通道,nRF24AP1 -1CH 只支持单通道,nRF24AP2 -8CH 可以支持 8 个独立通道。

5.5.6　ANT 共享通道

当单个 ANT 节点必须接收并可能处理来自很多节点的数据时,可以使用共享通道。在这种情况下,多个节点将共用同一个独立通道来与中心节点通信。一个共享通道网络的例子见图 5-2。

通过使用一个或两个字节的共享通道地址字段,并在通道类型中设置特定的值,可以实现通道的共享,由双方主机的应用程序控制。如后面章节的介绍,ANT 有一个 8 字节的有效数据载荷。共享通道地址字段将替换前一个或两个字节有效载荷的数据,如图 5-8 所示。

如果一个通道被定义为共享通道,主机应用程序将向 ANT 提供共享地址和数据;例如,2 个字节的编址,超过 65 000 个从设备可以共享一个 ANT 通道。

在一个共享通道中,一个节点为实现与许多其他节点进行通信,必须作为主机开启该通道。访问此共享通道的所有其他节点都必须配置为从机。所有节点无论主机和从机必须配置为一个共享通道,有相匹配的通道 ID(通配符可以开启通道时在从机设置,并在完成一次成功的搜索后匹配)、射频频率和通道周期。主机的应用程序必须了解每个从节点的地址,同样,

独立通道有效数据载荷

Data 0	Data 1	Data 2	Data 3	Data 4	Data 5	Data 6	Data 7

共享通道有效数据载荷

Shared Address LSB	Shared Address MSB	Data 0	Data 1	Data 2	Data 3	Data 4	Data 5

图 5-8　独立通道和 2 个字节共享通道数据的有效载荷

每个从机的应用程序必须知道其自身的共享地址。

主机通过按照通道信息速率发射数据来控制通信。主机端的应用程序将提供数据有效载荷,包括如图 5-8 所示的共享地址字段。所有在此通道上的从机将同步关闭发射信息;然而,只有在接收到的共享地址字段与该节点的共享地址匹配,或者共享地址值为"0"时,ANT 才会向从机的主控处理器发出数据。主机可以使用共享通道地址 0 在同一时间发送数据到所有的从机。一个从机,只有当它接收到的共享通道地址相匹配的的主机信息时,方可在反反向进行响应。一个共享通道的例子如图 5-9 所示,包括主节点 M,和 4 个从机节点地址为 1~4。灰色节点显示该节点的微处理器从 ANT 接收数据,箭头表示数据流的方向。

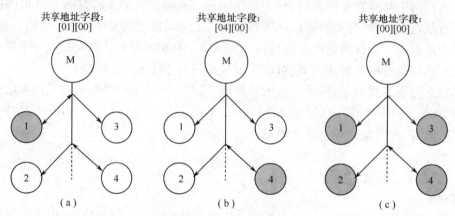

图 5-9　共享通道举例

图 5-9(a)为主机(M)的微处理器提供[01][00](LSB MSB)共享地址字段。ANT 将用该共享地址在下一个通道时隙发射数据。所有从节点接收并使用该信息来保持同步,但只有从节点 1 的微处理器真正接收到数据。ANT 协议将防止数据发送到错误地址节点的主处理器。此时此刻,从节点 1 可以选择回发数据给主机节点(即反向传输)。其他从节点不能将数据发送给主机节点。

图 5-9(b)为主机的微处理器提供[04][00]共享地址字段。类似地,数据在下一个通道周期发射,所有的从机利用此次发射来同步;只有节点 4 的微处理器接收到数据,并可选择是否在反向通道上回送数据。

图 5-9(c)为主机的微处理器提供[00][00]共享地址字段。这表明广播给所有节点。因此,每个从机的微处理器都接收数据。当广播给所有从机时,没有反向传输,也没有任何从机

可以发射。

共享通道的概念可扩展到应答数据和突发数据处理。在突发数据处理中，只要求第一个的数据有效载荷中包含共享通道地址字段，其余的数据包可只包含应用数据。共享通道的功能也可以扩展为"特定的"通过实施自动共享通道来加入/离开通道。详请参考应用笔记"自动共享通道"。

5.5.7 ANT 连续扫描模式

当单 ANT 节点必须接收并可能处理来自多个节点的数据时，连续扫描模式是另一种可以使用的方法。与单主机控制多个从机（如共享通道）所不同，一个节点在连续扫描模式下可全时间接收，允许其在任何时候接收多个主机的发射。与共享通道类似，所有设备工作在相同的 RF 射频频率。

由于中心节点上的 ANT 射频始终处于连续扫描模式；因此该节点上没有其他通道可以再开启。此外，由于射频连续激活工作，这个节点的将产生较大功耗（约 18 mA），不宜在对功耗有严格限制的设备上使用。

每个发射节点应该具有唯一的设备号，这样，它的通道 ID 也是唯一的。凭借唯一的通道 ID，中央节点能够正确归属每个收到的信息到相应的主设备。

接收节点配置为双向接收通道，用"开放接收扫描模式（0x5B）"命令开启通道。由于节点处于全部时间接收，无需设置通道周期。虽然中心节点是处于全部时间接收状态，它仍然可以发送信息回主机节点。要做到这一点，主机必须先发射到接收节点，而后接收节点可以选择将数据反向发送回指定的主机。一个单接收通道类型可以在诊断应用中与连续扫描模式一起使用。详细请参考"连续扫描模式"章节。

相对于使用一个连续扫描模式的节点，共享通道具有使所有节点维持为低功耗的优势。然而由于共享通道同步的性质，需要时间来服务每一个节点，会有一些延迟。中心节点在连续扫描模式下始终是接收，很少出现延迟，不过中心设备应有足够的功率性能，这种模式有利于间断、异步或瞬时传输的需要。请注意，并非所有的 ANT 芯片/模块可以支持连续扫描模式，请参考相关数据手册的说明。

5.6 ANT 设备配对

两个设备配对（主机与从机）涉及的两个节点之间希望建立一个相互通信的联系。这种联系可以是永久，半永久或暂时的。配对操作由一个从设备获得了主设备唯一的通道 ID。如果想要永久配对，从设备应该将主设备的 ID 存储在永久性或非易失性存储器中。此 ID 将被用来开启在这所之后有后续通信会话的通道。在半永久性的配对中，只要通道保持，配对将持续。一旦超时，配对将丢失。在暂时关系中，配对是临时的，持续时间取决于获取数据所需时间。

请注意，如果主机只用来广播消息，或者如果它使用共享通道的功能，多个从机可与同一个主机配对及通信。

如前所述，当主设备的通道被打开，它将开始广播消息。其唯一的通道 ID 将在每一个信息中广播。当一个从设备的通道打开,它会立即搜索与从设备的应用微处理器所提供 ID 相匹配的主设备。当从设备没有关于主设备的通道 ID 参数的情况下,可以采用配对机制。从设备可以通过设置通道 ID 字段部分或全部为通配符(通配符值为"0")来搜索主设备。然后从设备可以按照其所知道的部分参数进行搜索。例如,从设备可能知道其要连接的设备类型,而不确切知道其设备号或传输类型。从设备的应用程序可以将已知的参数填入字段,而在未知参数的余下其他字段填入通配符配符(即 0)。在开启的通道上,从设备将搜索符合指定条件的任何主设备;成功完成搜索后,获得的主机特定 ID 参数可以存储起来,以作后续通信使用。

配对位,即设备类型字段的最高有效位,为先进的配对功能。在从设备端,只有在通道 ID 至少一个字段为通配符时,ANT 才会检查配对位。在主设备端,配对位必须被设置以表明可用于配对。

请注意,配对发生时配对位可以没有被设置,但是,配对位的状态必须与配对发生相符。此功能允许更多的控制,例如,一从设备可能有一个完全通配符的通道 ID 及配对位未设置。这将导致从设备搜索任何广播的主设备。或者,如果从设备已设置配对位,并设置了一个完全通配符的通道 ID,那将仅搜索设置配对位的主设备。这是一个比较简单的例子,来说明如何通过配对位进行配对的例子。

5.6.1 ANT 设备配对实例

一个由三个远程温度传感器(主设备)和一个中心单元(从设备)网络的配对操作范例如图 5-10 所示。

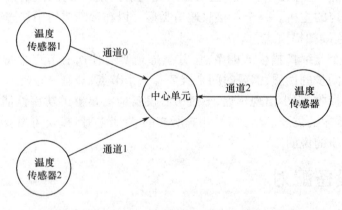

图 5-10 ANT 网络设备配对范例

该中心单元要与所有温度传感器建立长期的通信关系。要启动配对操作,每一个温度传感器应被设置到一个配对模式。从用户角度来看,留给应用程序定义的进入配对模式的方法有初始插入一个电池或用户按下按键等。至于 ANT 串行信息接口方面,主孔微处理器调用发送以下消息到 ANT 引擎来请求进入配对模式。

(1) 配置通道。
(2) 设置通道 ID(如设备类型=带配对位的温度传感器)。
(3) 开启 TX 通道。
(4) 开始在通道时隙发射数据。

此时,中心单元(从设备)必须准备寻找合适的设备类型(温度传感器)的 ID。它执行以下操作。

(1)配置通道。

(2)设置通道 ID (传输类型 = 指定或通配符,设备类型 = 带配对位置位的温度传感器,设备号 = 通配符)。

(3)开启接收通道。

(4)开始搜索。

中心单元找到配对位置位的温度传感器设备。通道建立,从设备 ANT 引擎将具体的通道 ID 转发给微处理器,该 ID 将存储起来用作未来建立通道之用。三个温度传感器配对执行同样的过程。

超时周期过后,每个温度传感器可以选择关闭其可发现性(或如果支持双向传输时,收到中心单元的连接应答后),使其未来被其他从设备视作"不可视"。对于两个需要建立长期联系的特定设备,在整个 ANT 系统的工作寿命周期内只需配对一次。因此在这种情况下,设备配对可在产品生产时进行(工厂环境下),以减少用户的负担。

5.6.2　ANT 的包含/排除列表

在部分设备上可以采用的另一种配对功能是包含/排除列表(请查看数据手册)。最多 4 个已知的通道 ID 可以被发送到模块并存储在该列表中。所有字段必定定义和包含非零值。当启用并配置作为包含列表时,存储的通道 ID 将是唯一为通配搜索接受的通道 ID。这意味着从机只能连接到列表上特定的主机通道 ID 之一。同样,如果此功能是配置作为一个排除列表,从机将不会获得任何列表通道 ID 上的主机。

5.6.3　ANT 邻近搜索

另外一个帮助设备配对的辅助功能是邻近搜索,它允许根据两个设备之间的相对距离来获取通道。如前所述的标准 ANT 搜索时,通道打开后,从设备开始搜索通道 ID 相匹配主设备。如果通道 ID 的任何部分被分配为一个通配符,那么从设备可能匹配到覆盖范围内的多个主设备之一。例如,如果一个从设备设置它的设备 ID 来搜索特定的设备类型(如心率监测器),但其他字段放置通配符,而在覆盖范围内有 4 个心率监测器(图 5-11,灰色阴影显示从设备的覆盖范围)。在开启通道后,它可以与任何四个心率监视器之一配对,这取决于哪个在发射的主设备上首先被找到。

邻近搜索指定的圆圈范围从 1(最近)~10(最远),如图 5-11 所示。圆圈之间不存在具体的距离,因为这取决于于设计(天线的设计/方向等),并由设计者所决定。增量距离也同样取决于设计。

推荐采用第一圈为邻近搜索的初始阀值(图 5-12(a)),作为较小的搜索范围,这可以减少找到错误设备的可能性,获得更好的结果。设置阈值太高可能会导致连接到多个设备之一(图 5-12(b))。选择一个适当的邻近阀值对于相应的搜索限制,及找到所需设备是非常重要的(图 5-12(c))。

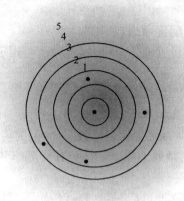

(a) 标准搜索　　　　　　　　　　　　　(b) 邻近搜索

图 5-11　邻近搜索

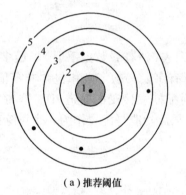 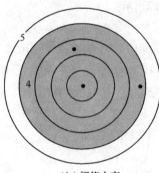 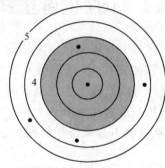

(a) 推荐阈值　　　　　　(b) 阈值太高　　　　　　(c) 合适的阈值

图 5-12　不同的邻近阀值

邻近搜索可以与 ANT 搜索和后台扫描通道共同工作,但不可与连续扫描模式共同工作。默认情况下禁用邻近搜索。一旦启用邻近搜索,搜索成功后,其时间要求及阀值将被清除。如果搜索超时,或者使用后台扫描通道,阈值将保持。此功能仅适用于某些 ANT 设备。

5.7　ANT 接口

主机应用程序和 ANT 通过一个简单的串行接口进行通信。主机可以是一个嵌入式微控制器或 PC 机的形式,但基本功能保持不变。

5.7.1　ANT 信息结构

一个典型的主机和 ANT 引擎之间信息基本格式如图 5-13 所示。

如上所述,每个信息以一个同步字节开始并以一个效验和结束。字节的传输是低位在先。

第 5 章 ANT 消息协议详述和使用

| Sync | Msg Length | Msg ID | Channel Numbe | Data_0 | Data_2 | … | Data_N | Check sum |

图 5 – 13 ANT 串行信息结构

表 5 – 5 描述了上面显示的串行信息的各个组成部分。

表 5 – 5 ANT 串行信息组成

字节 #	名 称	长度	说 明
0	SYNC	1 字节	固定值 10100100 或 10100101（MSB：LSB）
1	MSG LENGTH	1 字节	信息内数据字节个数. 1 < N < Max_Data_Size
2	MSG ID	1 字节	数据类型标识符 0：无效 1..255：有效的数据类型（详见 5.9 章节）
3..N+2	DATA_1..DATA_N	N 字节	数据字节
N+3	CHECKSUM	1 字节	异或之前所有的字节,包括同步字节

所支持的微处理器与 ANT 引擎间信息的完整摘要见 5.9 章节。该表适用于两种类型的 ANT 接口：Host MCU⇔ANT 和 Host PC Interface⇔ANT。信息格式是首先以摘要形式给出,其中包括信息的长度,每个相应信息类型的 ID 和数据字段。注意对于多字节字段是低地址存放最低有效字节。以一个通道 ID 消息为例,设备号的最低有效字节分配给 Data1,最高有效字节分配给 Data2。

扩展消息允许 ANT 将接收到的数据信息与通道 ID 信息一起传递给微处理器。ANT 支持两种格式,标志和兼容,这取决于 ANT 设备类型。新一代器件支持标志扩展消息格式,即 AP2 支持扩展消息,AP1 的不支持扩展消息,AT3 支持兼容格式如图 5 – 14 所示。

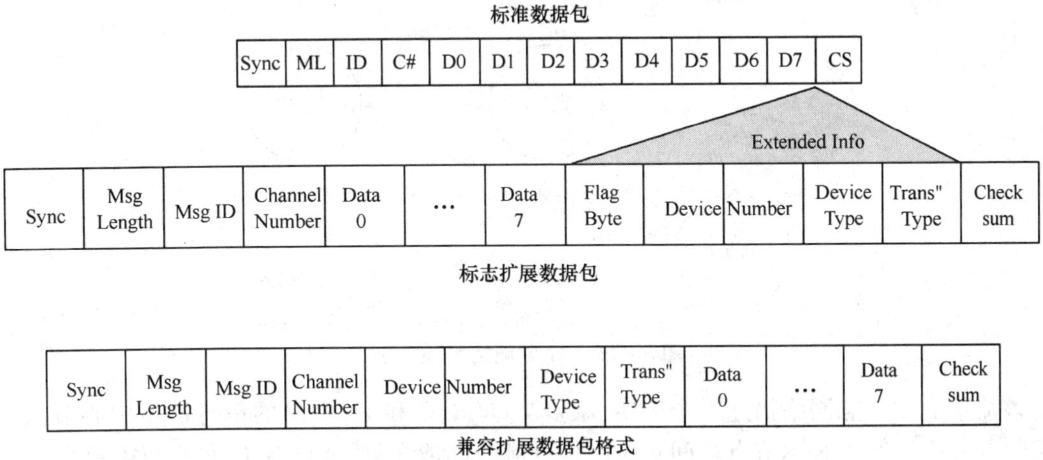

标准数据包

| Sync | ML | ID | C# | D0 | D1 | D2 | D3 | D4 | D5 | D6 | D7 | CS |

Extended Info

| Sync | Msg Length | Msg ID | Channel Number | Data 0 | … | Data 7 | Flag Byte | Device Number | Device Type | Trans" Type | Check sum |

标志扩展数据包

| Sync | Msg Length | Msg ID | Channel Number | Device Number | Device Type | Trans" Type | Data 0 | … | Data 7 | Check sum |

兼容扩展数据包格式

图 5 – 14 扩展当前及兼容的数据格式

扩展数据将被添加到数据信息中,如图 5 – 14 所示。请注意同步,基本帧格式的信息长度

(ML),信息 ID(ID)和校验和(CS)是相同的。然而,并非仅仅是 8 个字节的有效数据载荷(D0:D7)。微处理器接收 8 字节的数据(D0:D7),并跟随一个标志字节(0x80)指示存在通道 ID 字节:设备编号,设备类型,传输类型。由于新增加的部分,信息的长度值将改变。如果启用了扩展信息,信息长度和标志字节必须被检查,来确认是否存在通道 ID 字节。

请注意,扩展信息格式和信息 ID 对于标志和兼容扩展信息格式是不同的。

5.7.2 微处理器串行接口

微处理器和 ANT 引擎间的串行接口可以用同步(SPI)或异步(UART)方式来实现。不同于传统的 SPI,ANT 串行连接采用 4 个 GPIO 控制来替代从机选择。不过,一个标准的 SPI 串口与 ANT 同步串行接口兼容。串口连接类型由产品设计工程师根据需要来确定。每个 ANT 产品的物理和电气接口特性请参考相应产品的数据手册。

5.7.3 PC 串行接口

采用具有 USB 接口的 ANT 芯片 nRF24AP2 – USB,使用 ANT 所提供的驱动程序,ANT 与 PC 进行通信的主要方法是通过调用 ANT PC 接口动态链接库来实现。该库的组成及内容见 5.9 节所述。

5.8 ANT 网络实现范例

一个网络实施的范例,说明了 ANT 协议的特点,如图 5 – 15 所示。

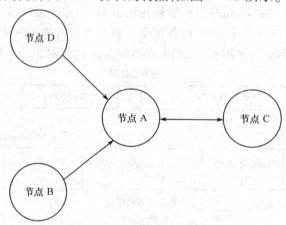

图 5 – 15 ANT 网络实现范例

该简单的四节点网络描述一个应用,从多节点(B,C 和 D)发出的信息被单中心节点(A)所接收并分析。箭头表示节点之间对应的信息流向。请注意,节点 B,C 和 D 只需建立一个通道,从而可以用单通道 ANT 器件实现(如 nRF24AP2 – 1CH)。节点 A 则需要有 4 个或更多通道的 ANT 器件来实现(如 nRF24AP2 – 8CH)。作以下假设。

① 节点 B 使用广播数据类型。

② 节点 D 使用广播数据类型。
③ 节点 C 使用应答数据类型。
④ 所有的网络先决条件,如网络类型,设备 ID,射频频率等使用默认值或所有节点间的已知值。
⑤ 主机及其相对应从机之间的配对已经完成。

5.8.1 节和 5.8.2 节中描述了两个利用 ANT 来部署实现上述网络的方法。

5.8.1 用独立通道实现

使用独立通道是实现上述网络最简单的方法。

鉴于前述假设,需要三个独立通道。每个通道配置如表 5.6 ~表 5.8 所示。

节点 B 和节点 A 之间的通道,这里节点 B 作为主机。

表 5-6 节点 B 和节点 A 通道配置

节点	参数	值	说明
节点 B	网络号	0	默认公共网络
	射频频率	66	默认频率为 2466MHz
	设备号	1	节点 B 的序列号
	传输类型	1	传输类型(非共享地址)
	设备类型	1	节点 B 的设备类型
	通道类型	0x10	双向发射通道
	通道周期	8192	默认 4Hz 信息率
	数据类型	0x4E	广播
节点 A	网络号	0	默认公共网络
	射频频率	66	默认频率为 2466MHz
	设备号	1	节点 B 的序列号
	传输类型	1	传输类型(非共享地址)
	设备类型	1	节点 B 的设备类型
	通道类型	0x00	双向接收通道
	通道周期	8192	默认 4Hz 信息率
	数据类型	0x4E	广播

节点 C 和节点 A 之间的通道,这里节点 C 作为主机。

表 5-7 节点 C 和节点 A 通道配置

节点	参数	值	说明
节点 C	网络号	0	默认公共网络
	射频频率	66	默认频率为 2466MHz
	设备号	10	节点 C 的序列号
	传输类型	1	传输类型(非共享地址)

续表 5-7

节点	参数	值	说明
节点 C	设备类型	2	节点 C 的设备类型
	通道类型	0x10	双向发射通道
	通道周期	8192	默认 4Hz 信息率
	数据类型	0x4F	应答
节点 A	网络号	0	默认公共网络
	射频频率	66	默认频率为 2466MHz
	设备号	10	节点 C 的序列号
	传输类型	1	传输类型（非共享地址）
	设备类型	2	节点 C 的设备类型
	通道类型	0x00	双向接收通道
	通道周期	8192	默认 4Hz 信息率
	数据类型	0x4F	应答

节点 D 和节点 A 之间的通道，这里节点 D 作为主机。

表 5-8　节点 D 和节点 A 通道配置

节点	参数	值	说明
节点 D	网络号	0	默认公共网络
	射频频率	66	默认频率为 2466MHz
	设备号	2	节点 D 的序列号
	传输类型	1	传输类型（非共享地址）
	设备类型	1	节点 D 的设备类型
	通道类型	0x10	双向发射通道
	通道周期	8192	默认 4Hz 信息率
	数据类型	0x4E	广播
节点 A	网络号	0	默认公共网络
	射频频率	66	默认频率为 2466MHz
	设备号	2	节点 D 的序列号
	传输类型	1	传输类型（非共享地址）
	设备类型	1	节点 D 的设备类型
	通道类型	0x00	双向接收通道
	通道周期	8192	默认 4Hz 信息率
	数据类型	0x4E	广播

下面详细介绍了上述通道建立和网络形成后，每个参与节点上微处理器与 ANT 间事件以及信息交换的顺序。

1. 节点 B 和节点 A 间的通道

在节点 B 和节点 A 之间建立通道如图 5-16 所示。

第 5 章 ANT 消息协议详述和使用

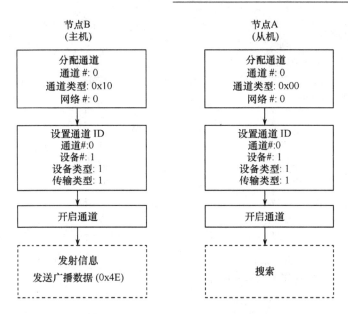

图 5-16 节点 A 和 B 之间通道的建立

由于在这个例子中网络使用系统默认值设置，建立通道时，微处理器到 ANT 间只需要用到最少的命令。微处理器发出 ANT_AssignChannel( ) 和 ANT_SetChannelID( ) 消息，并配以前述配置的字段。该通道号由微处理器来决定分配。在这种情况下，它们的通道号都为 0；但是应该指出的是，节点之间通过通道 ID 实现匹配（只要设备类型，传输理想，设备号相同即可），与通道号无关。微处理器使用 ANT_OpenChannel( ) 消息开启通道。应确保主机通道先于从机开启，这是是好的做法。

一旦通道开启，主机的微处理器将用 ANT_SendBroadcastData( ) 消息向 ANT 提供适合的数据。请注意，微处理器提供新数据的次数可能与通道周期不同。ANT 将按照期望的信息速率广播其缓冲区内的数据，如果微处理器没有新的数据提供，将广播之前的数据。但是在从机一方应采用适当的保障措施，来处理这些重复的信息。

一旦从机通道开启，当接收到来自节点 B 的信息时，ANT 将用 ChannelEventFunc( ) 类型的消息通知微处理器。基于通道的配置设置，事件发生的频率为 4Hz。如果在搜索超时周期内没有收到信息，ANT 将发送一个超时消息给微处理器，并关闭通道。

2. 节点 C 和节点 A 之间的通道

在节点 C 和节点 A 之间建立通道如图 5-17 所示。

节点 A 和节点 C 之间通道建立过程如前述节点 A 和节点 B 一样，并且用给定的参数建立通道时微处理器到 ANT 之间只需要用到最少的命令。请注意，在这种情况下，通道号可以不一样，主从节点之间通过相同的设备号、设备类型、传输类型实现匹配。由于节点 B,C,D 均为单通道设备，它们的通道号常为 0。另一方面，节点 A 为有四个（或更多）通道的设备，在本例中将使用 0，1 和 2 通道。其中，节点 A 的通道 0 将节点 B 相关联，通道 1 将与节点 C 相关联，通道 2 将与节点 D 相关联。

此通道的另一个不同是，一旦通道开启，主机的微处理器将用 ANT_SendAcknowledgedData( ) 消息向 ANT 提供合适的数据。另外请注意，如果微处理器没有新的数据提供，将广播之前

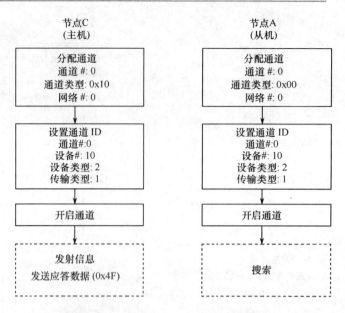

图 5-17 节点 C 和 A 之间通道的建立

的数据,无应答信息。同样的,在从机方应采用适当的措施,来处理这些重复的信息。在这种情况下,从机可以忽略接收到任何来自 C 节点的广播类型数据,因为所有的新数据都是为应答类型的,而只有重复数据为广播类型。

从机通道开启后,每当接收到来自节点 C 的信息,ANT 将用 ChannelEventFunc( )类型消息通知微处理器。按照通道配置设置,将以 4Hz 的频率发生。如果未在搜索超时周期内收到信息,ANT 将发送一个超时消息给微处理器,并关闭通道。

3. 节点 D 和节点 A 之间的通道

与节点 D 建立通道的过程和节点 B 相同。节点 A 将开启第三个通道与节点 D 通信,方法和节点 B 相同。

上述所实现的独立通道实例将根据所设置继续工作,除非一个应用层事件要求改变。

5.8.2 用共享通道实现

如图 5-15 所示网络也可以用一个共享通道,而不是三个独立通道来实现。这将允许所有的节点都可以使用单通道 ANT 器件来实现。这种共享通道方式将会带来功耗的增加(时延也同样增加),并且由于包含了共享地址字段,每个包的最多可用数据将由 8 个字节减少为 6 个字节。

中心接收节点将被设定为共享通道的主机,而其他节点为从机。每个从机将有一个唯一的,两个字节的共享通道地址,该地址只有该从机自身及主机知道。该网络构成的网络拓扑图如图 5-18

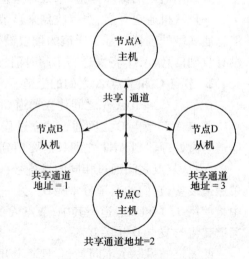

图 5-18 共享通道网络实现范例

第5章 ANT 消息协议详述和使用

所示。

每个节点的通道配置实例如表 5-9 所示。

表 5-9 共享通道的节点配置

节点	参数	值	说 明
节点 B	网络类型	0	默认公共网络
	射频频率	66	默认频率为 2466MHz
	设备号	3	节点 A 的序列号
	传输类型	3	传输类型(两个字节共享地址)
	设备类型	3	节点 A 的设备类型
	通道类型	0x20	共享接收通道
	通道周期	2370	~12Hz 信息率
	数据类型	0x4E	广播
节点 C	网络类型	0	默认公共网络
	射频频率	66	默认频率为 2466MHz
	设备号	3	节点 A 的序列号
	传输类型	3	传输类型(两个字节共享地址)
	设备类型	3	节点 A 的设备类型
	通道类型	0x20	共享接收通道
	通道周期	2370	~12Hz 信息率
	数据类型	0x4F	应答
节点 D	网络类型	0	默认公共网络
	射频频率	66	默认频率为 2466MHz
	设备号	3	节点 A 的序列号
	传输类型	3	传输类型(两个字节共享地址)
	设备类型	3	节点 A 的设备类型
	通道类型	0x20	共享接收通道
	通道周期	2370	~12Hz 信息率
	数据类型	0x4E	广播
节点 A	网络类型	0	默认公共网络
	射频频率	66	默认频率为 2466MHz
	设备号	3	节点 A 的序列号
	传输类型	3	传输类型(两个字节共享地址)
	设备类型	3	节点 A 的设备类型
	通道类型	0x30	共享发射通道
	通道周期	2370	~12Hz 信息率
	数据类型	0x4E	广播

请注意:网络类型,射频频率,设备号,传输类型,设备类型和通道周期由主机控制(节点

A)。所有使用该共享通道的从机必须遵循这些参数。

在独立通道中所有节点对每个发射节点(节点 B，C，D)的通道周期为 4Hz。为保持此应用级上相同的通道周期,共享通道的每个节点需要设置为 12Hz 的通道周期。这是各从节点所需的信息率之和,并允许主机以 4Hz 的频率来服务每个节点。例如,节点 A 可选择从机循环,在第一个通道周期循环访问节点 B,在其后的通道周期依次访问节点 C,节点 D,然后回到节点 B,等等。这就使得各节点每 4Hz 被访问一次。从机将只能在服务的时间上与主机进行通信。

节点 B 和节点 A 之间通道的建立如图 5-19 所示。

图 5-19　共享通道范例

除了通道周期,范例中采用系统默认值,因此,建立通道只需微处理器发送最少限度的配置命令到 ANT。微处理器将发送有上述配置字段设置的 ANT_AssignChannel( )，ANT_SetChannelID( )和 ANT_SetChannelPeriod( )消息。通道号的分配由微处理器设定。由于本例中的所有设备均为单通道设备(如 nRF24AP2-1CH),所以,通道号均为"0";然而还需指出的是,主从之间的匹配与通道号无关。

微处理器用 ANT_OpenChannel( )消息开启通道。最好的做法是确保主机的通道先于任何从机开启(如果从机先开启,而超时时间内若主机未开启,则从机将会关闭通道)。一旦通道开启,主机的微处理器应在每个通道周期内,使用 ANT_SendBroadcastData( )消息向 ANT 提供数据。应用程序应特别注意共享地址字段,确保发送每个信息时共享地址字段的设置相应变化。共享地址字段应在节点节点 B,C 和 D 的地址间循环切换,按 4Hz 的周期为每个节点服务。

在从机一端,一旦通道开启,微处理器将发送带两个字节节点 B 共享地址的单个广播信息给 ANT 引擎。这配置将使 ANT 监听主节点发往从节点 B 的信息。每当 ANT 引擎接收到来自主节点且带从节点 B 共享通道地址的信息时,将会通知从节点的微处理器。对于此应用,从机微处理器将使用 ANT_SendBroadcastData( )消息提供数据给 ANT。每当接收到来自主机且地址正确的信息(4Hz 信息传输速率下),ANT 将反向发送数据。

回到主节点一侧,每收到一个由从节点反向传来带有相应共享地址的信息,ANT 引擎将通知微处理器。在这个特定的网络中,每个从节点将在自己的共享通道地址每次出现时回送一个信息给主节点。

从节点 C 和从节点 D 的配置与从节点 B 的配置类似,如图 5 - 20 所示。

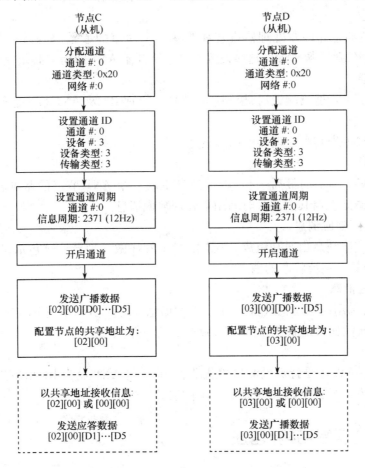

图 5 - 20　从节点 C 和 D 共享通道配置

一个区别是,微处理器发送单个 ANT_SendBroadcastData( )消息,其中开始两个字节的变化相对应于节点 C 和 D 各自的共享地址。每当 ANT 引擎接收到来自主节点且带有节点共享通道地址的信息时,ANT 引擎将通知微处理器。

其他唯一的区别是,节点 C 将使用 ANT_SendAcknowledgedData( )消息来提供数据给 ANT 引擎;然后该数据在收到主节点带有适当地址的信息后反向发送给主节点(如以 4Hz 的信息速率)。

独立通道和共享通道网络,都能作为 ANT 实现网络设计与部署的手段。该实例网络可以利用 ANT 各种高级功能,以及其他更有效的方法实现。一般来说,应用应该根据其需要,选择用最适合的方法来实现。

5.9 附录 A – ANT 消息详述

5.9.1 ANT 消息

包括 ANT 引擎与微处理器间串行接口通信各种消息的摘要见 5.9.3 小节。

1. 配置消息

ANT 的配置消息允许微处理器设置和改变一个通道的参数,如网络,设备类型,传输类型,信息传输速率,射频频率等。这些设置在是系统开始 ANT 通信前必须完成。

2. 控制消息

对 ANT 通道进行适当配置后,控制消息将提供管理 RF 及 ANT 系统运行的方法。

3. 通知

通知允许 ANT 告知微处理器启动的条件。

4. 数据消息

作为建立 ANT 通信的最后一步,数据消息组成一个 ANT 节点的基本输入和输出数据。在典型应用中,微处理器其大部分时间用来处理数据消息。

5. 通道事件/响应消息

通道事件/响应消息由通知组成,数据由 ANT 发往微处理器。这包括发生在通道的射频事件,以及提供 ANT 系统状态的消息。

6. 请求响应消息

微处理器可以用请求消息获得 ANT 引擎的信息。ANT 引擎用一个响应消息来回应请求。以获得 ANT 的属性如通道状态,通道 ID,版本信息等等。

7. 测试模式

ANT 引擎还可以接受特殊的测试模式消息,通过将 ANT 设为 RF 射频连续载波(CW)模式,可让产品开发人员或测试人员验证 ANT 的射频硬件。

5.9.2 ANT 消息结构–备注

在 5.9.3 节表 5 – 10 中的列"自"表示数据流的方向。条目中的"ANT"表示数据流从 ANT⇒Host(微处理器)。条目中的"Host"表示数据流从 Host(微处理器)⇒ANT。在表 5 – 10 中列"响应"表示 ANT 是否发送一个响应消息回应相应的命令。

5.9.3 ANT 消息摘要

ANT 消息摘要见表 5-10 和表 5-11。

表 5-10 ANT 消息摘要（一）

Class	Type	ANT PC Interface Function Refer Section #	回复	自	Len	Msg ID	Data 1	Data 2	Data 3	Data 4	Data 5	Data 6	Data 7	Data 8	Data 9
配置信息	取消指定通道	ANT_UnassignChannel() 9.5.2.1 (p45)	是	MCU	1	0x41	通道号								
	分配通道	ANT_AssignChannel() 9.5.2.2 (p45)	是	MCU	3	0x42	通道号	通道类型	网络号	扩展分配					
	通道 ID	ANT_SetChannelId() 9.5.2.3 (p46)	是	MCU	5	0x51	通道号	设备号	设备类型 ID		传输类型				
	通道周期	ANT_SetChannelPeriod() 9.5.2.4 (p47)	是	MCU	3	0x43	通道号	信息周期							
	搜索超时	ANT_SetChannelSearchTimeout() 9.5.2.5 (p48)	是	MCU	2	0x44	通道号	搜索超时							
	通道射频频率	ANT_SetChannelRFFreq() 9.5.2.6 (p49)	是	MCU	2	0x45	通道号	射频频率							
	设置网络	ANT_SetNetworkKey() 9.5.2.7 (p49)	是	MCU	9	0x46	网络号	Key 0	Key 1	Key 2	Key3	Key 4	Key 5	Key 6	Key 7
	发射功率	ANT_SetTransmitPower() 9.5.2.8 (p50)	是	MCU	2	0x47	0	发射功率							
	ID 新增名单	ANT_AddChannelID() 9.5.2.9 (p50)	是	MCU	6	0x59	通道号	设备号	设备类型 ID	传输类型	列表索引				
	ID 列表配置	ANT_ConfigList() 9.5.2.10 (p51)	是	MCU	3	0x5A	通道号	列表大小	排除						
	通道发射功率	ANT_SetChannelTxPower() 9.5.2.11 (p51)	是	MCU	2	0x60	通道号	发射功率							
	低优先级的搜索超时	ANT_SetLowPriorityChannelSearchTimeout() 9.5.2.12 (p51)	是	MCU	2	0x63	通道号	搜索超时							
	Serial Number Set Channel ID	ANT_SetSerialNumChannelId() 9.5.2.13 (p52)	是	MCU	2	0x65	通道号	设备类型 ID							
	Enable Ext RX Mesgs	ANT_RxExtMesgsEnable() 9.5.2.14 (p53)	是	MCU	3	0x66	0	使能							
	使能 LED	ANT_EnableLED() 9.5.2.15 (p53)	是	MCU	2	0x68	0	使能							
	晶体使能	ANT_CrystalEnable() 9.5.2.16 (p53)	是	MCU	1	0x6D	0								
	频率捷变	ANT_ConfigFrequencyAgility() 9.5.2.17 (p54)	是	MCU	4	0x70	通道号	频率 1	频率 2	频率 3					
	邻近搜索	ANT_SetProximitySearch() 9.5.2.18 (p54)	是	MCU	2	0x71	通道号	搜索阈值							

续表 5-10

Class	Type	ANT PC Interface Function Refer Section #	回复	自	Len	Msg ID	Data 1	Data 2	Data 3	Data 4	Data 5	Data 6	Data 7	Data 8	Data 9
通知信息	Startup Message	→ResponseFunc(-, 0x6F) 9.5.3.1 (p55)	是	ANT	1	0x6F	启动信息								
配置信息	系统复位	ANT_ResetSystem( ) 9.5.4.1 (p55)	否	MCU	1	0x4A	0								
	开放通道	ANT_OpenChannel( ) 9.5.4.2 (p55)	是	MCU	1	0x4B	通道号								
	关闭通道	ANT_CloseChannel( ) 9.5.4.3 (p56)	是	MCU	1	0x4C	通道号								
	开启 RX 扫描模式	ANT_OpenRxScanMode( ) 9.5.4.5 (p56)	是	MCU	1	0x5B	0			设备类型 ID	传输类型				
	请求信息	ANT_RequestMessage( ) 9.5.4.4 (p56)	是	MCU	2	0x4D	通道号	信息 ID							
	睡眠信息	ANT_SleepMessage( ) 9.5.4.6 (p57)	否	MCU	1	0xC5	0								
数据信息	广播数据	→ChannelEventFunc (Chan, EV) 9.5.5.1 (p57)	否	MCU/ANT	9	0x4E	通道号	Data0	Data1	Data2	Data3	Data4	Data5	Data6	Data7
	应答数据	ANT_SendAcknowledgedData( ) →ChannelEventFunc(Chan, EV) 9.5.5.2 (p61)	否	MCU/ANT	9	0x4F	通道号	Data0	Data1	Data2	Data3	Data4	Data5	Data6	Data7
	突发数据	ANT_SendBurstTransferPacket( ) →ChannelEventFunc(Chan, EV) 9.5.5.3 (p65)	否	MCU/ANT	9	0x50	顺序/通道号	Data0	Data1	Data2	Data3	Data4	Data5	Data6	Data7
通道事件信息	通道响应事件	→ChannelEventFunc(Chan, MessageCode) or →ResponseFunc(Chan, MsgID) 9.5.6.1 (p71)		ANT	3	0x40	通道号	信息 ID	信息码						
请求响应信息	通道状态	→ResponseFunc(Chan, 0x52) 9.5.7.1 (p74)		ANT	2	0x52	通道号	通道状态							
	通道 ID	→ResponseFunc(Chan, 0x51) 9.5.7.2 (p75)		ANT	5	0x51	通道号	设备号	设备类型 ID	厂商 ID					
	ANT 版本	→ResponseFunc(-, 0x3E) 9.5.7.3 (p75)		ANT	11	0x3E	Ver0	Ver1	Ver2	Ver3	Ver4	Ver5	Ver6	Ver7	Ver8	Ver9	Ver10
		→ResponseFunc(-, 0x54) 9.5.7.4 (p75)		ANT	6	0x54	最大通道数	最大网络数	标准选项	高级选项	高级选项 2	保留			
	序列号	→ResponseFunc(-, 0x61) 9.5.7.5 (p76)		ANT	4	0x61	序列号								

第 5 章　ANT 消息协议详述和使用

续表 5 - 10

Class	Type	ANT PC Interface Function Refer Section #	回复	自	Len	Msg ID	Data 1	Data 2	Data 3
测试模式	CW Init	ANT_InitCWTestMode( ) 9.5.8.1 (p77)	是	MCU	1	0x53	0		
	CW Test	ANT_SetCWTestMode( ) 9.5.8.2 (p77)	是	MCU	3	0x48	0	发射功率	射频频率

表 5 - 11　ANT 消息摘要（二）

Class	Type	ANT PC Interface Function Refer Section #	回复	自	Len	Msg ID	Data 1	Data 2	Data 3	Data 4	Data 5	Data 6	Data 7	Data 8	Data 9	Data 10	Data 11	Data 12	Data 13
扩展数据信息	扩展广播数据*	ANT_SendExtBroadcastData( ) ?→ChannelEventFunc(Chan, EV) 9.5.9.1 (p78)	否	MCU/ANT	13	0x5D	通道号	设备号	设备类型 ID	传输类型	Data 0	Data 1	Data 2	Data 3	Data 4	Data 5	Data 6	Data 7
	扩展应答数据*	ANT_SendExtAcknowledgedData( )→ChannelEventFunc(Chan, EV) 9.5.9.2 (p79)	否	MCU/ANT	13	0x5E	通道号	设备号	设备类型 ID	传输类型	Data 0	Data 1	Data 2	Data 3	Data 4	Data 5	Data 6	Data 7
	扩展突发数据*	ANT_SendExtBurstTransferPacket( )→ChannelEventFunc(Chan, EV) 9.5.9.3 (p80)	否	MCU/ANT	13	0x5F	顺序/通道号	设备号	设备类型 ID	传输类型	Data 0	Data 1	Data 2	Data 3	Data 4	Data 5	Data 6	Data 7

* 这些都是 AT3 设备所用的传统格式。
* 该功能不支持 nRF24AP1 设备。
* nRF24AP2 的设备仅支持这些消息从 Host→ ANT。对于从 ANT→Host，额外字节附加在标准的广播、应答及突发数据中。

5.9.4 ANT 产品功能

1. 接口

ANT 产品的接口如表 5-12 所示。

表 5-12 ANT 产品接口

类	类型	ANT PC 接口函数	nRF24AP1 和 AP1 模块	ANT11TRx1 芯片组模块	AT3 芯片组和模块	nRF24AP2 和 AP2 模块
配置消息	取消通道	ANT_UnAssignChannel( )	是	是	是	是
	分配通道	ANT_AssignChannel( )	是（3-字节）	是（3字节）	是（3字节）	是*（3或4字节）
	通道 ID	ANT_SetChannelId( )	是	是	是	是
	通道周期	ANT_SetChannelPeriod( )	是	是	是	是
	搜索超时	ANT_SetChannelSearchTimeout( )	是	是	是	是
	通道射频频率	ANT_SetChannelRFFreq( )	是	是	是	是
	设置网络	ANT_SetNetworkKey( )	是	是	是	是
	发射功率	ANT_SetTransmitPower( )	是	是	是	是
	ID 新增列表	ANT_AddChannelID( )	否	否	是	是
	ID 列表配置	ANT_ConfigList( )	否	否	是	是
	通道发射功率	ANT_SetChannelTxPower( )	否	否	是	是
	低优先级搜索超时	ANT_SetLowPriorityChannelSearchTimeout( )	否	否	是	是
	序列号设置通道 ID	ANT_SetSerialNumChannelId( )	否	否	是	否
	使能扩展 RX 消息	ANT_RxExtMesgsEnable( )	否	否	是	是*
	开启 LED	ANT_EnableLED( )	否	否	是	否
	开启晶体	ANT_CrystalEnable( )	否	否	否	是
	频率捷变	ANT_ConfigFrequencyAgility( )	否	否	否	是
	邻近搜索	ANT_SetProximitySearch( )	否	否	否	是
通知	启动消息	->ResponseFunc(-,0xC5)	否	否	否	是
控制消息	系统复位	ANT_ResetSystem( )	是	是	是	是
	开启通道	ANT_OpenChannel( )	是	是	是	是
	关闭通道	ANT_CloseChannel( )	是	是	是	是
	开启 Rx 扫描模式	ANT_OpenRxScanMode( )	否	否	是	是*
	请求消息	ANT_RequestMessage( )	是	是	是	是
	睡眠信息	ANT_Sleep( )	否	否	否	是

第5章 ANT 消息协议详述和使用

续表 5-12

类	类型	ANT PC 接口函数	nRF24AP1 和 AP1 模块	ANT11TRx1 芯片组 模块	AT3 芯片组和 模块	nRF24AP2 和 AP2 模块
数据消息	广播数据	ANT_SendBroadcastData() ->ChannelEventFunc(Chan, EV)	是	是	是	是
	应答数据	ANT_SendAcknowledgedData() ->ChannelEventFunc(Chan, EV)	是	是	是	是
	突发传输数据	ANT_SendBurstTransferPacket() ->ChannelEventFunc(Chan, EV)	是	是	是	是
通道事件消息	响应/事件	->ChannelEventFunc(Chan, MessageCode) 或 ->ResponseFunc(Chan, MsgID);	是	是	是	是*
请求响应消息	通道状态	->ResponseFunc(Chan,0x52)	是	是	是	是
	通道 ID	->ResponseFunc(Chan,0x51)	是	是	是	是
	ANT 版本	->ResponseFunc(-,0x3E)	否	是	是	是
	性能	->ResponseFunc(-,0x54)	是(4字节)	是(4字节)	是(6字节)	是(6字节)
	序列号	->ResponseFunc(-,0x61)	否	否	是	否
测试模式	CW 初始化	ANT_InitCWTestMode()	是	是	是	是
	CW 测试	ANT_SetCWTestMode()	是	是	是	是
扩展数据消息	扩展广播数据	ANT_SendExtBroadcastData() ->ChannelEventFunc(Chan, EV)	否	否	是	是
	扩展应答数据	ANT_SendExtAcknowledgedData() ->ChannelEventFunc(Chan, EV)	否	否	是	是
	扩展突发数据	ANT_SendExtBurstTransferPacket() ->ChannelEventFunc(Chan, EV)	否	否	是	是

2. 事件

ANT 产品的事件如表 5-13 所示。

表 5-13 ANT 产品事件

名称	nRF24AP1 和 AP1 模块	ANT11TRx1 芯片组和模块	AT3 芯片组和模块	nRF24AP2 和 AP2 模块
RESPONSE_NO_ERROR	是	是	是	是
EVENT_RX_SEARCH_TIMEOUT	是	是	是	是
EVENT_RX_FAIL	是	是	是	是
EVENT_TX	是	是	是	是
EVENT_TRANSFER_RX_FAILED	是	是	是	是
EVENT_TRANSFER_TX_COMPLETED	是	是	是	是

续表 5-13

名称	nRF24AP1 和 AP1 模块	ANT11TRx1 芯片组和模块	AT3 芯片组和模块	nRF24AP2 和 AP2 模块
EVENT_TRANSFER_TX_FAILED	是	是	是	是
EVENT_CHANNEL_CLOSED	是	是	是	是
EVENT_RX_FAIL_GO_TO_SEARCH	否	是	是	是
EVENT_CHANNEL_COLLISION	否	是	是	是
EVENT_TRANSFER_TX_START	否	否	是	是
CHANNEL_IN_WRONG_STATE	是	是	是	是
CHANNEL_NOT_OPENED	是	是	是	是
CHANNEL_ID_NOT_SET	是	是	是	是
CLOSE_ALL_CHANNELS	否	否	是	是
TRANSFER_IN_PROGRESS	是	是	是	是
TRANSFER_SEQUENCE_NUMBER_ERROR	是	是	是	是
TRANSFER_IN_ERROR	否	否	是	是
INVALID_MESSAGE	是	是	是	是
INVALID_NETWORK_NUMBER	是	是	是	是
INVALID_LIST_ID	否	否	是	是
INVALID_SCAN_TX_CHANNEL	否	否	是	是
INVALID_PARAMETER_PROVIDED	否	否	否	是
EVENT_QUE_OVERFLOW	否	否	是	是
NVM_FULL_ERROR	否	否	是	是
NVM_WRITE_ERROR	否	否	是	是

5.9.5　ANT 消息详细说明

本节提供关于各个 ANT 消息类型的 ANT 消息和数据字段的详细说明。

1. ANT 常量

常量的变化取决于所选择的 ANT 产品(更多细节见产品数据手册):

1) MAX_CHAN - 所支持的通道数。有效的通道是 0..(MAX_CHAN-1)。

2) MAX_NET - 所支持的网络数。有效的网络是 0..(MAX_NET-1)。

用请求属性消息(ANT_RequestMessage())可以确定具体 ANT 产品的这些值。

2. 配置消息

下面的消息是用于配置一个通道。注意应在一个通道打开前用适当参数完成配置。所有的配置命令将返回一个响应,指示配置成功或失败。因此,采用一个简单的状态机制,当收到一个对应于当前命令的 RESPONSE_NO_ERROR 响应后,继续进行余下的配置,如果发送失败则重新发送。一个简单的超时用来可以防范成功/失败响应没有收到的情况发生。如果出现这种情况,微处理器向 ANT 连续发送 15 个"0",可有效复位 ANT 的接收状态机。

第5章 ANT 消息协议详述和使用

(1) 取消分配通道（0x41），见表 5-14。
BOOL ANT_UnAssignChannel(UCHAR ucChannel）；

表 5-14 取消分配通道

参数	类型	范围	说 明
通道号	UCHAR	0..MAX_CHAN-1	此通道被取消分配

```
// 应用范例
ANT_AssignChannel(0,0x00,0);
.. ANT_UnAssignChannel(0);
```

此消息被发送到模块取消分配一个通道。一个通道在使用分配通道命令重新分配前，必须首先取消指定通道。

(2) 通道分配(0x42)，见表 5-15。
BOOL ANT_AssignChannel(UCHAR ucChannel, UCHAR ucChanne lType, UCHAR ucNetworkNumber,［UCHARucExtend］)；

表 5-15 通道分配

参数	类型	范围	说 明
通道号	UCHAR	0..MAX_CHAN-1	通道号与分配的通道相联系。分配给每个模块通道的通道号必须是唯一的。通道号必须小于该器件所支持的最大通道数
通道类型	UCHAR	按照说明	双向通道： 0x00 - 接收通道 0x10 - 发射通道 单向通道： 0x50 - 单发射通道 0x40 - 单接收通道 共享通道： 0x20 - 共享双向接收频道 0x30 - 共享双向发射频道
网络号	UCHAR	0..MAX_NET-1	指定用于此通道的网络地址。设置为 0 时，使用默认的公共网络。详请参考网络地址章节
扩展分配 ［可选］	UCHAR	按照说明	0x01 - 后台扫描通道开启 0x04 - 频率捷变开启 所有其他值保留

```
// 使用范例
ANT_AssignChannel(0,0x00,0); // 网络号为0,接收通道为0,无扩展分配
或
ANT_AssignChannel(0,0x00,0,0x01); // 网络号为0,后台扫描通道在通道0
```

此消息被发送到 ANT 来分配通道。通道分配保留一个通道号，并分配指定的类型和网络号给该通道。可选的扩展任务字节可允许启用以下功能：频率捷变和后台扫描通道。此通道

分配命令必须在其他通道配置消息以及通道开启之前执行。分配一个通道将使所有其他配置参数设置为默认值。

（3）设置通道 ID（0x51），见表 5-16。

BOOL ANT_SetChannelId(UCHAR ucChannel, USHORT usDeviceNum, UCHAR ucDeviceType, UCHAR

　　ucTransmissionType)；

表 5-16　设置通道 ID

参数	类型	Bit 范围	范围	说　明
通道号	UCHAR	-	0..MAX_CHAN-1	该通道的通道号
设备号	USHORT（little endian）	-	0..65535	设备号。对于从机,使用0时可以匹配任何设备号
设备类型最高位为配对请求	UCHAR（1bit）	7	0..1	配对请求 在主机设置该位以请求配对 在从机设置该位以找到配对的发射机
设备类型 0:6 设备类型	IDUCHAR（7bits）	0-6	0..127	设备类型。对于从机使用0可以匹配任何设备类型
传输类型	UCHAR	-	0..255	传输类型。对于从机使用0可接收任何传输类型

// 应用范例
// Tx 通道
ANT_AssignChannel(0, 0x10, 0)；
　// 等待 RESPONSE_NO_ERROR ANT_SetChannelId(0, 1234, 120, 1)；
/***/
// Rx 通道
ANT_AssignChannel(0, 0x00, 0)；
　// 等待 RESPONSE_NO_ERROR
ANT_SetChannelId(0, 0, 120, 1)；// 设备号为通配符
/***/
// Rx 通道上的配对位
ANT_AssignChannel(0, 0x00, 0)；
　// 等待 RESPONSE_NO_ERROR
ANT_SetChannelId(0, 0, 248, 1)；// 设备号为通配符,设备类型120,配对位开启

　　此信息为指定通道配置通道 ID。在一个网络中每个设备联接的通道 ID 可看作是唯一的。ID 属于主机,主机设置其通道 ID,且 ID 随着其信息一起发送的。从机设置与其希望发现主机相同的通道 ID。这可以通过提供其所希望搜索的设备的确切 ID 来实现,或通过设置 ID 的子域之一（设备编号,设备类型,或传输类型）为通配符来寻找。当使用通配符搜索找到一个匹配时,请求消息命令（通道 ID 在其信息的 ID 字段）可用于返回匹配设备的通道 ID。

　　如果从机设备号设置为 0,它将搜索所有设备类型和传输类型匹配的主机。配对请求位的状态也必须相匹配。这使得产品的设计者可以选择配对的规则。如果设计者希望只有在两

个设备都同意的情况下配对,那么主机和从机将在它们希望配对时同时设置配对位。如果设计者希望任何某一类型的从机与任何某一类型的主机配对,并可在任何时候搜索,那么配对位应始终设置为 0。当完全知道设备号时,配对位将被忽略。如果明确知道要寻找的设备号,那么可以忽略配对。请注意,除了免费的默认网络,传输类型和设备类型 ID 应进行分配和监管,以维护网络的完整性和互操作性。关于现有标准的网络类型或如何获取自己的网络类型标识符,请浏览 www.thisisant.com 获取更多的详细信息。

(4) 通道消息周期(0x43),见表 5 – 17。

BOOL ANT_SetChannelPeriod(UCHAR ucCh annel, USHORT usMessagePeriod);

表 5 – 17 通道信息周期

参数	类型	范围	默认值	说 明
通道号	UCHAR	0..MAX_CHAN – 1	—	通道号的数值
信息周期	USHORT (little endian)	0..65535	8192(4Hz)	通道周期(s) * 32768. 最大的信息周期为 ~2 秒.

```
// 应用范例
ANT_AssignChannel(0, 0x00, 0);      // 在网络 0 上的接收通道
  // 等待 RESPONSE_NO_ERROR
ANT_SetChannelId(0, 0, 120, 123);   // 设备号为通配,配对位关闭
  // 等待 RESPONSE_NO_ERRO R
ANT_SetChannelPeriod(0, 8192);      // 通道周期 4Hz
```

此消息配置一个指定通道的消息周期,其中:

消息周期 = 通道周期时间 ×32768

例如:以 4Hz 来接收或发送消息,设置通道周期为 32768/4 = 8192。

注意:要确定可接受的最小通道周期是困难的,因为其依赖于系统,以及配置和使用的通道数。当使用高数据速率时,应当对系统进行用适当的测试,特别是在多通道组合使用时。通道周期的定义与具体应用要求相一致是非常重要的。一些需要考虑的问题是:

① 一个较小的设备周期将会提高信息速率,同时功耗也会有所增加(见相应 ANT 产品的数据手册)。

② 一个较小的设备周期(较快的信息率)允许较高的广播数据传输率。

③ 一个较小的设备周期(较快的信息率)将会加快设备的搜索操作。

注意:如果不希望接收数据的速度与发射的数据速度同样快,可以选择在较低的速率下接收,这个速率必须是发射速率的整数除数,不能使用非整数因子。例如,如果主机是在 4Hz(8192)发射数据,而从机期望在 1Hz(32768)的速率下接收数据。从机将在 4 个消息中接收其中一个消息。由于有较高的发射速率,这种类型的系统提供了更快的获取/重新获取时间,而在从机端则保持了较低的功耗。当然,由于从机接收的数据消息被跳过,需要考虑到从机端所需的数据更新率。

(5) 通道搜索超时 (0x44),见表 5 – 18。

BOOL ANT_SetChannelSearchTimeout(UCHAR ucChannelNum, UCHAR ucSearchTimeout);

表 5-18 通道搜索超时

参数	类型	范围	默认	说明
通道号	UCHAR	0..MAX_CHAN-1	-	通道号的数值
搜索超时	UCHAR	0..255	Non-AP1：10（25秒）AP1：12（30秒）	搜索超时参数用作本通道接收搜索使用,该参数的每一个单位值为2.5秒。如超时参数240 = 600秒 = 10分钟 0 - 禁用高优先级搜索模式 * 255 - 无搜索超时限制 * * 除了 AP1：0 = 0 * 2.5秒 = 立即超时 255 = 255 * 2.5 ~ 10.5分钟

```
// 应用范例
ANT_AssignChannel(0, 0x00, 0); // 在网络号 0 上的接收通道
  // wait for RESPONSE_NO_ERROR
ANT_SetChannelId(0, 0, 120, 123); // 设备号为通配符,配对位关闭
  // wait for RESPONSE_NO_ERROR
ANT_SetChannelSearchTimeout(0, 24); // 搜索超时 60 秒
```

此消息被发送到模块来配置接收机搜索通道的超时时间。注意值为 0 时将关闭高优先级搜索模式,值为 255 时将无搜索超时限制。例外的情况是 AP1 模块,其只有高优先搜索模式。对于 AP1,值为 0 时为即时搜索超时,值为 255 时对应的时间约为 10.5 分钟。

(6) 通道射频频率 (0x45),见表 5-19。

BOOL ANT_SetChannelRFFreq(UCHAR ucChannel, UCHAR ucRFFreq);

表 5-19 通道射频频率

参数	类型	范围	默认值	说 明
通道号	UCHAR	0..MAX_CHAN-1	-	将未分配的通道。
通道射频频率	UCHAR	0..124	66	通道频率 = 2400 MHz + 通道射频频率数 * 1.0 MHz

```
// 应用范例
ANT_AssignChannel(0, 0x10, 0); // 网络 0 上的发送通道
  // 等待 RESPONSE_NO_ERROR
ANT_SetChannelId(0, 0, 120, 123); // 设备号为通配符,配对位关闭
  // 等待 RESPONSE_NO_ERROR
ANT_SetChannelRFFreq(0, 57); // 射频频率为 2457 MHz
```
此消息被发送到 ANT 来设置射频频率。

由于此射频频道的选择可能影响到在全球不同区域的认证(因为各地使用的射频频道规定可能有所区别),选取默认值的替代值时应十分谨慎。

(7) 设置网络密钥 (0x46),见表 5-20。

BOOL ANT_SetNetworkKey(UCHAR ucNetNumber, UCHAR * pucKey);

第5章 ANT 消息协议详述和使用

表 5-20 设置网络密钥

参数	类型	范围	说　明
网络号	UCHAR	0..MAX_NET-1	网络号的数值
网络密钥 0	UCHAR	0..255	网络密钥字节 0
网络密钥 1	UCHAR	0..255	网络密钥字节 1
网络密钥 2	UCHAR	0..255	网络密钥字节 2
网络密钥 3	UCHAR	0..255	网络密钥字节 3
网络密钥 4	UCHAR	0..255	网络密钥字节 4
网络密钥 5	UCHAR	0..255	网络密钥字节 5
网络密钥 6	UCHAR	0..255	网络密钥字节 6
网络密钥 7	UCHAR	0..255	网络密钥字节 7

```
// 应用范例
UCHAR aucNetworkKey = {0x00,0x01,0x00,0x01,0x00,0x01,0x00,0x01}; // 网络密钥样例

ANT_SetNetworkKey(1, aucNetworkKey); // 分配网络密钥到网络1
    // 等待 RESPONSE_NO_ERROR
ANT_AssignChannel(0,0x00,1); // 在网络1上的接收通道
```

此消息用可用的网络号之一来配置一个网络地址。当使用默认公共网络号时不需要此命令操作。默认的公共网络密钥,已由默认的网络0所分配。对于 nRF24AP1 器件,剩下的网络号未初始化。对于非 AP1 器件,所有余下的网络号默认为公共网络。只有有效的网络密钥可以被 ANT 所接受。注意,如果用设置网络密钥命令(0x46)来发送一个无效的密钥,将会收到 RESPONSE_NO_ERROR,但网络密钥将不会发生改变,而是保留命令发送之前的值。

请注意,网络密钥,传输类型,设备类型 ID 应统一分配和监管,以保持网络的完整性和互操作性,默认的免费网络除外。关于可用的标准网络类型以及如何获取自己专有的网络密钥的详细信息,请访问 www.thisisant.com。

(8) 发射功率(0x47),见表 5-21。

BOOL ANT_SetTransmitPower(UCHAR ucTransmitPower);

表 5-21 发射功率

参数	类型	范围	默认值	说　明
填充符	UCHAR	0	0	必须用 0 填充
发射功率	UCHAR	0..3	3(0dBm)	0 = 发射功率 -20 dBm 1 = 发射功率 -10 dBm 2 = 发射功率 -5 dBm 3 = 发射功率 0 dBm

```
// 应用范例
ANT_SetTransmitPower(2); // 设置射频发射功率为 -5 dBm
```

此消息用来设置所有通道的发射功率。

使用此参数需十分小心。设置发射功率为最高不一定是最合适的解决方案。高的功率会增加电流消耗,影响设备的覆盖范围,并可能影响到射频认证。一个具体实施的实例必须进行测试,以确保满足该产品销售区域的相关法规要求。

(9) 增加通道 ID (0x59),见表 5-22。

BOOL ANT_AddChannelID(UCHAR ucChannel, USHORT usDeviceNum, UCHAR ucDeviceType, UCHARucTransmissionType, UCHAR ucListIndex);

表 5-22 增加通道 ID

参数	类型	Bit 范围	值范围	说明
通道号	UCHAR	—	0..MAX_CHAN-1	通道号数值
设备号	USHORT(little endian)	—	0..65535	设备号数值。不能包括通配符
设备类型 ID	UCHAR (7bits)	0-6	0..127	设备类型,不能包括通配符
传输类型	UCHAR	—	0..255	传输类型,不能包括通配符
列表索引	UCHAR	—	0..3	放置在表中指定通道 ID 的索引

```
// 应用范例
/****************************************************
// Rx 通道
ANT_AssignChannel(0, 0x00, 0);
  // 等待 RESPONS E_NO_ERROR
ANT_SetChannelId(0, 0, 120, 123); // 设备号为通配符

ANT_AddChannelID(0, 145, 120, 123, 0); // 添加 ID 到列表索引 0
ANT_AddChannelID(0, 152, 120, 123, 1); // 添加 ID 到列表索引 1

ANT_ConfigList(0, 2, 0); //配置列表作为一个有两项内容的包含列表
ANT_OpenChannel(0);
```

请注意此消息只在特定设备上可用,是否可用请参阅产品规格书。此消息被发送到模块以在包含/排除列表中添加通道 ID。当使用此列表时,这些 ID 或在通配符搜索中被接纳,或被排除。这些 ID 的使用由以下详细说明的配置列表命令所开启。在列表中最多可放置 4 个 ID。

(10) 配置列表 ID (0x5A),见表 5-23。

BOOL ANT_ConfigList(UCHAR ucChannel, UCHAR ucListSize, UCHAR ucExclude);

表 5-23 配置列表 ID

参数	类型	Bit 范围	范围	说明
通道号 r	UCHAR	—	0..MAX_CHAN-1	通道号的数值
列表大小	UCHAR	—	0-4	包含列表的大小
排除	UCHAR	—	0-1	设置列表为包括(0)或排除(1)

```
// 应用范例
/****************************************************
// Rx 通道
```

第5章 ANT 消息协议详述和使用

续表 5-23

参数	类型	Bit 范围	范围	说 明
ANT_AssignChannel(0, 0x00, 0);				
// 等待 RESPONSE_NO_ERROR				
ANT_SetChannelId(0, 0, 120, 123); //设备号是通配符				
ANT_AddChannelID(0, 145, 120, 123, 0); //添加 ID 到列表索引 0				
ANT_AddChannelID(0, 152, 120, 123, 1); //添加 ID 到列表索引 1				
ANT_ConfigList(0, 2, 0); //配置列表作为一个有两项条目的包含列表				
ANT_OpenChannel(0);				

请注意,此消息只在特定设备上可用,是否可用请参阅产品规格书。此消息被发送到 ANT 以配置包含/排除列表。大小决定列表中哪些 ID 要使用(设置大小为 0 禁用包含/排除列表),排除变量确定设备搜索时 ID 是否会被发现或被忽略。

(11) 设置通道发射功率 (0x60),见表 5-24。

BOOL ANT_SetChannelTxPower(UCHAR ucChannel, UCHAR ucTxPower);

表 5-24 设置通道发射功率

参数	类型	范围	说 明
通道号	UCHAR	0..MAX_CHAN-1	T 通道号的数值
发射功率	UCHAR	0..3	0 = 发射功率 -20 dBm 1 = 发射功率 -10 dBm 2 = 发射功率 -5 dBm 3 = 发射功率 0 dBm
// 应用范例			
ANT_SetChannelTxPower(0, 3); // 设置通道 0 的射频发射功率为 0 dBm			

此消息被发送到模块为指定通道设置发射功率。请注意,此消息只在特定设备上可用,是否可用请参阅产品规格书。使用此参数需十分小心。设置发射功率为最高并不一定是最适合的解决方案。设置高发射功率会增加电流消耗,影响设备的覆盖范围,并可能影响到射频认证。一个具体实施的实例必须进行测试,以确保满足该产品拟销售区域的相关法规要求。

(12) 通道低优先级搜索超时 (0x63),见表 5-25。

BOOL ANT_SetLowPriorityChannelSearchTimeout(UCHAR ucChannelNum, UCHAR ucSearchTimeout);

表 5-25 通道低优光级搜索超时

参数	类型	范围	默认值	说 明
通道号	UCHAR	0..MAX_CHAN-1	—	通道号数值
搜索超时	UCHAR	0..255	2 (5 秒)	搜索超时为本通道接收搜索使用,该参数的每一个单位值为 2.5 秒。 如超时参数 240 = 600 秒 = 10 分钟

续表 5-25

参数	类型	范围	默认值	说明
搜索超时	UCHAR	0..255	2（5秒）	值设为0将设定无低优先级搜索 255的值设定无搜索超时限制

```
// 应用范例
ANT_AssignChannel(0, 0x00, 0); // 在网络号 0 上的接收通道
  // 等待 RESPONSE_NO_ERROR
ANT_SetChannelId(0, 0, 120, 123); // 设备号为通配符,配对位关闭
  // 等待 RESPONSE_NO_ERROR
ANT_SetLowPriorityChannelSearchTimeout(0, 24); // 低优先级搜索超时为60s
```

请注意,此消息只在特定设备上可用,是否可用请参阅产品规格书。在切换到高优先级模式前,接收器将先在低优先级模式搜索,此消息发送到 ANT 配置低优先级模式持续的时间。不同于高优先模式,低优先级搜索将不会中断设备上的其他已开启通道。如果低优先级搜索超时,ANT 模块将切换到高优先模式,直到超时或发现该设备。

(13) 序列号通道 ID (0x65),见表 5-26。

BOOL ANT_SetSerialNumChannelId (UCHAR ucChannel, UCHAR ucDeviceType, UCHAR ucTransmissionType);

表 5-26 序列号通道 ID

参数	类型	范围	默认值	说明
通道数	UCHAR	—	0..MAX_CHAN-1	通道数的数值
配对请求	UCHAR（1bit）	7	0..1	配对请求 在主机设置该位为请求配对 在从机设置该位以找到配对的发射机
设备类型	IDUCHAR（7bits）	0-6	0..127	设备类型。对于从机使用0可匹配任何设备类型
传输类型	UCHAR	—	0..255	传输类型。对于从机使用0可接收任何传输类型

```
// 应用范例
// Tx 通道
ANT_AssignChannel(0, 0x10, 0);
  // 等待 RESPONSE_NO_ERROR ANT_SetSerialNumChannelId(0, 120, 123);
/*********************** ********************/
// Rx 通道
ANT_AssignChannel(0, 0x00, 0);
  // 等待 RESPONSE_NO_ERROR
ANT_SetSerialNumChannelId(0, 120, 123); // 设备号为通配符
/***************************************************/
// Rx 通道上的配对位
ANT_AssignChannel(0, 0x00, 0);
  // 等待 RESPONSE_NO_ERROR
ANT_SetSerialNumChannelId(0, 248, 123); //设备号为通配符,设备类型是120,配对位开启
```

请注意,此消息只在特定设备上可用,是否可用请参阅产品规格书。与通道 ID 命令方式相同,此消息为指定的通道配置通道 ID,只是它使用设备序列号的两个最低有效字节作为设备号。

(14) 开启扩展消息 (0x66),见表 5-27。

BOOL ANT_RxExtMesgsEnable (UCHAR ucEnable);

表 5-27 开启扩展消息

参数	类型	范围	默认值	说明
填充符	UCHAR	0	0	必须用 0 填充
开启	UCHAR	0..1	0	0 - 禁止 1 - 开启

// 应用范例
ANT_RxExtMesgsEnable(1); // 使能扩展 Rx 信息

请注意,此消息只在特定设备上可用,是否可用请参阅产品规格书。此消息被发送到 ANT 来启用或禁用模块上的扩展接收信息。如果支持,当此设置启用时,ANT 将在数据信息中包含通道 ID。

(15) 使能 LED (0x68),见表 5-28。

BOOL ANT_EnableLED(UCHAR ucEnable);

表 5-28 使能 LED

参数	类型	范围	默认值	说明
填充符	UCHAR	0	0	必须用 0 填充
开启	UCHAR	0..1	0	0 - 禁止 1 - 开启

// 应用范例
ANT_EnableLED(1); // 使能 LED

请注意,此消息只在特定设备上可用,是否可用请参阅产品规格书。此消息被发送到 ANT 模块来启用或禁用模块上的发光二极管。当 LED 被使能后,每检测到一次发射或接收事件 LED 会闪烁。

(16) 使能晶体 (0x6D),见表 5-29。

BOOL ANT_CrystalEnable(void);

表 5-29 使能晶体

参数	类型	范围	默认值
开启	UCHAR	0	必须用 0 填充

// 应用范例
ANT_CrystalEnable(0); // 使能外部 32kHz 晶体

请注意,此消息只在特定设备上可用,是否可用请参阅产品规格书。如果期望使用外部

32kHz 晶体输入,每当收到一个使能消息时,此消息必须被发送一次。

在 ANT 工作时,与采用内部时钟源相比,启用一个外部 32kHz 时钟输入作为低功率时钟源,当 ANT 激活时将可节省约 85μA 功耗。

(17) 频率捷变(0x70),见表 5-30。

BOOL ANT_ConfigFrequencyAgility(UCHAR ucChannel, UCHAR ucFrequency1, UCHAR ucFrequency2, UCHAR ucFrequency3);

表 5-30 频率捷变

参数	类型	范围	默认值	说明
通道号	UCHAR	0..MAX_CHAN-1	-	通道号的数值
ucFrequency1	UCHAR	0-124	3	设置 ANT 频率捷变所用的工作频率 1
ucFrequency2	UCHAR	0-124	39	设置 ANT 频率捷变所用的工作频率 2
ucFrequency3	UCHAR	0-124	75	设置 ANT 频率捷变所用的工作频率 3

```
// 应用范例
// Tx 通道
ANT_AssignChannel(0, 0x10, 0 , 0x04); // 扩展分配字节开启频率捷变
  // 等待 RESPONSE_NO_ERROR ANT_ConfigFrequencyAgility (0, 5, 23, 80);
/*****************************************************/
// Rx 通道
ANT_AssignChannel(0, 0x00, 0 , 0x04); // 扩展分配字节开启频率捷变
  // 等待 RESPONSE_NO_ERROR
ANT_ConfigFrequencyAgility(0, 5, 23, 80); //频率必须匹配(按顺序)
/*****************************************************/
```

请注意,此消息只在特定设备上可用,是否可用请参阅产品规格书。此功能为 ANT 频率捷变模式配置三个射频工作频率,并应与 ANT_AssignChannel() 的扩展字节一起使用。不能与共享,或单发射/单接收通道一起使用。

(18) 邻近搜索(0x71),见表 5-31。

BOOL ANT_SetProximitySearch (UCHAR ucChannel, UCHAR ucSearchThreshold);

表 5-31 邻近搜索

参数	类型	范围	默认值	说明
通道号	UCHAR	0..MAX_CHAN-1	-	通道号的数值
ucSearchThreshold	UCHAR	0-10	0	设置接近门槛: 0-禁止 1:10-最接近到最远

```
// 应用范例
// Rx 通道
ANT_SetProximitySearch(0, 0x1); //在最近的周边搜索
```

请注意,此消息只在特定设备上可用,是否可用请参阅产品规格书。这项功能用于开启一

第 5 章　ANT 消息协议详述和使用

次邻近搜索请求。仅有已设置在接近环内的 ANT 设备可以被获取。搜索阈值取决于系统的设计,而与具体距离无关。通常推荐使用搜索阈值为 1 的设置(如 1 环),将产生最小搜索半径,减少连接到错误设备的几率。一旦邻近搜索成功,这个门槛值将被清除,并将禁用邻近搜索选项。如果需要另一个邻近搜索,此命令必须在下一此搜索前再次发送。如果搜索超时,或如果使用后台扫描通道,其邻近阀值保持不变。

3. 通知

启动消息(0x6F),见表 5-32。

ResponseFunc(-, 0x6F)

请注意,此信息只在特定设备上可用,是否具备请参阅产品规格书。每次 ANT 上电或复位时,启动消息返回一个 1 个字节的位字段,该比特组表示发生的复位类型。

表 5-32　启动消息

参数	类型	范围	说明
启动消息	UCHAR	0..255	启动消息的位域如下: 0x00 - POWER_ON_RESET Bit 0 - HARDWARE_RESET_LINE Bit 1 - WATCH_DOG_RESET Bit 5 - COMMAND_RESET Bit 6 - SYNCHRONOUS_RESET Bit 7 - SUSPEND_RESET 其他位保留

4. 控制消息

(1) 复位系统(0x4A),见表 5-33。

BOOL ANT_ResetSystem(void);

表 5-33　复位系统

参数	类型	范围	说明
填充符	UCHAR	0	

此消息被发送到 ANT 模块来复位系统,使其进入已知的低功耗状态。此命令的执行终止所有通道。以前配置的所有信息在系统中可以不再被视为有效。发出一个系统复位命令后,在应用程序发送任何其他命令前,必须等待至少 500ms,以确保 ANT 设备完全复位。对于 AT3 以及新的模块,作为替代,RTS 信号线可以用来监控,只在观察到一个 RTS 信号触发后才发送命令。

(2) 开启通道 (0x4B),见表 5-34。

BOOL ANT_OpenChannel(UCHAR ucChannel);

表 5-34　开启通道

参数	类型	范围	说明
通道号	UCHAR	0..MAX_CHAN-1	所开启的通道号

此消息被发送到模块,开启一个已用之前的章节中介绍的配置消息进行分配和配置的通道。执行此命令将使通道开始工作,然后数据信息或事件将开始在此通道上发布。

(3) 关闭通道(0x4C),见表5-35。
BOOL ANT_CloseChannel(UCHAR ucChannel);

表5-35 关闭通道

参数	类型	范围	说明
通道号	UCHAR	0..MAX_CHAN-1	所关闭的通道号

此消息用以关闭一个之前已经开启的通道。微处理器将首先收到 RESPONSE_NO_ERROR 消息,表明该消息已被 ANT 成功接收。通道实际关闭时将用消息 EVENT_CHANNEL_CLOSED 来指示,微处理器在通道上执行任何其他操作前必须等待此消息。当一个通道被关闭后,其分配的所有相关参数仍然有效。该通道可用打开通道命令随时重新开启。

(4) 请求消息(0x4D),见表5-36。
BOOL ANT_RequestMessage(UCHAR ucChannel, UCHAR ucMessageID);

表5-36 请求消息

参数	类型	范围	说明
通道号	UCHAR	0..MAX_CHAN-1	与信息请求相关的通道号
信息 ID 请求	UCHAR	见9.3章	被请求信息的 ID

// 应用范例
ANT_RequestMessage(0, MESG_CHANNEL_ID_ID); //请求通道 0 的通道 ID
// 响应消息有通道 ID; ANT 将无 RESPONSE_NO_ERROR 发出

此消息被发送到设备,以向该设备请求一个指定的信息。有效的指定信息包括通道状态,通道 ID,ANT 版本,属性。请求这些消息之一将使得 ANT 发送一个相应的响应消息。

(5) 开启 Rx 扫描模式(0x5B),见表5-37。
BOOL ANT_OpenRxScan Mode();

表5-37 开启 Rx 扫描模式

参数	类型	范围	说明
通道号	UCHAR	0	填充字节

// 应用范例
ANT_OpenRxScanMode();

此消息被发送到模块以开启连续扫描模式。应保证该通道之前已被分配及配置为从接收通道。执行此命令将导致通道开始执行连续扫描模式。在此模式下,射频将激活并且完全接收,因此当此节点处于连续扫描模式时,没有其他通道可以工作。此节点将提取任何信息,包括各种周期,以及正在其射频频率上发射及与其通道 ID 相匹配的信息。它可以同时接收来自多个设备的信息也可以有信息等待被发送到(MAX_CHAN-1)个与该扫描设备通信的独立设备,通过将带有对应设备通道 ID 的扩展数据信息在(MAX_CHAN-1)范围内的通道上发送实现。

(6) 睡眠消息 (0xC5),见表 5-38。
BOOL ANT_SleepMessage(void);

表 5-38 睡眠消息

参数	类型	范围	说 明
填充符	UCHAR	0	必须用 0 填充

```
// 应用范例
ANT_SleepMessage(0); // 设 ANT 进入睡眠模式
```

请注意,此消息只在特定设备上可用,是否可用请参阅产品规格书。睡眠命令将使 ANT 进入超低功耗 0.5μA 模式。一旦睡眠命令发出后,ANT 将在进入该模式前等待 1.2ms,届时 SLEEP/(!MSGRDY)线必须置高。ANT 将保持在此睡眠状态,直到 SLEEP/(!MSGRDY)线拉低。退出睡眠模式后,ANT 将执行复位,任何先前的配置信息将会丢失。

5. 数据消息

有三种方法可以在一个通道上发送和接收数据,这些方法介绍如下。

(1) 广播数据 (0x4E),见表 5-39。
BOOL ANT_SendBroadcastData(UCHAR ucChannel, UCHAR * pucBroadcastData); // 发射
或
ChannelEventFunc(Channel, EVENT_RX_BROADCAST) // 接收

在嵌入式平台上,广播消息 MESG_BROADCAST_DATA_ID(0x4E)的处理,与处理接收其他来自 ANT 的消息相同。为了确保适当的信息处理,需要检查消息的长度字段。对于标准的消息包,消息长度为 9。对于扩展标记的信息,由于有附加到数据上的额外信息,信息长度将大于此。

对于 PC 平台,ANT DLL 将产生一个通道事件,与处理其他事件相同。对于标准广播消息该事件为 EVENT_RX_BROADCAST,而 EVENT_RX_FLAG_BROADCAST 为数据消息扩展标记。请注意,标志数据消息必须使用 ANT_RxExtMesgsEnable(0x66)消息使能。

任何应用程序在处理标志消息来获取通道 ID 时,应同时处理余下的扩展消息以确保兼容性(MESG_EXT_BROADCAST_DATA_ID(0x5D)为嵌入式或 EVENT_RX_EXT_BROADCAST 为 PC 应用)。

表 5-39 广播数据

参数	类型	范围	说 明
通道号	UCHAR	0..MAX_CHAN-1	数据来/去所在的通道
Data 0	UCHAR	0..255	第一个数据字节
..			
Data 7	UCHAR	0..255	第八个数据字节
[标志字节]	UCHAR	0x80	指示存在通道 ID 字节
[设备号]	USHORT (little endian)	0..65535	可选的扩展消息字节。仅在标志字节表示其存在时包括

续表 5-39

参数	类型	范围	说明
[设备类型]	UCHAR	0..255	可选的扩展消息字节。仅在标字节表示其存在时包括
[传输类型]	UCHAR	0..255	可选的扩展消息字节。仅在标志字节表示其存在时包括

```
// 应用范例

// 发射机
BOOL ChannelEventFunction(UC HAR ucChannel, UCHAR ucEvent)
{
  switch (ucEvent)
  {
    case EVENT_TX:
    {
      switch (ucChannel)
      {
        case Channel_0:
        {
          ANT_SendBroadcastData(Channel_0, DATA);
          break;
        }
      }
    }
    break;
    }
  }
}
/************************************************/
// 接收机
BOOL ChannelEventFunction(UC HAR ucChann el, UCHAR ucEvent)
{
  switch (ucEvent)
  {
    case EVENT_RX_FLAG_BROADCAST: // 仅用于 PC 平台；嵌入式用 MsgID 0x4E
    {
      UCHAR ucFlag = aucRxBuffer[9]; // 有效载荷后的第一个字节

      if(ucFlag & ANT_EXT_MESG_BITFIELD_DEVIC E_ID)
      {
        //我们刚刚所收到信息的设备通道 ID。
        USHORT usDeviceNumber = aucRxBuffer [10] |( aucRxBuffer [11] < < 8); UCHAR ucDeviceType = aucRxBuffer [12];
        UCHAR ucTransmis sionType = aucRxBuffer [13];
        printf("Chan ID(%d/%d/%d) - ", usDeviceNumber, ucDe viceType, ucTransmissionType);
      }
      // 有意失败
    }
```

续表 5-39

参数	类型	范围	说 明

			`case EVENT_RX_BROADCAST: // 仅用于 PC 应用；嵌入式用 MsgID 0x4E.`
			`{`
			  `switch（ucChannel）`
			  `{`
			    `case Channel_0:`
			    `{`
			      `//处理在通道事件缓冲区中的接收数据`
			      `break;`
			    `}`
			  `}`
			  `break;`
			`}`
			`}`

广播数据是发射器和接收器之间数据移动的默认方法。由于广播数据没有应答机制，因此没有办法知道是否实际接收到。图 5-21 描述了广播信息从主机的微处理器到 ANT，然后再通过射频通道到从机 ANT，再到从机微处理器的前向传输过程，反向时与此类似（从机->主机）。

按照已设置的通道周期，一个主机的 ANT 通道默认发送广播信息给从机。主机微处理器用 ANT_SendBroadcastData( ) 消息将数据发送到 ANT①，ANT①将数据放入缓冲区并在下一个指定的时隙通过 RF 通道发送出去（如通道周期 Tch）。

在下一时隙开始时，ANT 在射频通道②发送信息并向微处理器发布一个 EVENT_TX 通道事件函数③。这 EVENT_TX 消息向微处理器表明 ANT 已经准备好接收新数据。微处理器可以用另一个 ANT_SendBroadcastData④命令继续发送更多数据。一旦从机的 ANT 接收到发射的数据，它将用 ChannelEventFunc(0x4E) 消息⑤通知并发送数据给微处理器。从机可以选择是否在反向回送数据⑥。在图 5-21 所示的情况下，从机没有任何数据反向发送，虚线箭头是用来指示反向，但没有实际的数据发送。在下一个通道周期⑧，该过程将重复：ANT 将其缓冲区内的数据通过射频频道发射出去，主机的微处理器将收到 EVENT_TX 消息，从机的微处理器将收到 ChannelEventFunc(x04E) 消息。然而，从机的微处理器应在通道周期⑦即其将在时隙⑨反向传输数据前，请求数据传输。同样，一个 EVENT_TX ChannelEventFunc①消息将由从机的 ANT 发送给微处理器⑩，从主机的从机来的消息 ChannelEventFunc(0x4E) 将通知其微处理器接收到到广播数据类型的信息⑪。

上述过程描述了信息双向广播工作的基本过程。

注意：

该 EVENT_TX 消息可以用于提示主机的微处理器：ANT 已为下一个数据包做好准备。不同于主机端，它不应该被用来提示从机的 MCU，EVENT_TX 不一定在每个通道周期都会产生。如图 5-21 所示，此处 EVENT_TX 将每二个通道周期产生。另一方面，ChannelEventFunc (0x4E) 在从机的每个通道周期产生，可以用来作为替带。在本节开头的例子中已经展示了主

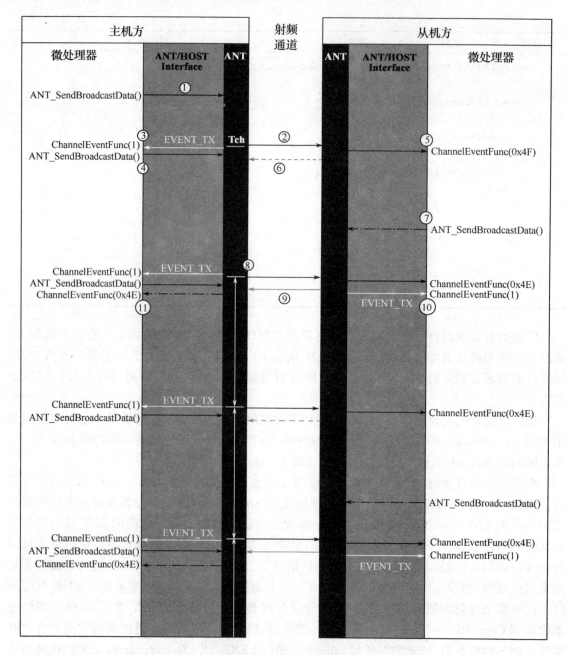

图 5-21 广播数据次序图

机和从机的实现。如果从机在给定的时隙内没有处理接收到的数据包,将产生一个 EVENT_RX_FAIL 作为代替。在一个 EVENT_RX_FAIL 发生时,表明数据没有通过射频频道由从机发送到达主机。如果微处理器不在下一个通道时隙前发送 ANT_SendBroadcastData( ) 消息,在 ANT 缓冲区中的旧数据将被重新发射。主机的微处理器应在每个消息产生时发送新数据。

(2) 应答数据 (0x4F),见表 5-40。

```
BOOL ANT_SendAcknowledgedData( UCHAR ucChannel, UCHAR* pucBroadcastData);  // 发射
或 ChannelEventFunc( Channel, EVENT_RX_ACKNOWLEDGED)  // 接收
```

第 5 章 ANT 消息协议详述和使用

在嵌入式平台上,与处理接收到来自 ANT 的任何其他消息相同,广播的信息用 MESG_ACKNOWLEDGED_DATA_ID(0x4F)处理。为了确保适当的消息处理,需要检查信息长度字段。对于标准的信息包,信息长度为9。对于扩展标记的信息,由于有附加到数据上的额外信息,信息长度将大于此值。

对于 PC 平台,ANT DLL 将产生一个通道事件,可与处理其他事件相同。对于标准广播消息该事件为 EVENT_RX_BROADCAST,而对于标志扩展数据消息该事件为 EVENT_RX_FLAG_BROADCAST。请注意,标志扩展数据消息必须使用 ANT_RxExtMesgsEnable(0x66)消息使能。

任何应用程序在处理标志消息来获取通道 ID 时,应同时处理余下的扩展消息以确保兼容性(嵌入式用 MESG_EXT_BROADCAST_DATA_ID(0x5D)为嵌入式应用或 EVENT_RX_EXT_BROADCAST 为 PC 应用)。

表 5-40 应答数据

参数	类型	范围	说明
通道号	UCHAR	0..MAX_CHAN-1	数据来/去所在的通道
Data 0	UCHAR	0..255	第一个数据字节
..			
Data 7	UCHAR	0..255	第八个数据字节
[标志字节]	UCHAR	0x80	指示存在通道 ID 字节
[设备号]	USHORT (little endian)	0..65535	可选的扩展消息字节。仅在标志字节表示其存在时包括
[设备类型]	UCHAR	0..255	可选的扩展消息字节。仅在标志字节表示其存在时包括
[传输类型]	UCHAR	0..255	可选的扩展消息字节。仅在标志字节表示其存在时包括

```
// 应用范例
// 发射机
BOOL ChannelEventFunction(UCHAR ucChannel, UCHAR ucEvent)
{
  switch (ucEvent)
  {
    case EVENT_TRANSFER_TX_COMPLETED:
    {
      switch (ucChannel)
      {
        case Channel_0:
        {
          ANT_SendAckknowledgedData(Channel_0, DATA);
          break;
        }
      }
      break;
    }
  }
}
```

续表 5-40

参数	类型	范围	说　明

```
/*************************************************/
// 接收机
BOOL ChannelEventFunction( UCHAR ucChannel , UCHAR ucEvent)
{
  switch (ucEvent)
  {
    case EVENT_RX_FLAG_ACKNOWLEDGED : // 仅用于 PC；嵌入式采用 MsgID 0x4E
    {
      UCHAR ucFlag = aucRxBuffer[9] ; // 有效载荷后的第一个字节

      if( ucFlag & ANT_EXT_MESG_BITFIELD_DEVICE_ID)
      {
        //刚刚收到信息所出自设备的通道 ID。
        USHORT usDeviceNumber = aucRxBuffer [10] |( aucRxBuffer [11] << 8);
        UCHAR ucDeviceType = aucRxBuffer [12];
        UCHAR ucTransmissionType = aucRxBuffer [13];

        printf("Chan ID(%d/%d/%d) - ", usDeviceNumber, ucDeviceType, ucTransmissionType);
      }
      // 有意失败
    }
    case EVENT_RX_ACKNOWLEDGED: // 仅用于 PC; 嵌入式用 MsgID 0x4F
    {
      switch (ucChannel)
      {
        case Channel_0:
        {
          //处理在通道事件缓冲区中的接收数据
          break;
        }
      }
      break;
    }
  }
}
```

应答数据信息可用来取代广播数据信息,以确保数据成功传输。应答数据与广播数据在同一传输时隙内发射,但扩展了时隙长度以适应应答需要。应答的数据传输不能来自配置为单发射的通道。

图 5-22 描述了应答信息从主机微处理器到 ANT,再通过射频频道到从机 ANT 及从机的微处理器的传输过程,反过来也是一样。

第 5 章　ANT 消息协议详述和使用

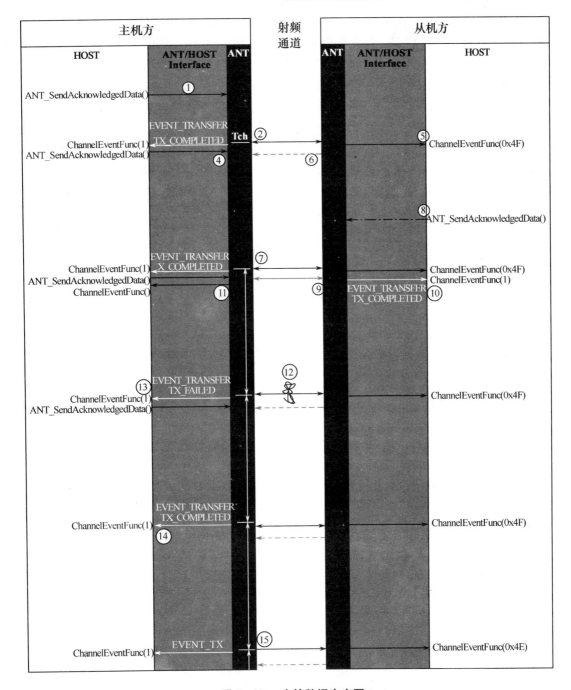

图 5-22　应答数据次序图

与广播信息类似，主机应用程序在用 ANT_SendAcknowledgedData( ) 函数①发送数据载荷到 ANT 时，请求应答数据类型；ANT 将数据放入缓冲区，并将在下一个通道周期②将数据发射出去。与广播方式不同，从机的 ANT 会自动发送一个确认收到的数据应答（该响应对应于小箭头②），如果主机的 ANT 成功地收到此确认，它将会发送一个 EVENT_TRANSFER_TX_COMPLETED 通道事件函数③给微处理器。这样主机的微处理器就可以确认信息已发送成功。与广播和 EVENT_TX 相类似,EVENT_TRANSFER_TX_COMPLETED 可以用来告知微处理器,ANT 可以接收新的数据。微处理器可以用 ANT_SendAcknowledgedData( )命令④发送更多的数据到 ANT。

一旦从机 ANT 接收到发射的数据,它将用 ChannelEventFunc(0x4F)消息⑤通知并发送数据到微处理器。从机可以选择是否反向回送数据⑥。如果从机没有任何数据发送,虚线箭头用来表示没有实际数据发送。

在下一个通道周期⑦,这一过程重复。然而,如果从机的微处理器请求发送⑧应答数据,该数据将在时隙⑨反向发送。主机的 ANT 会自动发送一个应答确认(小箭头⑨),从机的 ANT 收到该确认后,将发送给其微处理器一个 EVENT_ TRANSFER_TX_COMPLETED⑩事件。主机的 ANT 将发送一个 ChannelEventFunc(0x4F)给其微处理器,以通知并发送数据给微处理器⑪。

如果应答信息受到射频干扰⑫而且 ANT 未收到相应的应答,ANT 将发送一个 EVENT_ TRANSFER_TX_FAILED 信息给微处理器⑬。两个原因之一可能导致此发生:接收节点(在本例中为从机)从来没有接收到的数据且没有发送应答;或接收节点(从机)接收到数据并且发送了应答,但没有到达发端(主机)。

注意:

与广播类似,EVENT_TRANSFER_TX_COMPLETED 或 EVENT_TRANSFER_TX_FAILED 可以用来指示主机的微处理器,即 ANT 已就绪可以接收下一个数据包。而且,在从机一端,the ChannelEventFunc(0x4F)函数可以提示微处理器有更多的数据。这些例子的实现如本节开始所示。

如果需要,应用程序可以用 EVENT_TRANSFER_ TX_FAILED 来重发数据。ANT 不会自动重新发送失败的数据。

与广播类似,如果从机的 ANT 未能在指定的通道周期接收到一个信息,产生 EVENT_RX_FAIL 事件。

如果主机的微处理器不准备在下一个时隙发送任何新数据⑭指示丢失的 ANT_SendAcknowledgedData( )命令),则 ANT 将把旧数据作为广播信息重新发送⑮。

(3) 突发数据(0x50),见表 5-41。

```
BOOL ANT_SendBurstTransfer(UCHAR ucChannel, UCHAR* puc Data, USHORT usNumData-Packets ); BOOL ANT_SendBurstTransferPacket (UCHAR ucChannelSeq, UCHAR* pucData); //
```
发射

或

```
ChannelEventFunc (Channel, EVENT_RX_BURST_PACKET) // 接收
```

在嵌入式平台上,广播信息的处理与其他任何接收来自 ANT 的信息相同,通过 MESG_BURST_DATA_ID (0x50)处理。为了确保适当的消息处理,需要检查信息长度字段。对于标准的信息包,信息长度为 9。对于标志扩展信息,包括附加到数据上的额外信息,第一个突发包的信息长度大于 9。后续信息数据包将不包含任何额外的信息,长度将为 9 字节。

对于 PC 平台,ANT DLL 将产生一个通道事件,与处理其他事件相同。对于标准应答信息该事件为 EVENT_RX_BURST,而 EVENT_RX_FLAG_BURST 为标志扩展数据信息。请注意,对于突发信息只有第一个包包含标志及额外的信息,余下的突发包将产生 EVENT_RX_

BURST 事件。请注意标志数据信息必须用 ANT_RxExtMesgsEnable（0x66）信息使能。任何应用程序在处理标志信息来获取通道 ID 时，应同时处理余下的扩展信息以确保兼容性（MESG_EXT_BURST_DATA_ID（0x5F）为嵌入式或 EEVENT_RX_EXT_ BURST PC 应用）。

表 5-41 突发数据

参数	类型	范围	说 明
序列号	UCHAR（Bits 7:5）	如所指定	本字节的高三位用作一个序列号来确保传输的完整性（见下文）
通道号	UCHAR（Bits 4:0）	0..MAX_CHAN-1	低五位代表突发传输所正在进行的通道号
Data 0	UCHAR	0..255	第一个字节
..			
Data 7	UCHAR	0..255	第八个字节
[标志字节]	UCHAR	0x80	指示存在通道 ID 字节 仅包含在第一个突发包
[设备号]	USHORT（little endian）	0..65535	可选的扩展信息字节。仅在标志字节表示其存在时包括。仅包含在第一个突发包
[设备类型]	UCHAR	0..255	可选的扩展信息字节。仅在标志字节表示其存在时包括。仅包含在第一个突发包
[传输类型]	UCHAR	0..255	可选的扩展信息字节。仅在标志字节表示其存在时包括。仅包含在第一个突发包

```
// 应用范例
// 发射机
BOOL ChannelEventFunction( UC HAR ucChannel, UCHAR ucEvent)
{
  switch (ucEvent)
  {
    case EVENT_TRANSFER_TX_COMPLETED:
    {
      switch (ucChannel)
      {
        case Channel_0:
        {
          ANT_SendBurstTransfer (Channel_0, DATA, 4); // 每个包 8 字节，共 32 字节
          break;
        }
      }
      break;
    }
  }
}
/***************************************************/
// 接收机
```

续表 5-41

参数	类型	范围	说 明

```
BOOL ChannelEventFunction(UCHAR ucChannel, UCHAR ucEvent)
{
    switch(ucEvent)
    {
        case EVENT_RX_FLAG_BURST_PACKET: // 仅用于 PC;嵌入式使用 MsgID 0x4E
        {
            UCHAR ucFlag = aucRxBuffer[9]; // 有效载荷后的第一个字节

            if(ucFlag & ANT_EXT_MESG_BITFIELD_DEVICE_ID)
            {
                //刚刚收到信息所出自设备的通道 ID
                USHORT usDeviceNumber = aucRxBuffer[10] |( aucRxBuffer[11] << 8); UCHAR ucDeviceType = aucRxBuffer[12];
                UCHAR ucTransmissionType = aucRxBuffer[13];

                printf("Chan ID(%d/%d/%d) - ", usDeviceNumber, ucDeviceType, ucTransmissionType);
            }
            // 有意失败
        }
        case EVENT_RX_BURST_PACKET: // 仅用于 PC 应用;嵌入式用 MsgID 0x50
        {
            switch(ucChannel)
            {
                case Channel_0:
                {
                    // 处理在通道事件缓冲区中的接收数据,一次一个包效验序列
                    //
                    break;
                }
            }
            break;
        }
    }
}
```

突发数据传输用尽可能快的速率连续发送信息,以进行大数据量的传输。突发传输中的每一个信息包都产生应答,所有丢失的数据包进行最多尝试 5 次,以确保整个数据传输的接收。当一个包第五次尝试失败时,余下的传输操作将退出,ANT 将发送一个错误信息给微处理器。传输从正常时隙的起点开始连续发送多个数据包,扩展的时隙为突发传输时间。图 5-23 描述了突发信息从主机微处理器到 ANT,再通过射频频道到从机 ANT 及从机微处理器的传输过程,反过来也是一样。

在图 5-23 的例子,假定主机的典型工作模式为发送广播数据给从机。如果主机需要发

第 5 章 ANT 消息协议详述和使用

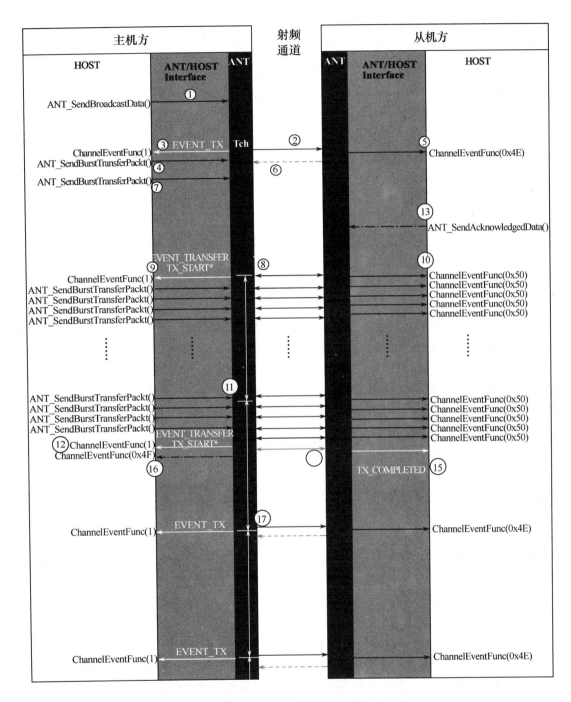

图 5-23 突发传输次序图

送大量数据,主机的微处理器可使用突发数据替代广播或应答数据,以快速连续发送数据包。图 5-23①显示了典型主机微处理器的操作,发送一个广播数据信息,即将在下一个通道周期开始发射②。事件 EVENT_TX③通知微处理器即 ANT 已经准备好接收更多数据,微处理器通过发送一个 ANT_SendBurstTransferPacket( )命令④开启突发传输请求。与此同时,从机的微处理器已发送 ChannelEventFunc(0x4E)⑤,并且在反方向没有数据传输⑥。

一旦突发传输开始发射(如在下一个通道周期),数据包以较高的速率发射。重要的是,微处理器/ANT 接口可以维持最大 20kbps 的速率。为了更有利于传输,在下一个通道周期前将 2 个(或 8 个,取决于具体的 ANT 设备)突发数据包送入 ANT 的缓冲区。图 5 – 23 显示了微处理器用两个 ANT_SendBurstTransferPacket( )消息(4&7)填充 ANT 缓冲区。更多详情请参阅"突发传输"应用指南。

一旦在下一个通道周期开始传输⑧,一个 EV_ENT_TRANSFER_TX_START 消息⑨将发出(注意:仅有部分 ANT 设备适用),表明 ANT 已开始发送数据包并可接受更多数据,用一个 ChannelEvent Func(0x50)消息通知从机的微处理器⑩。另外还可通过硬件的流控制来提示微处理器有新数据到达。在异步通信模式下 RTS 线将会被触发,而在同步模式下 SEN 线将会被触发。注意,ANT 每在 RF 频道上发送一个包将接收到一个应答(由小箭头⑧及其随后的箭头指示)。然而,此应答包将不会转发给微处理器。发送失败的包 ANT 将会自动重发最多 5 次。

突发传输时相互同步是关闭的,且不受通道周期支配。如果一次突发传输足够长,它将覆盖随后的通道时期⑪。一旦突发传输完成后,将用 EVENT_TRANSFER_TX_COMPLETED 事件通知微处理器⑫。与应答数据类型类似,该响应提示主机微处理器向 ANT 发送更多数据,以在下一个通道周期进行新的传输。在本例子中,微处理器没有进行更多的数据发送。如果在突发传输⑬开始前,从机的微处理器已经发出一个发射请求,那么该信息将在突发传输结束后反向发送⑭。在这种情况下,该请求是一个应答消息,从机将收到 EVENT_TRANSFER_TX_COMPLETED 事件(或失败)⑮。主机端的 Ant 将以 ChannelEventFunc(0x4F)信息通知及发送数据到微处理器⑯。如果主机微处理器在接收到该响应函数后没有发送任何新的数据⑫,ANT 将在下一个通道周期默认进入广播⑰。它将重新发送最后的突发数据包(即在其缓冲区中的数据)。

注意:

任何数据包发送失败 5 次后,ANT 将终止突发传输,并用一个 EVENT_TRANSFER_TX_FAILED 消息通知微处理器。如果应用程序要重试,必须重新启动突发传输过程。如果前向突发传输失败(即 EVENT_TRANSFER_TX_FAILED),没有反向数据可在从机发送。从机如有任何数据要发送将需等待下一个通道时期。应当指出,虽然图中例子说明的是主机到从机的突发传输(即前向),但是突发传输同样支持反向传输。一个从机可以在主机的广播,应答或突发传输后进行反向突发传输。

序列号:

通道数域的高 3 位将作为一个序列号,以确保传输的完整性。发射 MCU 必须确保序列号生成正确,以确保 ANT 的突发状态机制正常工作。突发传输第一个包的序列号是%000,发送中每个连续的数据包序列号将递增%001,当到达值%011 时,将滚动回%001。序列号的最高位作为指示突发传输最后一个数据包的标志位。

实例:

通道 = 3

包 #　　通道号

```
% 000      00011 (0x03)
% 001      00011 (0x23)
% 010      00011 (0x43)
% 011      00011 (0x63)
% 001      00011 (0x23)
% 110      00011 (0xC3)     [Last Packet]
```

应当指出,虽然图中例子说明的是主机到从机的突发传输(即前向),但是突发传输同样支持反向传输。一个从机可以在主机的广播,应答或突发传输后进行反向突发传输。

6. 通道响应/事件消息

通道响应/事件消息是从 ANT 设备发往控制器设备的消息,或是对消息的响应,或是在 ANT 设备上产生的 RF 事件。

通道响应/事件 (0x40),见表 5-42 和表 5-43。

ChannelEventFunc (Channel, MessageCode) // MessageID = = 1 或 ResponseFunc (Channel, MessageID) // MessageID ! = 1

响应/事件消息可由消息响应或 RF 射频事件所产生。

表 5-42 通道响应/事件

参数	类型	范围	说明
通道号	UCHAR	0..MAX_CHAN-1	与该事件相关通道的通道号
消息 ID	UCHAR	0..255	被响应的消息 ID。对于一个射频事件设为 1(消息代码的前缀为 EVENT_)
消息代码	Enum	0..255	一个指定的响应或事件的代码

Message Codes * (下面的信息代码在 antdefines.h 中定义)

并非所有的产品均可产生全部消息事件。

表 5-43 通道响应/事件具体代码

名称	值	说明
RESPONSE_NO_ERROR	0	返回一个成功的操作
EVENT_RX_SEARCH_TIMEOUT	1	一个接收通道上搜索超时。搜索终止,该通道被自动关闭。为了重新启动搜索,必须发送开启通道消息
EVENT_RX_FAIL	2	接收通道错过了一个所等待的消息。这种情况发生在一个从机在设定的消息率上跟踪一个主机,并等待一个消息时
EVENT_TX	3	广播消息已发送成功。当节点设为主机时,该事件应被用来为 Ant 设备传输发送下一条消息
EVENT_TRANSFER_RX_FAILED	4	接收传输失败,在一个突发传输消息接收不正确时产生
EVENT_TRANSFER_TX_COMPLETED	5	一个应答的数据消息或者突发传输序过程已成功完成。当发射应答数据信息或突发传输时,没有 EVENT_TX 消息产生
EVENT_TRANSFER_TX_FAILED	6	应答的数据消息或突发传输消息已启动,而传输没有成功完成

续表 5－43

名称	值	说明
EVENT_CHANNEL_CLOSED	7	该通道已成功关闭。当微处理器发送一个消息关闭通道时，它首先接收 RESPONSE_NO_ERROR 表明该消息被 ANT 已成功收到；然而 EVENT_CHANNEL_CLOSED 才是通道关闭的实际指示。因此，微处理器必须使用此事件消息，而不是 RESPONSE_NO_ERROR 消息来让一个通道状态机继续
EVENT_RX_FAIL_GO_TO_SEARCH	8	若丢失太多消息，通道将进入搜索模式
EVENT_CHANNEL_COLLISION	9	两个通道相互漂移和设备上时间的重叠，将导致一个通道被阻塞
EVENT_TRANSFER_TX_START	10	若在突发传输开始后发送，将在突发传输消息被发送到设备后下一个通道周期生效
CHANNEL_IN_WRONG_STATE	21	当对通道状态为无效的通道上执行一个操作时返回
CHANNEL_NOT_OPENED	22	试图在一个未打开的通道上传输数据
CHANNEL_ID_NOT_SET	24	在设置有效 ID 前尝试开启一个通道返回该消息
CLOSE_ALL_CHANNELS	25	当其他通道开启时发送一个 OpenRxScan Mode( ) 命令将返回该消息
TRANSFER_IN_PROGRESS	31	当尝试在发射传输处理中的通道上进行通信时返回该消息
TRANSFER_SEQUENCE_NUMBER_ERROR	32	当一个突发传输的序列号不按顺序时返回该消息
TRANSFER_IN_ERROR	33	当一个突发消息通过序列号检查，但由于其他原因未被发射时返回的消息
INVALID_MESSAGE	40	当消息含有无效参数时返回
INVALID_NETWORK_NUMBER	41	当提供一个无效网络号时返回。如前所述，有效的网络号介于 0 和 MAX_NET－1 之间。
INVALID_LIST_ID	48	当提供的列表 ID 或大小超过限制时返回
INVALID_SCAN_TX_CHANNEL	49	当扫描模式下尝试在 ANT 的通道 0 发射时返回
INVALID_PARAMETER_PROVIDED	51	当请求无效配置命令时返回
EVENT_QUE_OVERFLOW	53	仅在使用同步串行端口时有效。表示由于通过端口读取事件过度延迟，已丢失一个或多个事件
NVM_FULL_ERROR	64	当 SensRcore 模式下的 NVM 满时返回
NVM_WRITE_ERROR	65	SensRcore 模式下写 NVM 失败时返回

// 应用范例
BOOL ANT_ChannelEventFunction(UCHAR ucChannel, UCHAR ucEvent)
{
　switch (ucEvent)
　{
　　case EVENT_RX_BROADCAST：
　　{
　　　switch (ucChannel)
　　　{
　　　　case Channel_0：
　　　　{
　　　　　// 处理 aucChannelEventBuffer 中的数据；
　　　　　break；

续表 5-43

名　称	值	说　明

```
      }
      case Channel_N:
      {
        // 处理 aucChannelEventBuffer 中的数据；
        break;
      }
    }
    break;
  }
  case EVENT_RX_FAIL:
  {
    switch (ucChannel)
    {
      case Channel_0:
      {
        // 数据包丢失
        break;
      }
      case Channel_N:
      {
        // 数据包丢失
        break;
      }
    }
    break;
  }
  case Default:
  {
    //捕捉意外的消息代码
    break;
  }
}
```

7. 请求响应消息

下面消息是对发送到 ANT 请求消息的回应。具体的响应消息取决于请求消息的 ID 参数。ANT PC 库将用如下所示的消息 ID 来调用应用程序的 ANT 响应函数。消息 ID 代码在 antmessage.h 中定义。

（1）通道状态（0x52），见表 5-44。

ResponseFunc（Channel，0x52）

该消息返回指定通道的通道状态信息。

表 5-44 通道状态

参数	类型	范围	说 明
通道号	UCHAR	0..MAX_CHAN-1	通道号的数值
通道状态	UCHAR（Bits 1:0）	0..3	通道的状态 未分配 = 0 已分配 = 1 搜索 = 2 跟踪 = 3
保留	UCHAR（Bits 7:2）	变化	保留

```
// 应用范例
BOOL ANT_ResponseFunction(UCHAR ucChannel, UCHAR ucResponseMesgID)
{
  Switch(ucResponseMesgID)
  {
    case MESG_CHANNEL_STATUS_ID:
    {
      switch(aucResponseBuffer[1])  //通道状态
      {
        case 0:
        {
          // 通道未分配
          break;
        }
        case 1:
        {
          // 通道已分配
          break;
        }
      }
      break;
    }
  }
}
```

（2）通道 ID（0x51），见表 5-45。

ResponseFunc（Channel, 0x51）

表 5-45 通道 ID

参数	类型	范围	说 明
通道号	UCHAR	0..MAX_CHAN-1	通道号的数值
设备号	USHORT(little endian)	0..65535	设备号的数值
设备类型 ID	UCHAR	0..127	设备类型
传输类型	UCHAR	0..255	传输类型

第5章 ANT 消息协议详述和使用

此消息返回指定通道的通道 ID,配对设备时此消息非常有用。当一个从机试图与一个主机配对时,它通常会用通配符设置设备号,设备类型或传输类型中的一个或多个参数。当从机通过成功接收数据找到一个与搜索相匹配的设备,请求消息可用于返回所发现的通道 ID。这个 ID 可以保存以后开启通道及搜索该特定设备时使用。配对的更多细节用法请参考后述章节说明。请注意传输类型和设备类型 ID 的分配和管理,以保证网络的完整性和互操作性,默认的免费网络除外。关于现有的标准网络类型或如何获取自己的网络类型标识符的详情请访问 www.thisisant.com。

(3) ANT 版本(0x3E),见表 5-46。

ResponseFunc (-, 0x3E)

该版本消息返回一个 11 字节的空结尾版本字符串,与 ANT host 接口版本相一致。

表 5-46 ANT 版本

参数	类型	范围	说 明
版本信息	char[11]	1..255	9 字节字符串

请注意,不是所有的 ANT 产品都支持此消息。

(4) 性能 (0x54),见表 5-47。

ResponseFunc (-, 0x54)

此信息返回 ANT 设备的配置,取决于 ANT MCU 嵌入软件和硬件的限制。

表 5-47 ANT 性能

参数	类型	范围	说 明
最大 ANT 通道数	UCHAR	0..MAX_CHAN	返回可使用的通道数
最大网络数	UCHAR	0..MAX_NET-1	返回可使用的网络数量
标准选项	UCHAR	0..255	标准选项的位域编码如下: Bit 0 - CAPABILITIES_NO_RECEIVE_CHANNELS Bit 1 - CAPABILITIES_NO_TRANSMIT_CHANNELS Bit 2 - CAPABILITIES_NO_RECEIVE_MESSAGES Bit 3 - CAPABILITIES_NO_TRANSMIT_MESSAGES Bit 4 - CAPABILITIES_NO_ACKD_MESSAGES Bit 5 - CAPABILITIES_NO_BURST_MESSAGES 其他位保留
高级选项	UCHAR	0..255	高级选项的位域编码如下: Bit 1 - CAPABILLITES_NETWORK_ENABLED Bit 3 - CAPABILITIES_SERIAL_NUMBER_ENABLED Bit 4 - CAPABILITIES_PER_CHANNEL_TX_POWER_ENABLED Bit 5 - CAPABILITIES_LOW_PRIORITY_SEARCH_ENABLED Bit 6 - CAPABILLITES_SCRIPT_ENABLED Bit 7 - CAPABILLITES_SEARCH_LIST_ENABLED 其他位保留

续表 5-47

参数	类型	范围	说 明
高级选项 2 （只在新版本提供）	UCHAR	0..255	高级选项的位域编码： Bit 0 – CAPABILITIES_LED_ENABLED Bit 1 – CAPABILITIES_EXT_MESSAGE_ENABLED Bit 2 – CAPABILITIES_SCAN_MODE_ENABLED Bit 4 – CAPABILITIES_PROX_SEARCH_ENABLED Bit 5 – CAPABILITIES_EXT_ASSIGN_ENABLED 其他位保留
保留	UCHAR	varies	

（5）设备序列号（0x61），见表 5-48。

`ResponseFunc (-, 0x61)`

请注意，此消息只在特定设备上可用，请检查相关产品的数据手册以确认。序列号是 4 字节，低地址低字节，编码为无符号整数。请注意，不是所有的 ANT 产品都支持此消息。

表 5-48 设备序列号

参数	类型	范围	说 明
序列号	char[4]	1..255	4 字节序列号

8. 测试模式

（1）初始化 CW 测试模式（0x53），见表 5-49。

`BOOL ANT_InitCWTestMode(void);`

表 5-49 初始化 CW 测试模式

参数	类型	范围	说 明
填充符	UCHAR	0	

此函数必须在下面 CW 测试模式消息之前调用，将模块初始化为 CW 模式的正确状态。此命令应在复位或系统复位命令后直接执行，不这样做可能会导致不可预知的结果。

（2）CW 测试模式（0x48），见表 5-50。

`BOOL ANT_SetCWTestMode(UCHAR ucTransmitPower, UCHAR ucRFChannel);`

表 5-50 CW 测试模式

参数	类型	范围	说 明
填充符	UCHAR	0	填充符必须为 0
发射功率	UCHAR	0..3	0 = 发射功率 -20 dB 1 = 发射功率 -10 dB 2 = 发射功率 -5 dB 3 = 发射功率 0 dB
通道的射频频率	UCHAR	0..127	通道频率 = 2400 MHz + 通道射频频率数 * 1.0 MHz

第5章 ANT 消息协议详述和使用

续表 5-50

参数	类型	范围	说　明

```
// 应用范例
ANT_InitCWTestMode();
    // 等待 RESPONSE_NO_ERROR
ANT_SetCWTestMode(3,57); // 设置射频发射功率为 0dBm 及载波频率为 2457MHz
```

此消息是用来使射频部分按照指定的发射功率电平和射频频率进入 CW 测试模式。此命令旨在为了满足相关的射频法规要求,而对你所设计产品进行的测试。这将设置 Ant 在指定的功率电平和射频频率上发射未调制的载波。此命令如前所述,应在一个初始化 CW 测试模式(0x53)的命令后直接执行。不这样做可能会导致不可预知的结果。

9. 扩展数据消息

第 5.9.5 小节第 5 部分中描述的每个数据信息函数可以用传统的扩展数据消息格式发送。现在在 nRF24AP2 中支持这些函数作为现有数据消息的标志扩展消息字节。参阅第 5.7.1.1 扩展消息格式。不过,AP2 的 ANT 仍然可以接受下所述的数据消息。

(1) 扩展广播数据 (0x5D),见表 5-51。

```
BOOL ANT_SendExtBroadcastData(UCHAR ucChannel, UCHAR* pucBroadcastData); // 发射
或 ChannelEventFunc (Channel, EVENT_RX_EXT_BROADCAST) // 接收
```

表 5-51　扩展广播数据

参数	类型	范围	说　明
通道号	UCHAR	0..MAX_CHAN-1	数据往/来的通道号
设备号	USHORT	0..65536	设备号
设备类型	UCHAR	0..255	设备类型
传输类型	UCHAR	0..255	传输类型
Data 0	UCHAR	0..255	第一个字节
..			
Data 7	UCHAR	0..255	第八个字节

```
// 应用范例

// 发射机
BOOL ChannelEventFunction( UC HAR ucChannel, UCHAR ucEvent)
{
  switch (ucEvent)
  {
    case EVENT_TX:
    {
      switch (ucChannel)
      {
```

续表 5-51

参数	类型	范围	说明

```
        case Channel_0:
        {
           ANT_SendExtBroadcastData(Channel_0, DATA);
           break;
        }
     }
     break;
   }
}

/***********************************************************/
// 接收机
BOOL ChannelEventFunction(UCHAR ucChannel, UCHAR ucEvent)
{
   switch (ucEvent)
   {
     case EVENT_RX_EXT_BROADCAST: // 仅 PC 应用;嵌入式应用为 MsgID 0x 5D
     {
        switch (ucChannel)
        {
           case Channel_0:
           {
              // 处理在通道事件缓冲区中的接收数据。
              break;
           }
        }
        break;
     }
   }
}
```

除了将通道 ID 追加到数据之前,旧的的扩展广播函数与正常广播方式相同。当使用 RX 扫描模式时,默认使能扩展消息。从机在其对应通道及通道周期上接收数据,产生一个旧的扩展广播数据消息发给微处理器。如果从机不处理在其相应时隙上接收的数据,将产生 EVENT_RX_FAIL 事件。如果你使用的是 ANT 库接口,它将填充数据到你的接收缓冲区,然后发送一个专门的库事件 EVENT_RX_EXT_BROADCAST,让你知道已经收到一个有效扩展广播消息。

(2) 扩展应答数据(0x5E),见表 5-52。

BOOL ANT_SendExtAcknowledgedData(UCHAR ucChannel, UCHAR* pucBroadcastData); // 发射 或 ChannelEventFunc(Channel, EVENT_RX_EXT_ACKNOWLEDGED) // 接收

第5章 ANT 消息协议详述和使用

表5-52 扩展应答数据

参数	类型	范围	说　明
通道号	UCHAR	0..MAX_CHAN-1	数据往/来的通道号
设备号	USHORT	0..65536	设备号
设备类型	UCHAR	0..255	设备类型
传输类型	UCHAR	0..255	传输类型
Data 0	UCHAR	0..255	第一个字节
..			
Data 7	UCHAR	0..255	第八个字节

```
// 应用范例
// 发射机
BOOL ChannelEventFunction(UCHAR ucChannel, UCHAR ucEvent)
{
  switch (ucEvent)
  {
    case EVENT_TRANSFER_TX_COMPLETED:
    {
      switch (ucChannel)
      {
        case Channel_0:
        {
          ANT_SendExtAckknowledgedData(Channel_0, DATA);
          break;
        }
      }
      break;
    }
  }
}

/*****************************************************/
// 接收机
BOOL ChannelEventFunction(UCHAR ucChannel, UCHAR ucEvent)
{
  switch (ucEvent)
  {
    case EVENT_RX_EXT_ACKNOWLEDGED: // 仅PC应用；在嵌入式中使用 MsgID 0x5E
    {
      switch (ucChannel)
      {
        case Channel_0:
        {
          // 处理在通道事件缓冲区中接收的数据
```

续表 5-52

参数	类型	范围	说明

```
                break;
            }
        }
        break;
    }
}
```

除了将通道 ID 追加到数据之前,旧的扩展广播函数与通常广播方式相同。当使用 RX 扫描模式时,默认使能扩展信息。接收来自主机的应答数据后,接收机将产生一个扩展应答数据消息发给从机的微处理器。如果消息接收失败,将产生 EVENT_RX_FAIL 事件。如果你使用的是 ANT 库接口,它将填充数据到你的接收缓冲区,然后发送一个专门的库事件 EVENT_RX_EXT_ACKNOWLEDGED,让你知道已经收到一个有效扩展广播消息。

(3) 扩展突发数据(0x5F),见表 5-53。

```
BOOL ANT_SendExtBurstTransfer(UCHAR ucChannel, UCHAR* pucData, USHORT usNumDataPackets);
// 发射
BOOL ANT_SendExtBurstTransferPacket(UCHAR ucChannelSeq, UCHAR* pucData); // 发射
或 ChannelEventFunc (Channel, EVENT_RX_EXT_BURST_PACKET) // 接收
```

表 5-53 扩展突发数据

参数	类型	范围	说明
序列号	UCHAR(Bits 7:5)	如说明	本字节的高三位用作一个序列号来确保传输的完整性(见下文)
Channel Number	UCHAR(Bits 4:0)	0..MAX_CHAN-1	低五位代表突发传输所正在进行的通道号
Device Num	USHORT	0..65536	设备号
Device Type	UCHAR	0..255	设备类型
Transmission Type	UCHAR	0..255	传输类型
Data 0	UCHAR	0..255	第一个字节
..			
Data 7	UCHAR	0..255	第八个字节

```
// 应用范例
// 发射机
BOOL ChannelEventFunction( UCHAR ucChannel, UCHAR ucEvent )
{
    switch (ucEvent)
    {
```

续表 5-53

参数	类型	范围	说　明

```
      case EVENT_TRANSFER_TX_COMPLETED:
      {
        switch(ucChannel)
        {
          case Channel_0:
          {
            ANT_SendExtBurstData(Channel_0, DATA, 4); // 每个包 8 字节,共 32 字节
            break;
          }
        }
        break;
      }
    }
}

/**********************************************************/
// 接收机
BOOL ChannelEventFunction(UC HAR ucChannel, UCHAR ucEvent)
{
  switch(ucEvent)
  {
    case EVENT_RX_EXT_BURST_PACKET: // 仅用于 PC;嵌入式使用 MsgID 0x5F
    {
      switch(ucChannel)
      {
        case Channel_0:
        {
          // 处理在通道事件缓冲区中的接收数据,一次一个包效验序列
          //
          break;
        }
      }
      break;
    }
  }
}
```

　　除了将通道 ID 追加到数据之前,扩展突发数据函数与正常突发方式相同。当使用 RX 扫描模式时,默认使能扩展信息。收到来自主机的的突发数据,接收机将产生一个扩展的突发数据消息并发送给从机的微处理器。如果突发信息接收时超过了最大重试数,将产生 EVE_NT_TRANSFER_RX_FAIL 事件。

10. PC 功能接口配置

本节中所描述的函数是 ANT PC 库所独有的,用来建立和配置使用 ANT PC 库。这些函数在嵌入式应用中不可使用,在嵌入式应用中直接通过一个串行接口交换信息。

(1) ANT PC 库使用说明。下列说明适用于使用 ANT PC 库。相关的库文件可以在 www.thisisant.com 下载。

① ANT_DLL.dll, DSI_CP210xManufacturing_3_1.dll 和 DSI_SiUSBXp_3_1.dll 必须能够被应用程序访问到,以便于使用 ANT 的 PC 库。换言之,这些文件必须放在与可执行文件相同的目录下,或在 Windows 系统文件夹相同的文件夹下。

② antmessage.h 和 antdefines.h 必须包含在 ANT PC 库所调用的位置。

(2) ANT_Init,见表 5-54。

BOOL ANT_Init(UCHAR ucUSBDeviceNum, USHORT usBaudrate);

表 5-54 ANT 初始化

参数	类型	范围	说 明
ucUSBDeviceNum	UCHAR	0..N-1	连接到模块的 USB 设备号。连接到 PC 模块的 USB 设备号将从 0 开始分配。N 是 USB ANT 设备连接的数量
usBaudrate	USHORT		连接到 ANT 控制器的异步通信波特率。可用的波特率请参看 ANT 控制器规格书

```
// 应用范例
if ( ANT_Init(0, 38400) = = false)
  // 出错信息
    else
// 继续 ANT 初始化
```

调用 ANT_Init 将初始化 ANT 库并连接 ANT 模块。函数如果连接 ANT 模块成功返回 TRUE,否则返回 FALSE。

(3) ANT_Close,见表 5-55。

void ANT_Close(void);

表 5-55 ANT 关闭

参数	类型	范围	说 明
None			

```
// 应用范例
ANT_Close();
```

ANT_Close 关闭 USB 到 ANT 模块的连接。

(4) ANT_AssignResponseFunction,见表 5-56。

void ANT_AssignResponseFunction(RESPONSE_FUNC pfResponse, UCHAR * pucResponseBuffer);

第 5 章　ANT 消息协议详述和使用

表 5 - 56　ANT 应答

参数	类型	说　明
pfResponse	RESPONSE_FUNC	每当收到一个来自模块的反应/事件信息时,该函数的指针将被调用
pucResponseBuffer	UCHAR *	响应/事件消息数据将被写入的缓冲区指针 此缓冲区的大小由 MESG_RESPONSE_EVENT_SIZE 说明

```
// 应用范例
BOOL ANT_ResponseFunction( UCHAR ucChannel, UCHAR ucResponseMesgID); UCHAR aucResponseBuffer[ MESG_RE-
SPONSE_ EVENT_SIZE];
..
ANT_AssignResponseFunction( &ANT_ResponseFunction, aucResponseBuffer);
```

ANT_AssignResponseFunction 设置响应回调函数并返回数据缓冲区。每当从 ANT 收到响应消息时,使用回调函数和数据缓冲区。响应缓冲区必须足够大以容纳一个响应进入,大小由 MESG_RESPONSE_EVENT_SIZE 说明。这个函数必须在调用 ANT_Open 函数后,在调用任何其他 ANT 函数前立即被调用。响应函数必须是一个 C 函数。

5) ANT_AssignChannelEventFunction,见表 5 - 57。

void ANT_AssignChannelEventFunction(UCHAR ucChannel, CHANNEL_EVENT_FUNC pfChannelEvent, UCHAR * pucRxBuffer);

表 5 - 57　ANT 通道事件

参数	类型	说　明
ucChannel	UCHAR	通道号
pfChannelEvent	CHANNEL_EVENT_FUNC	每当此通道上发生事件时该函数的指针将被调用
pucResponseBuffer	UCHAR *	响应/事件消息数据已被写入的缓冲区指针 此缓冲区的大小由 MESG_DATA_SIZE 说明

```
// 应用范例
BOOL ANT_ChannelEventFunction( UCHAR ucChannel, UCHAR ucEvent); UCHAR aucChannelEventBuffer[ MESG_DATA_
SIZE];
.
.
ANT_AssignChannelEventFunction( channel_0, &ANT_ChannelEventFunction, aucChannelEventBuffer);
```

ANT_AssignChannelEventFunction 设置通道事件函数及返回数据的缓冲区。每当在指定的通道上收到来自 ANT 的事件消息时,使用回调函数和数据缓冲区。响应缓冲区必须足够大以容纳一个 MESG_DATA_SIZE 大小的响应。此函数必须在任何其他使用此通道的 ANT 函数前,调用来建立一个指定的通道。该通道事件的回调函数必须是一个 C 函数。每个通道都可以有它自己的事件回调函数,及其唯一的数据缓冲区,按照最适合的应用方式,或者共享,或者任何一种组合。

第 6 章
深入了解 ANT

在 ANT 无线网络中，有许多为了实现及增强其无线网络而提出的概念或功能，有些概念和功能是 ANT 网络所特有的。深入理解这些概念和功能，可以更好地应用和实现 ANT 无线网络，下面对此分别做深入的介绍和探讨。

6.1 ANT 设备配对

所谓设备配对就是从设备获得其所希望与之通信主设备完整通道 ID 的处理过程。这在多用户环境中，以及多个类似主设备在同一区域内时，可能会是一个较为复杂的问题。而一旦设备配对完成，从设备可以存储主设备的通道 ID，以作未来通信会话之用。

为使从设备与特定的主设备进行通信，从设备需要能够区分具有相似特征的其他主设备。从设备可以用有几种不同的方法来确定其所要连接到的主设备。当使用 ANT 配对位提供的新增功能为在多用户环境下进行配对时，对全部或部分通道 ID 的了解提供了第一级配对控制。使用包含/排除列表 * 允许配对过程限制在一组设备中，或者忽略特定的设备。邻近搜索 * 基于主设备和从设备的相对距离，可允许从设备减少搜索。如果有需要，更复杂的配对机制还可以在应用层实现，其中的例子就包括搜索列表的实现。

下面将介绍与 ANT 设备配对相关的概念以及如何实现设备配对。

6.1.1 通道 ID

描述一个 ANT 通道的主要参数之一是它的通道 ID。所有主设备都有一个相关联的通道 ID 以相互区分，并允许一个从设备选择与哪一个主设备相连接。

对于两个建立通信通道的 ANT 节点，他们的通道 ID 必须兼容。通道 ID 通常由主设备设置，通道开启后将随同每条消息发送。为与主设备通信，从设备需要知道其通道 ID 的全部或部分参数。

第一种场景，从设备知道主设备的整个通道 ID，给从设备在配对过程中提供了最好的控制。通过指定完整的通道 ID，从设备将只与通道 ID 完全匹配的 ANT 设备连接。一个常见的例子是主设备和从设备已经预先配对好，也就是初始配置为相同的通道 ID。通常情况下这是

第6章 深入了解 ANT

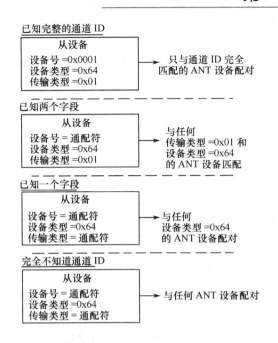

图 6-1 从设备基于对主设备通道 ID 不同了解基础上的配对场景

在产品生产过程中完成的。

在许多实际应用中,从设备可能不知道主设备完整确切的通道 ID 参数,或者被允许连接到一个以上的主设备以增加互操作性。为简便起见,允许在设计时每个节点对通道 ID 进行概略的设置,而在设备配对时使用通配符。因此,在很多情况下,更明智的方法是预先设定通道 ID 的部分参数,而通过配对操作来获得通道 ID 的其他参数。例如,从设备知道它想要连接到设备的设备类型,但不知道其确切的设备号或传输类型。在这种情况下,通过将通道 ID 字段的其余部分填入通配符,从设备可以与设备类型相同的任何主设备相配对。一旦建立通信,从设备可以获取并保存主设备完整的通道 ID 以备未来通信之用。

很明显在图 6-1 中,从设备通过对配对过程的控制可以知道通道 ID 的更多字段,降低了意外连接到一个非期望设备的可能性。大多数实际应用中面临图 6-1 中的后两种情况,即仅知道通道 ID 部分参数的情景。从设备的最终目标是要实现最大程度的控制,即知道主设备完整的通道 ID。了解到主设备完整的通道 ID 后,从设备可以在未来通信中很简单的搜索特定设备。

如果配对过程中通道 ID 的任何字段使用了通配符,ANT 从设备将与找到的第一个相匹配的主设备连接。基于这个原因,当多个具有部分相同的通道 ID 字段主设备位于从设备的范围内时,无法预测从设备将与哪一个主设备相连接。在这种情况下,其他的配对技术可用来确保从设备与正确的主设备相配对。

6.1.2 设备配对位

配对位是设备类型字段的最高位。在通道开启前,设置通道 ID 消息发送时置位。ANT 仅在通道 ID 至少有一个字段包含通配符时检查配对位。换句话说,如果通道 ID 的所有部分都已知,也就没有必要配对,因为从设备已经确切知道需要与哪个主设备连接,因而与配对位无关。当使用配对位并且至少通道 ID 一个字段包含通配符时,两个都希望与对方建立通信的节点在连接过程中配对位的状态必须相同。

图 6-2 说明了一个如何使用配对位的示例。当从设备开启通道,ANT 将在射频上搜索通道 ID 相匹配的发射设备。它将查看两个主设备,但只与主设备 2 建立连接,因其配对位状态与从设备相匹配。

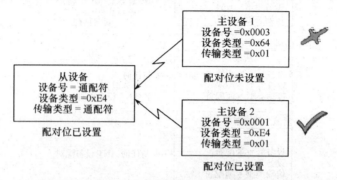

图 6-2　配对位使用场景举例

如果从设备了解主设备完整的通道 ID,配对位不被使用。如图 6-3 所示的描述,如果从设备知道特定设备(如主设备 2)完整的通道 ID,ANT 将只搜索并连接该特定的主设备 2。配对位将被忽略。

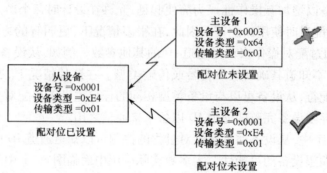

图 6-3　用完整通道 ID 时的设备配对

1. 配对位使用说明

使用配对位,通常在主从设备启动配对过程时需要一个额外的模式。

① 配对位应该只能用在一个特殊的配对模式下,通常由外部用户界面或系统事件触发。

② 当通道开启时,主设备上的配对位可以重新设置。

③ 当主设备上的配对位置位时,设备类型字段上除了配对以外的其他位不得更改。

④ 当成功与主设备建立连接后,ANT 协议将自动复位从设备的配对位。

⑤ 当主设备复位其配对位时,从设备仍将保持与主设备的连接,因为已获得完整的通道 ID。

如果多个主设备同时设置了配对位,从设备将与其搜索到的第一个通道 ID 和配对位状态都匹配的主设备建立通信。再次说明,在这种情况下,无法预测从设备将与哪个主设备连接。

使用配对位时要求主设备和从设备均位于配对模式,这种方法对于人机用户界面有限的设备可能不适合使用。因为进入配对模式需要使用到人机用户界面(如液晶显示屏或 LED 发光管,键盘输入等)来提示操作和状态显示。

6.1.3 包含/排除列表

包含/排除列表仅在某些 ANT 设备上可用(nRF24AP2 系列支持,请参考数据手册上的功能)。该功能允许从设备在配对过程中,指定最多 4 个 ANT 通道 ID 作为包含或排除列表中的选项。当列表配置为包含列表,在进行通配符搜索时,仅列表上的通道 ID 可以被接受。图 6-4 说明了使用包含列表进行配对的范例。

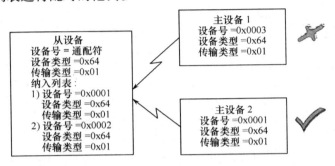

图 6-4 包含列表使用场景举例

从设备的设备号字段配置了一个通配符,所以,一旦通道开启,虽然它可以看到全部主设备,但将仅与主设备 2 连接,因为主设备 2 的通道 ID 存在于列表中。

当该列表设置为排除列表,从设备将不会与列表上的任何设备建立连接。如图 6-5 所示,即使设置了通配符搜索,从设备也不会与主设备 1 连接,因为主设备 1 已经被指定排除在配对过程中。

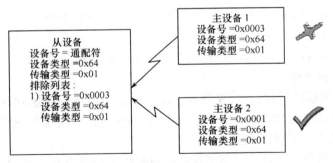

图 6-5 排除列表使用场景举例

1. 包含/排除列表使用说明

为正确实现包含/排除列表,应考虑到以下几个方面的情况。

① 可以为从设备的每个通道单独配置一个列表,可以是包含或排除列表,但不能同时配置。

② 每个列表最多可以包含四个通道 ID。

③ 添加到列表的通道 ID 不能包含任何通配符,必须完整说明。

④ 与配对位相反,如果从设备完全知道主设备的通道 ID,包含/排除列表不会被忽略。

⑤ 包含/排除列表在通道开启时可以配置和修改,但仅在通道搜索时生效。

6.1.4 搜索列表

搜索列表是一种用户可信赖的用以识别其所希望连接设备的先进配对技术。如果在从设备范围内进行通配符搜索时发现有多个主设备匹配,它将显示给用户,询问与哪一个主设备相配对,并由用户通过人机界面对所显示的列表进行选择。这就需要用户知道或猜测出这多个设备的全部或部分通道 ID。

图 6-6 说明了一个使用搜索列表示例场景。从设备和所有主设备都配置了相同的设备类型和传输类型,但是各主设备的设备号是不同的。

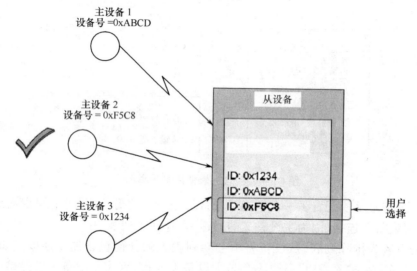

图 6-6 搜索列表使用场景举例

当配对在从设备开始时,它在整个设定时间内搜索所有具有相同匹配设备类型和传输类型的设备。搜索阶段完成后,从设备将显示所有找到的主设备给用户,用户可以从列表中选择所需的设备。如果可选项均非所需设备,用户可以重新启动配对过程。

1. 搜索列表使用说明

搜索列表是应用层的配对技术,寻找多个设备并由用户选择连接到其中一台设备。这个过程不是由 ANT 自动执行,而是由用户通过人机界面来选择。为了在应用层正确实现搜索列表时,应考虑以下几个方面的因素。

① 相关设备的用户必须知道其所将与之配对的设备的通道 ID。这可能需要在生产时,在指定产品中主设备的通道 ID。

② 从设备中使用搜索列表需要进入一个特殊的配对模式,这个模式通常需要由外部的用户界面或系统事件所触发。

③ 在主设备端不需要特别配对模式。

④ 一个从设备可以使用多个 ANT 通道,一个后台扫描通道,或者连续扫描模式以搜寻多个设备。nRF24AP2 系列支持这项功能,但并非所有 ANT 设备都支持这项功能,请参考其数据手册获取相关的性能。

⑤一旦主设备被选中,从设备必须确保只连接到所选择的设备,并关闭配对过程中使用的任何其他通道。

搜索列表提供用户在配对过程中最大程度的控制权,并且不需要主设备有特别的动作。但是,这种方法需要从设备端有较复杂的人机用户界面,来显示和选择可用的主设备。配对过程还会有较大的时延,特别是当用户需要做几次猜测和选择来连接到正确的设备时。包含/排除列表可以包含到搜索列表中,用来微调配对的过程。例如,如果用户选择不正确,用户可以重新启动配对过程,以及将不正确的设备添加到排除列表,使得它不再包含在此后的搜索中。

6.1.5 邻近搜索

一些 ANT 设备如 nRF24AP2 系列有邻近搜索功能(该功能请参考数据手册)。邻近搜索可以通过限制主设备与从设备的相对距离搜索来简化设备配对的过程。邻近搜索指定一个邻近的"环",如图 6-7 所示,允许从设备(如中心的黑白圆点所示)与多个可用主设备中最接近的相配对(黑点)。邻近搜索不需要任何用户交互,适合于拥挤的多用户环境。有关此技术的更多细节请参考的"邻近搜索"有关章节。

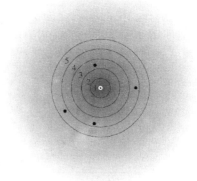

图 6-7 邻近搜索使用实例

6.1.6 请求通道 ID

一旦与特定的主机建立通信,从设备可以使用请求消息命令(0x4D)以获取其通道 ID,只需简单请求通道 ID 消息(0x51)。从 ANT 的响应消息中包含主设备完整的通道 ID,可保存作为将来搜索这一特定设备时使用。

6.1.7 应用实例

一个简单的 ANT 网络传感器(主设备)和显示器(从设备)组成,如图 6-8 所示。主设备的通道参数(传感器)见表 6-1。对从设备的配置取决于配对技术的需要。

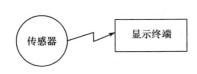

图 6-8 简单的传感器和显示器

表 6-1 主设备通道参数

通道参数	值
网络类型	私有的
通道类型	0x10(主设备)
设备类型	0x64
传输类型	0x01
射频频率	35(2435 MHz)
通道周期	16384(2 Hz)

1. 通配符搜索

在无线传感器网络与其他类似设备所处环境相对独立的应用中,使用简单的通配符搜索更为实用,并可降低系统设计及操作的复杂性。假定设备类型和传输类型是已知的,在每次需要连接时,从设备只需在设备号字段中填入通配符,并简单地执行配对操作即可。由于在当前区域只有一个无线传感器,它将每次都能连接到正确的设备上。一个接收机采用通配符搜索连接到无线传感器的配对过程如图 6-9 所示。

2. 配对位的实现

以下是一个使用配对位来实现配对的例子。首先在主设备端设置配对位,这可以通过按一下按键或在上电时实现。为了建立一个连接,若使用通配符搜索从设备也同样必须设置配对位,或使用主设备准确的通道 ID(如果已知)。此外,从设备必须具有与主设备相一致的通道参数诸如网络密钥,RF 频率,通道周期等。从设备使用配对位配对过程如图 6-10 所示。

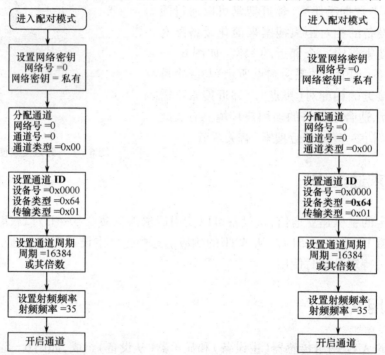

图 6-9　使用通配符搜索连接到一个无线传感器　　图 6-10　使用配对位连接到一个无线传感器

在许多实际案例中,比如一个心率监测器(HRM)与手表的连接,同一产品包装内的手表(显示)和传感器(HRM)都是预先在工厂配对好的。当进行新的配对时(例如,更换传感器),需要用户进行特殊的操作,如插入电池,按下按钮或选择通过用户界面选择设置,这将强制新的传感器和手表设置配对位,并进入配对模式。这将防止手表错误连接到该区域内的其他未配对传感器。

3. 包含/排除列表的实现

从设备采用包含/排除列表配对的过程如图 6-11 所示。在这个特殊的例子中,列表配置为排除列表;当设置排除字段为 0 时,一个包含列表可以用类似的方式进行配置。尽管这个例子是增加一个通道 ID 到排除列表,如果继续使用增加列表 ID 命令,它还可以再存储最多三个通道 ID 到列表,直到所需的列表大小。

4. 搜索列表的实现

一个从设备采用搜索列表配对技术的配对过程,如图 6-12 所示。这个特殊的例子使用设备上的所有可用通道,来寻找在有效范围内的多个主设备。所有通道上都配置了已知的设备类型和传输类型和作为设备号的通配符。在配对阶段,从设备在所有通道上搜索相匹配的主设备,然后从设备将所有获取的主设备指示给用户。当用户选择其中一个主设备并连接时,该主设备的设备号被保存,所有其他通道关闭。当配对过程完成后,从设备将只保持与由用户选定的主设备连接。使用这种方法,可以检测到的主设备的数目取决于可用的 ANT 通道数。根据产品的性能,也可以使用后台扫描通道或连续扫描方式,来获取范围内所有主设备的通道 ID。更详细的说明请参考"ANT 通道搜索"与"连续扫描模式"章节。

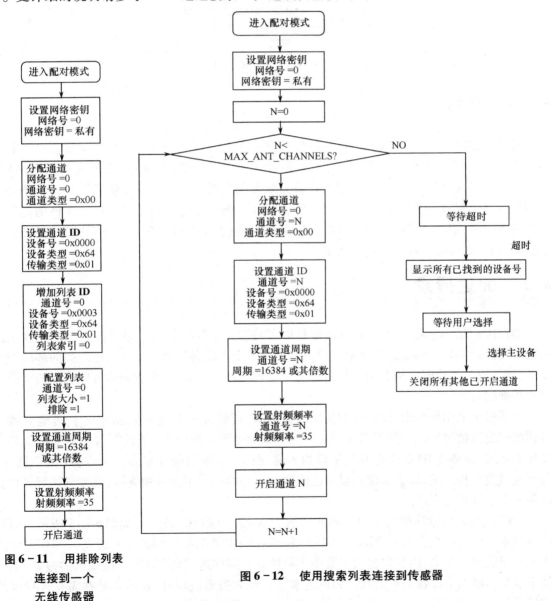

图 6-11　用排除列表连接到一个无线传感器

图 6-12　使用搜索列表连接到传感器

5. 请求通道 ID 的实现

获取主设备通道 ID 的步骤如图 6-13 所示。此步骤可使用先前所描述的任何配对技术。

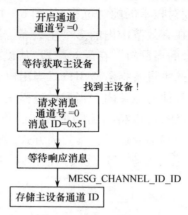

图 6-13　请求通道 ID

6.1.8　小结

通过辨识网络中感兴趣的节点,设备配对使得两个节点正确并可靠建立无线通信。对于一个特定的应用,应该根据以下情况来选择最适合的配对技术:预期的工作环境(单用户或多用户),设备的人机用户界面接口,以及设备需要多久配对一次。本节提供了针对各种产品使用环境下常见配对技术的说明,但并非囊括了所有可能的配对方法。ANT 提供多种功能用以帮助设备配对,诸如通配符搜索,配对位,包含/排除列表和邻近搜索。更复杂的配对机制,例如搜索列表,如有需要可在应用层级实现。

6.2　邻近搜索

邻近搜索是一个高级的功能,该功能扩展了典型设备配对机制。邻近搜索功能允许从设备可以根据距离自己的远近来搜索主设备。当在多个主设备和从设备且密度较高的环境中需要进行配对时,该功能特别有用。只需将两个设备靠近在一起,用邻近搜索可以确保两个设备完成正确配对。

在高密度使用环境中,设备配对使用的通道 ID 若包含一个或多个通配符时,可能导致不可预测的配对情况发生。例如图 6-14,一个从设备(图中黑白点)正试图与一个特定设备类型建立通道,而通道 ID 的所有其他字段均为通配符。如果当前存在多个主设备(图中黑点)与该通道类型相匹配,那么从设备很难准确判断将与哪一个主设备相连接,而将与其所寻找到的第一个主设备建立通道。

ANT 的邻近搜索功能指定"环"的距离从 1(最接近)到 10(最远),如图 6-15 所示。启用邻近搜索并设置一个合适的界限(即"环")将仅在限定界限范围内搜索主设备。"环"1 将产生最有限的搜索结果,因为它提供了最小半径搜索。同样地,"环"10 将产生最远的搜索,但增加了连接到错误主设备的可能性。邻近搜索除了作为搜索应用外,还可在某些需要进行定位的场合得以应用,如人员定位,物品寻找及识别,以及导航等应用。

第6章 深入了解 ANT

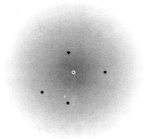
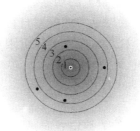

图6-14 标准搜索　　图6-15 邻近搜索说明的界限"环"1到5（最大10）

6.2.1 使能邻近搜索

邻近搜索功能默认为禁用（界限值＝0）。如果需要使用邻近搜索功能，应在开启通道前，用邻近搜索（0x71）命令来使能。该 ANT 命令的更多详请请参考 ANT 消息协议和使用章节。

邻近搜索的界限值设置只对单次搜索一次有效，一旦通道建立后，该界限值将返回默认值（即禁用），唯一例外的情况是：
- 搜索不成功并且超时，界限设置值保持不变。
- 后台扫描通道。界限设置值保持不变。

6.2.2 设计注意事项

因为设备的工作范围主要取决于所处的具体射频环境和系统的设计（如天线设计与天线朝向，器件封装等），在邻近搜索"环"数值和设备距离（或"环"的相对距离）之间没有设置上的相关性。具体使用时应当进行全面的测试，以确定一个合适"环"的界限值来实现成功搜索。

推荐的最可靠方法是设定最初界限值为1。如前所述，即使在最极端情况下，也可以减少连接到不正确的设备上的可能性。在某些具体使用情况下，一个较大的初始搜索半径可能更为合适。例如，当配对手表和心率监测仪（HRM）时，实际上只需要将两个设备靠近（图6-16）即可实现配对。

但是，当配对一个自行车行车电脑和位于后轮上的功率传感器时（图6-17），采用界限值1可能无法保证在"最坏的情况"下配对成功。

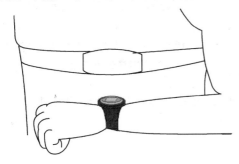

图6-16 手表和心率监测仪配对　　图6-17 自行车行车电脑和功率传感器配对

在这种情况下需要一个较大的初始邻近界限值,在具体的应用实例中应进行清楚说明和完全测试。例如,使用邻近搜索方式配对自行车行车电脑和功率计时,为了获得一个对应到适当范围内进行配对的界限值,应考虑到以下因素进行测试:

① 具体的制造商/电脑型号;

② 具体的制造商/功率计型号;

③ 具体的方向。

用户还应知道配对所需的特定方向,如图 6-18 中所示的手表和心率监视仪(HRM)。改变设备方向可能会影响接近时的读数,导致结果不准确或未能配对成功。

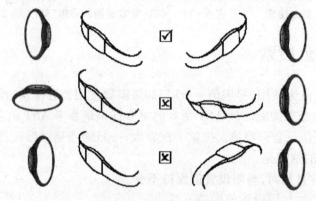

图 6-18　手表和心率监视仪(HRM)配对方向实例

用户还应了解用以避免产生不正确配对的要求和条件,例如应确保与其他类似设备的保持最小安全距离。例如使用自行车行车电脑和功率传感器时,用户应被告知与其他带功率传感器自行车的最小距离,如图 6-19 所示。

由于射频环境的不可预测性,即使进行了最全面的测试,也不要过于期望界限值和准确距离之间的相关性。因此,即使经过严格测试,鉴于无线通信的?不可预知性,距离与界限值的相关性应允许有较大的误差幅度。在设计中应考虑到但不局限于以下影响性能的因素:

① 来自相同/不同厂家的类似设备类型的不同性能(如输出功率);

② 来自同一制造商相同设备的性能变化;

③ 连续/或偶发的干扰;

④ 天线朝向。

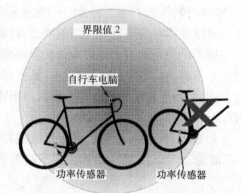

图 6-19　同一范围内存在两个相同传感器时可能导致不正确配对

应尽可能考虑到所有影响到无线链路性能的因素,最好的做法是尽量选择这样一个阈值,使其即便在最极端情况下也可以成功配对。

6.2.3　小结

本节的目的是提供一个邻近搜索功能的说明和设计实施时的考虑。若使用得当,一个邻近搜索将有助于实现在拥挤的使用环境中与相应设备的正确配对。

6.3 ANT 通道搜索和后台扫描通道

ANT 通道搜索功能允许从设备按照设定的搜索条件进行搜索,找到对应的主设备并与之同步。本节介绍 ANT 通道搜索并获取的过程,并介绍可用的搜索模式,以及如何组合这些模式来优化不同的搜索应用场景。讨论涉及通道搜索有关的功耗和时延的考虑。同时也介绍和描述了依赖于 ANT 搜索机制的后台扫描通道类型。

6.3.1 ANT 通道搜索

ANT 通道搜索功能允许 ANT 从设备搜索并获取一个特定预期的主设备。与每个 ANT 通道都有一个相关联并由主设备所定义的的通道 ID,其包含以下参数:设备号,设备类型和传输类型。详情参考 ANT 消息协议和使用章节。一旦主设备的通道开启,它将立即随同数据一起发送其通道 ID。从设备的通道 ID 代表其所希望与之建立通信的主设备,它可以进行配置来搜索特定的主设备,或在任何通道 ID 参数字段中使用通配符("0")来搜索主设备的子集。当从设备通道开启时,它将按照所确定的通道 ID 参数开始搜索主设备。

从设备将持续搜索相匹配的主设备直到搜索成功且寻获主设备,搜寻持续时间到达用户所定义的超时限制。

从设备将与所找到的第一个相匹配的主设备同步。一旦从设备找到一个相匹配的主设备,将以所配置的通道周期(如消息率)进行接收。为了保持通道同步,主设备和从设备的通道周期必须要么相等,要么是对方的倍数。如果从设备的通道周期与主设备的通道周期不相匹配,将会发生消息丢失的情况。当没有收到预期的消息时,从设备将发送 EVENT_RX_FAIL (0x02) 消息到其外部应用微控制器以指示。连续多次丢失消息后,从设备将回到搜索模式。如果消息速率低于 2Hz,当丢失 4 个消息后,从设备将进入搜索模式;当消息率高于 2Hz 时,如果在 2 秒内丢失消息,从设备将会回到搜索模式。当在一个接收通道上搜索超时发生时,从设备将发送 EVENT_RX_SEARCH_TIMEOUT (0x01) 消息到其外部应用微控制器来指示。超时发生后,通道将自动关闭。

6.3.2 通道搜索示例

图 6 - 20 说明一个主设备以通道周期 Tch 进行发射。从设备开启通道后,会立即进入搜索模式。注意,由于降低功耗的考虑,从设备的射频部分是间歇工作而不是连续工作的。这也意味着,在开启通道并开始搜索后,从设备可能无法检测到主设备的第一个发射信号。

一旦收到主设备的发射信号(如图中虚线所圈),从设备将退出搜索模式并进入跟踪模式。在跟踪模式下,从设备将在指定的通道周期即 Tch 上接收。从设备将在每个指定的时隙接收一条来自主设备的消息,并将其传送给其外部应用微处理器,同时用作通道同步。对于一个双向通道,从设备可以选择在每个通道时隙上反向回传数据给主设备,实现双向通信。

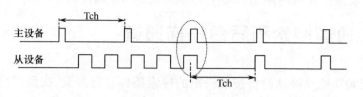

图 6-20　搜索实例

6.3.3　主设备和从设备通道周期间的关系

一旦获取通道以后,通道周期将会影响到设备时延和功耗性能。最佳做法是设定从设备的通道周期等于,或为主设备通道周期的倍数。图 6-21 举例说明从设备的通道周期为:倍数;因子;与主设备的通道周期无关。

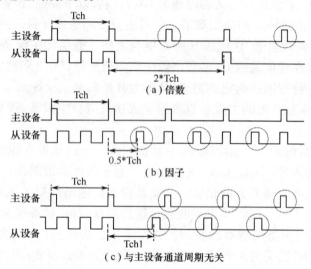

图 6-21　主设备和从设备通道周期的相互关系

图 6-21(a)说明从设备通道周期为主设备倍数时的情况。由于每个时隙均可以接收到一个消息,从设备可以保持同步。降低从设备的消息率可以有效降低从设备的功耗。然而,必须要注意的是,这也将导致丢失传输的数据消息(圆圈部分),仅用于可以容忍数据包丢失和延时增加的应用场合。

图 6-21(b)说明从设备通道周期是主设备的因子时,当从设备期望接收数据(圆圈部分)而主设备没有数据发送,此时从设备上将有 EVENT_RX_FAILs 消息产生。在这种情况下从设备可以保持同步,也可以接收发送的消息;不过这种情况将会浪费从设备的电源,应该避免采用。

另一个应该避免的情况是图 6-21(c),从设备和主设备的通道周期不相等,也不属于彼此的倍数。从设备将尝试在其指定的消息率上同步,结果是产生多个 EVENT_RX_FAILs 事件并丢失消息(圆圈部分)。由于丢失较多消息而使从设备频繁进入搜索模式,不断的寻找主设备使得功耗增加,而且导致数据吞吐量很少或甚至没有。

6.3.4 搜索模式

nRF24AP2 系列设备支持两种搜索模式:低优先级搜索和高优先级搜索。其差别在于获取通道期间,已有通道如何受到影响。低优先级的搜索提供一个搜索主设备而无需中断设备上的其他已开启通道的能力。高优先级搜索,顾名思义,优先级高于该设备上的其他已开启通道,并中断其操作。注意:nRF24AP1 仅支持高优先级搜索。图 6-22 说明了两种搜索模式的差异,在有两个已开启通道的设备上:通道 0 已开启并与另一个设备(未显示)同步,通道 1 在搜索模式。

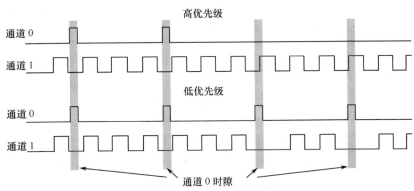

图 6-22 低优先和高优先级搜索模式下的区别

如果通道 1 设置为高优先级(HP)搜索模式,那么通道 0 的时隙和通道 1 的搜索激活时间随时会有重叠,由于通道 1 搜索优先,那么时隙重叠时通道 0 的发射或接收都不会发生。另一方面,如果通道 1 设置为低优先级(LP)搜索模式,那么在时隙重叠时,射频部分将会在通道 0 上发射或接收数据,而不是执行通道 1 上的搜索操作。

1. 搜索操作

当从设备上开启一个 ANT 通道时,会立刻自动启动搜索。ANT 会首先在低优先模式搜索(如果可用*),当超时后才会切换到高优先模式。如果高优先级的搜索也超时,ANT 将发出一个 EVENT_RX_SEARCH_TIMEOUT,并关闭通道,如图 6-23 所示。

图 6-23 低优先和高优先级搜索

低优先级搜索和高优先级搜索的超时设置是独立的,并可以进行调整,以在获取新设备的时延和影响现有通道性能间取得平衡。相应的取舍权衡考虑说明如下两方面。

1) 低优先级搜索

① 搜索主设备时,不干扰现有已开启通道工作。

② 通常情况下时延和功耗与高优先级搜索相同。

③ 不能确保低时延地获取通道,在某些非常少见的情况下可能根本无法搜索成功。

2）高优先级搜索

① 如果通道时隙与搜索重叠,现有已开启通道将被中断。
② 在搜索期间,现有已开启通道上的消息丢失率可能会高达50%。
③ 将能确保低时延搜索到主设备(即非常短的获取时间)。

配置低优先级模式和高优先级模式超时设置,重要的是需考虑到对这些因素的权衡。例如,低优先级的搜索超时应足够长,以使得在低优先级下可以成功获取设备(即不影响现有已开启通道);但是,也应足够短,使搜索能够进入高优先级模式,以确保低时延地获取设备。这两种模式都可根据需要禁用。但是,应注意避免在通道开启后,同时禁用这两个搜索超时,这将立刻导致一个EVENT_RX_SEARCH_TIMEOUT产生(然后关闭通道)。

* 对于nRF24AP1设备,因其没有低优先级搜索模式,当从设备通道开启将立即进入高优先级搜索。

2. 配置搜索超时

搜索模式超时可用以下命令配置：

(1) 低优先级搜索:设置低优先级的搜索超时（0x63）。
(2) 高优先级搜索:设置高优先级的搜索超时(0x44)。

这些命令可用于设置ANT在其相应模式下搜索设备时的最长持续时间(以2.5秒为间隔单位)。例如,默认低优先级搜索的超时值为2,那么切换到高优先级搜索模式前,先在低优先级搜索模式下工作5秒,如图6-24所示。默认高优先级搜索超时值是10,即高优先级搜索超时时间为25秒,超时后ANT将发送EVENT_RX_SEARCH_TIMEOUT消息到外部应用处理器,并关闭通道。

注意nRF24AP1唯一的搜索模式是高优先级搜索,默认的超时值是12(即30秒)。如果期望获得不同于默认值的搜索超时值,则应该在通道开启前进行设置。如图6-24所示。

低优先级和高优先级搜索超时可单独或组合配置,取决于应用的要求。采用高/低优先级搜索组合模式将保证新设备可以较快被发现,同时限制其对现有已开启通道性能所产生的影响。两种搜索模式的超时选择取决于主设备的消息率,对现有已开启通道上数据丢失的容忍度,以及获取新设备可接受的延时。默认的最大/最小超时值分别如表6-2所示。

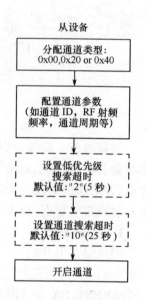

图6-24 配置搜索超时

表6-2 默认及最大/最小超时值

值	高优先级搜索超时/s	低优先级搜索超时/s	nRF24AP1搜索超时/s
默认	25 (0x0A)	5 (0x02)	30 (0x0C)
0x00	0 < 2.5	0 < 2.5	0 < 2.5
0xFF	无限	无限	10.5分钟

表中的高、低优先级搜索的默认值是按照4Hz的消息率来优化的。注意,必须确保至少有一个超时值非零。无限时搜索可以通过设置超时值为255实现,以允许从设备无限时搜索

主设备。但 nRF24AP1 除外,由于其仅有高优先级搜索,超时值设为 255 时,超时限制为 10.5 分钟。

6.3.5 功耗以及时间延迟

从设备在搜索时将比同步状态下的消耗更多电流。在搜索模式下的平均电流消耗一般约为 2 至 3 毫安。搜获所需时间取决于被搜索主设备的消息率。常用消息率下,搜获所用的最长时间见表 6-3。

表 6-3　最坏情况下搜获所用时间

消息率/Hz	最坏情况的搜索时间/s
10	2
4	3
2	7
1	15
0.5	45

没有计算这些数值的数学公式。这些估计值凭经验确定,并假定丢包为零且位于良好的射频环境中。

6.3.6 后台扫描通道

后台扫描通道是一个工作在搜索模式下的特殊通道类型。然而,与获取主设备所不同的是,ANT 将数据传递到外部应用微处理器后继续搜索。使能扩展消息(0x66)命令,可用于允许将主设备通道 ID 连同已接收的数据消息由从设备传递给其外部应用微处理器。如果从设备需要与该主设备建立通信,其外部微处理器的应用程序就可以使用收到的通道 ID 打开和建立另一个通道与特定的设备通信。

顾名思义,后台扫描通道在后台持续搜索,传递任何所接收到的来自工作范围内主设备的消息。从设备的微处理器应用程序可以选择忽略该次传送,或打开和建立一个通道与该主设备通信。请注意,后台扫描通道不会接收任何与该设备已建立通道主设备的消息,这将在下面例子中进一步说明。

1. 后台扫描通道实例

图 6-25 提供了后台扫描通道工作在从设备通道 0 的例子。两个主设备(主设备 1 和主设备 2)分别在其各自的通道周期 T_{ch1} 和 T_{ch2} 上发射。如前所述,搜索算法激活从设备的射频部分间歇工作以降低功耗。因此,从设备可能无法赶上所有的传输。后台扫描通道收到的数据将随主设备的通道 ID 一起传递给外部应用处理器。在这种情况下,在收到主设备 1 的数据和通道 ID 时,从设备用主设备 1 的通道 ID 开启第二个通道,即 ANT 通道 1。从设备将继续搜索,任何在通道 0 新接收到的数据(如从主设备 2 发射的数据)将被传递到外部微处理器。在这种情况下,来自主设备 2 的数据将被忽略,但是如果希望与该主设备通信,可以开启第三个通道。

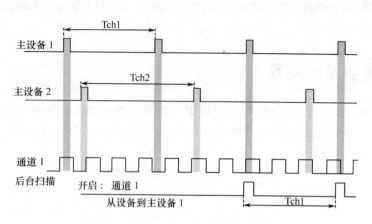

图 6-25 后台扫描通道

当再次接收到从主设备 1 来的数据,通道 1 将与该设备同步。请注意,从设备必须知道通道周期 T_{ch1}。所提供的搜索参数配置为只用低优先级模式,因而通道 0 将仅在通道 1 不激活时进行搜索。换句话说,在时隙重叠时将优先考虑通道 1。因此,通道 0 将永远不会收到通道 1 主设备的数据。不推荐后台扫描通道使用高优先级搜索模式,因为这将影响到设备上所有的已开启通道。

后台扫描通道执行高优先级和低优先级搜索时与前所述搜索完全相同。因此,必须注意它们的定义值。由于这一通道类型是在后台运行,建议禁用高优先级搜索模式(即设置为零)。低优先级的搜索模式根据需要定义。可以采用无限时搜索(0xff)让后台扫描通道一直工作;或采用定时搜索,取决于应用上的需要。对于持续搜索,应确保高优先级搜索模式被禁用。

2. 配置后台扫描通道

配置后台扫描通道的必要步骤如图 6-26 所示。通过设置扩展分配字节为 0x01 来使能后台通道,当发送分配通道命令(0x42)时包括此字节。作为后台扫描通道不能反向发送数据,应被分配为单接收通道类型(0x40)。

通道 ID 也必须设置来定义后台扫描的搜索条件。所有字段都可以是通配符,在这种情况下任何 ANT 主设备的传输都将被传递给外部微处理器的应用程序。通过设置一个或多个通道 ID 字段为特定值,可以对搜索条件进行限制。扩展消息也应使能,这样从设备的应用程序可以将每个接收到的消息与其相对应的主设备相关联。

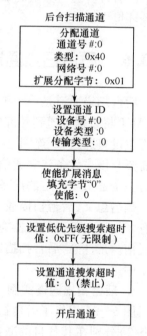

图 6-26 配置后台扫描通道

低优先/高优先级搜索超时还必须进行适当设定。建议禁用高优先级搜索模式,并设置低优先级搜索为所期望的持续时间。在这个例子中,高优先搜索模式被禁止,低优先级搜索模式设置为无超时限制。如果使用了一组超时设置,请记住,在低优先级模式超时后的 0~2.5 秒,一个被禁止的高优先级模式仍有可能中断已开启的通道。最后一步是开启通道。

6.3.7 小结

本节提供了 ANT 通道搜索机制的概述,包括低优先级和高优先级搜索模式,以及用来满足应用要求的两种模式的配置组合。注意,所有的图示仅是对概念进行示意,时间细节未按比例描述。同时也提供了通道获取期间的功耗和时延考虑。与搜索机制相关的后台扫描通道类型也进行了介绍和讨论。

6.4 突发传输

在许多无线应用中常常需要批量传输数据。虽然这种批量传输往往是偶然的,但却比标准工作模式下需要更快的通信速率。ANT 提供了突发传输模式,是高效传输大量数据的理想选择,传输速率显著提高。突发传输的其他优点还包括丢失消息包自动重试,并为串行数据传输提供简单的应用接口。

6.4.1 突发传输说明

通常有两种方法可以提高 ANT 设备的数据吞吐量:提高消息率或采用突发模式。

对于到达/来自 ANT 的连续数据,ANT 突发传输模式通过使用硬件信号代替事件消息来优化串行接口的数据传输效率,其结果是缩短串行过程并获得更快的数据吞吐率。突发传输可认为是分配通道时隙的扩展,并以 300Hz 的突发速率插入附加的发射脉冲。在良好的射频环境下并选用合适的串行接口时,最大的数据吞吐量可达 20Kbps。

下图 6-27 说明了一个主设备在典型模式下以通道周期 T_{ch} 工作,已按低功耗和典型数据吞吐率工作状态进行优化。当主设备需要发送大量数据时,可以通过在突发模式发送数据(b),或通过提高消息率(c)来实现。数据在突发模式发送时,如下图.b 所示,将在每个 T_{burst}(1/burst_rate)周期发送。一旦突发传送完成,主设备将再次以 T_{ch} 周期发射,以维持低功耗工作状态。提高消息率的方法,如图 6-27(c)所示,将得到更高的数据吞吐率,但将会失去低功耗的传输状态,而且其最大数据吞吐率仍会明显低于突发模式下的数据吞吐率。除了具有提高数据吞吐量的优势以外,ANT 突发模式还使用带自动重试的应答消息来确保传输成功,同时与外部应用微处理器接口相当简单。

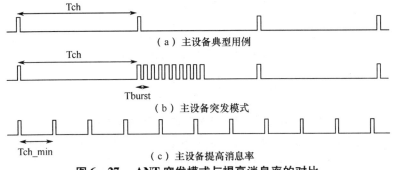

图 6-27 ANT 突发模式与提高消息率的对比

在突发模式下,一个3位的序列号嵌入在每个数据包中,以进一步提高数据完整性和应用层的控制。

6.4.2 数据吞吐率

射频链路质量和串行接口配置是两个影响ANT突发模式数据吞吐率的主要因素。

1. RF链路质量

ANT突发模式丢包自动重发次数最大为预先定义的最大次数,数据吞吐率明显受射频链路质量的影响。换句话说,在恶劣的射频环境下,ANT重试次数越多,数据吞吐率越低。

2. 串行接口设置

外部应用微处理器所能提供新数据到ANT的速率直接影响ANT突发模式下的数据吞吐率。最大数据吞吐量为20kbps。采用字或字节同步方式,以及50000bps以上(576000bps)速率的异步方式时都可以获得这个吞吐率。较低的波特率将导致数据吞吐率少于20kbps。ANT突发模式被设计为工作在19200bps波特率和更高的传输速率。如果使用较低的串行接口速率,其效果将无法满足要求。

6.4.3 串行接口协议

如上所述,ANT突发模式使用流控制信号,以高效地传送外部应用微处理器到ANT的连续数据消息。简单来说,在突发过程中串行接口信号与正常工作时的串行协议非常相似。外部应用微处理器只需知道EVENT_TX(通常是用来发送下一个数据消息)消息不足的情况。

1. 异步模式

在异步模式,突发传输期间从外部应用微处理器到ANT数据的流控制由RTS信号完成。ANT置位RTS信号(逻辑1)以暂停来自外部应用微处理器的消息传输。同样,ANT清除RTS信号(逻辑0)来允许外部应用微处理器发送数据消息。

以下时序图说明异步串行接口下的ANT突发模式信号。图6-28中说明一个完整信息包的传输,包括同步字节(0xA4)、消息长度(ML)、消息ID(ID)、8个字节的数据消息(D0:D7)和效验和(CS)。

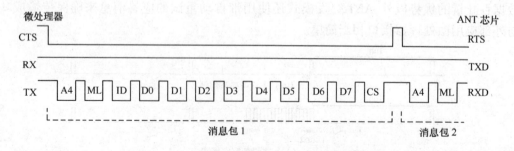

图6-28 异步串行方式时的ANT突发模式信号

为了获得最快的数据吞吐率,外部应用微处理器必须能够尽快响应RTS信号的变化。图6-28中,仅显示了突发传输从外部应用微处理器到ANT的串行过程。对于突发的接收(即

ANT 到外部应用微处理器),数据将在 RX 线上出现。请注意,在这个方向没有数据流控制信号,因此外部应用微处理器必须能够随时接收和处理数据。

2. 同步模式

SEN 信号用于同步(位或字节)串行接口的流控制。该信号有效(逻辑 0)时使能数据消息传送,无效时(逻辑 1)停止任何传送。从外部应用微处理器的角度来看,突发模式下串行接口的工作与通常模式下相同。所不同的是,SEN 信号以突发率(Tburst)而不是消息率(Tch)工作。

图 6-29 说明使用字节同步模式时从外部应用微处理器到 ANT 突发传输的时序图。同样,该图还说明了从同步字节(从外部应用微处理器到 ANT 时是 0xA5)到校验和(CS)完整信息包的传输。如果采用位同步模式来代替,SRDY 将在每个位而不是每个字节输出脉冲。外部应用微处理器必须确保能够对流控制信号的快速响应,以实现最快的数据吞吐率。

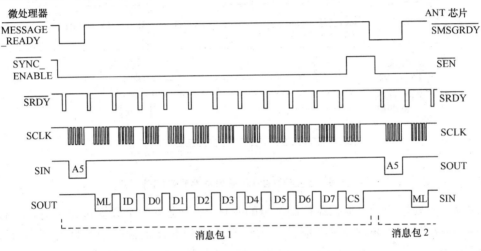

图 6-29 字节同步串行模式时的 ANT 突发模式信号

3. 关于波特率的考虑

如前所述,突发模式时,外部应用微处理器快速提供数据给 ANT 的能力将影响数据吞吐率。换句话说,ANT 只有在外部应用微处理器尽快提供数据后才能将其发射至空中。串行接口的数据传输速度不仅影响数据吞吐率,也会影响到突发模式的成功以及接收设备的电源消耗。

在突发模式,ANT 仅在下一个指定的突发时隙(不是通道时隙)发射新的数据。如果外部应用微处理器没有提交新的数据,ANT 不会重发旧的数据。然而,接收机将继续在下一个突发时隙激活来等待下一个突发包。由于没有数据包被发射,接收机将会记录一个失败的包。这将导致浪费一次重发而可能对传输的失败产生影响,并且由于接收机的射频在工作而浪费电源功耗。后面所述及的发射队列,可以用来应对串口延迟的问题,并有助于减少某些情况下低速串行接口所造成的不利影响。

6.4.4 突发控制技术

当请求突发数据传输时,外部应用微处理器应在下一个通道时隙之前发送信息包到 ANT

的内部缓冲区。举个例子,一个 ANT 节点通常以通道周期 Tch 发送广播消息。如图 6-30 所示,应用程序可以用 EVENT_TX 消息来启动突发传输,并开始发送突发数据包给 ANT。一旦 ANT 的缓冲区满,流控制线将变为逻辑 1。这将提示外部应用微处理器,不能再发送数据给 ANT。

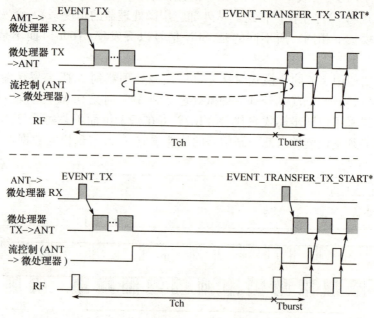

图 6-30　流控制(上)和采用事件消息(下)对比

外部应用微处理器可以监控流控制信号的变化,以确定下一个数据包什么时候可以被发送。一旦"待发",ANT 将保持流控制信号为逻辑 1 直到突发传输开始并且第一个包已在下一通道时隙发送。一旦这个包已在空中发送,ANT 数据缓冲区能够接收更多数据时,ANT 将设置流控制信号提示外部应用微处理器。"待发"ANT 和突发开始(圆圈)之间的时间是相当重要的。

另一种监测流控制信号的方法是使用 EVENT_TRANSFER_TX_START * 消息。该事件消息允许外部应用微处理器准备 ANT 缓冲区,然后继续其他处理。在收到 EVENT_TRANSFER_TX_STAR 消息后,外部应用微处理器可以恢复发送突发数据给 ANT。对于不具备此消息能力的设备而言,监控流控制线信号是唯一可行的方法。ANT 可以准备待发两个突发数据包,除非存在一个传输队列(如下所述)。

* EVENT_TRANSFER_TX_START 消息仅在某些 ANT 设备上可用

6.4.5　传输队列

在某些 ANT 设备上(如 nRF24AP2,请参考相关数据手册),ANT 有内置传输队列,可为每个通道提供最多 9 个数据包(或消息)的缓冲能力。最多发送 8 个数据包时,不会"锁住"串行接口。也就是说,当流控制信号返回到逻辑 0 时,更多的消息(数据或命令)可以从外部应用微处理器发送到 ANT。图 6-31 中虚线上面的时序图,说明在下个通道时隙突发传送前,外部应用微处理器先传送 8 个数据消息到 ANT(M0:M7)。请注意第 8 个消息(M7)之后,流控制线返回到逻辑 0。这将允许外部应用微处理器在突发传输开始前的余下时间里继续与 ANT 通信。

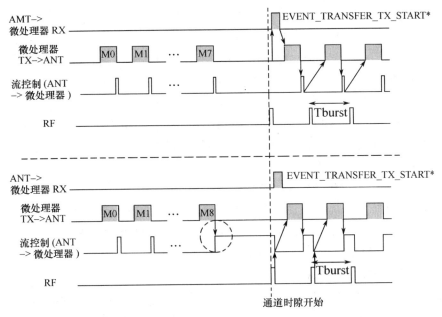

图 6-31　流控制的队列和影响:8 个数据包(上)与 9 个数据包(下)

图中虚线下的时序图显示了 9 个数据包(M0:M8)发送到 ANT 时的情况。流控制在第 9 个消息(圆圈)后保持逻辑 1,防止应用处理器与 ANT 的任何进一步通信,直到突发传送开始且流控制线恢复到逻辑 0。如前所述,应用程序可以通过监视流控制信号或使用 EVENT_TRANSFER_TX_START * 消息来指示突发传送何时开始,以及 ANT 可以接收更多的数据消息。传输队列缓解了低速串行端口所造成的影响,针对数据从外部应用微处理器传输到 ANT 的延迟提供了缓冲区。这是慢速串行接口需要小规模突发传输应用时的理想选择。

6.4.6　事件消息

如 ANT 消息协议和使用说明文档章节所述,一个 RF 事件的产生或回应一个消息,均会导致 ANT 产生一个事件消息并发送至外部应用微处理器。与突发相关的事件消息详述如下。

1. EVENT_TRANSFER_TX_COMPLETED

在已经开始突发传输的节点上,将会产生此消息,表明全部突发消息已成功发送。

2. EVENT_TRANSFER_TX_FAILED

在已经开始突发传输的节点上,将会产生此消息,表明突发传输没有被成功发送。但该消息并未指明在传输消息的哪一点发送失败。建议应重新发送全部突发传输数据包,而不只是发送余下的数据包。尽管先前已经成功传输的数据包也将一起被重新传输,但这远比尝试计算在哪一点传输失败来的简单。此协议的实施需要在应用层实现,并且要求建立通信通道的两个节点协议相一致。确定突发传输中哪个数据包失败是困难的,因为它不只取决于哪条消息是外部应用微处理器准备发送给 ANT 的，而且还取决于有多少其他已经在 ANT 缓冲区里的消息。

3. EVENT_TRANSFER_RX_FAILED

这个消息将在接收突发传输的节点上产生，表明传输接收失败。当突发传输接收不正确，并已达到重试的最大数目时产生该消息。例如，一个 20 个包的突发传输已经开始，15 个包成功接收。第 16 个包发射失败，正在接收节点的 ANT 将用该消息通知外部应用微处理器接收失败。根据不同应用的需要，微处理器可以根据该消息来确定，在下一个突发传输是新的数据，还是尝试重发同一数据，或者只是发送余下的数据。该协议将在应用层实现，并且要求建立通信通道的两个节点协议相一致。建议应重新发送整个突发传输，而不仅仅是发送余下的数据包。这样虽然先前已经成功传输的数据包也将一起被重新传输，但这远比尝试计算在哪一点传输失败来的简单。

4. EVENT_TRANSFER_TX_START *

在已经开始突发传输的节点上，将会产生此消息，表明突发传输已经开始。事实上，当第一个突发消息通过射频通道被发送时，此消息在下一个通道周期被发送。

*并非所有 ANT 设备可用。请参考产品数据手册。

5. TRANSFER_IN_PROGRESS

在已经开始突发传输的节点上将会产生此消息。当外部应用微处理器请求一个突发传输，而当前已经有一个突发(或应答)消息传输在等待或正在进行时产生该消息。不管正在或等待的突发(或应答)传输是否在同一个通道上都将会产生该消息。

6. TRANSFER_SEQUENCE_NUMBER_ERROR

在已经开始突发传输的节点上将会产生此消息。当外部应用微处理器向 ANT 发送一个带序列号但不是预期顺序的包时产生该消息。

7. TRANSFER_IN_ERROR

在已经开始突发传输的节点上将会产生此消息。当突发消息通过了序列号检查，但通道号发生错误时返回该消息。这提示外部应用微处理器，即该次传输是错误的，应该尽快停止。

6.4.7 小结

本节目的是提供一个针对 ANT 突发模式的详细说明，包括其功能、优点和正确的使用方法。

6.5 ANT 多通道应用的设计考虑

目前，许多基于 ANT 的设备没有考虑到对 ANT 的主要特征之一进行充分利用(即单个 ANT 设备可同时支持多通道)。本节是为了解决 ANT 开发者在设计复杂多通道解决方案时需要考虑的重要事项，并讨论多通道系统中可能遇到的潜在问题，以及使用多通道的最佳做法。同时也对多通道的典型使用进行讨论。

6.5.1　ANT 通道概述

要了解 ANT 的多通道，重要的是理解 ANT 的通道概念。ANT 通道是 ANT 的基本构成，是两个设备用以相互通信的机制。在物理层，ANT 只有单个射频部分。而 ANT 通道是一种更高层次的结构，通过 TDMA 方式来共享整个射频部分的带宽。一个 ANT 设备目前可以有多达八个独立通道连接到其他设备。重要的是要认识到 ANT 设备上的无线带宽是共享的。一个 ANT 设备的最大速率大约是 20 kbps（突发）或 200Hz（广播），无论是有 1 个激活通道还是 8 个激活通道，总的最高速率均保持不变。

在某些应用中适合使用单 ANT 通道，但有时采取 ANT 多通道可提高性能。在某些情况下，设计时采用增加通道的做法可减少物理设备的数量。使用多通道的另一个好处是，一个设备可只作为主机或从机，成为可以既是主机又是从机，发送和接收多种数据类型同时进行。多通道可使开发人员使用 ANT 的更多先进功能，例如可以拥有一个"专用"于新设备搜索的通道。

一些多通道典型应用的例子已经在 ANT 实际应用中采用，如下所列。

（1）显示/收集设备：这些设备是为了接收和显示多个来源的数据。例如，一只 ANT + 功能的手表同时接收几种信号，来自心率带的心跳数据，以及来自步速计的速度和节奏数据。不同的通道用于收听不同的设备。

（2）多功能传感器：一些传感器如自行车功率传感器，需要先收听来自其他传感器的数据，然后将合并的数据发送给主设备。

（3）中继设备：一些 ANT 设备用于将来自某一位置的信息转发到另一个位置。他们将可能会在多个通道上收听信息，然后在一个独立的发射通道上发送。

（4）先进的网络拓扑：ANT 协议允许建立几个不同类型的网络类型。多通道使更复杂网络设计成为可能，如星网络或个人区域网络（PAN）。

6.5.2　设计注意事项

使用一个以上通道时，通常需要比简单的单通道设计更多的思考。在进行多通道设计时，开发人员应该考虑到几个因素。

1. 后台扫描专用通道

使用多通道的最简单方法之一是把一个专门的后台扫描通道纳入设计。在未获取任何特定设备或与其他已开启通道产生干扰时，后台扫描通道将在该区域内不断连续搜索设备。任何在搜索时收到的消息将随同发射的通道 ID 一起发送到外部应用微处理器。由外部应用微处理器来决定是否用另一个通道来与该特定设备建立连接。一个典型的应用场景是可以持续跟踪设备进入或离开其范围内。另一个应用场景是允许在作出配对决定前找到范围内的所有设备，以允许处理配对时的灵活性。

2. ANT 网络

ANT 设备有三种主要的网络类型：公开，受管理网络（如 ANT + 网络），以及专用网络。不同类型网络之间的通道无法建立通信。但是一个设备可以通过为不同的网络分配不同的通道来访问多个网络。一个设备上最多可以有三个网络密钥可以分配到不同的通道,如图 6-32 所示。这是实现不同网络之间相互访问的唯一方法。为此,多网络、多通道应用中需要知道诸如搜索优先级等事情。

3. 功耗考虑

通常情况下,增加通道会增加少许的电流功耗。因为增加的通道越多,射频部分将更多时候处于开启

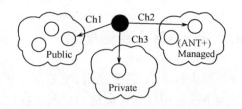

图 6-32 多重网络下的通道

状态,并需要更多一些功耗。但是,依然可以增加通道而不会破坏一个设备关于功耗的预算。这可以通过管理通道周期来实现,使射频部分整体的使用保持相同或更低的功耗。例如,在 1Hz 消息率可以接受的情况下,一个设备可以用 1Hz 的消息率在第二个通道上收听 ANT+ 的心率,而不是用标准的 4Hz。

4. 通道碰撞

如前所述,设备上的 ANT 所有通道使用同一个射频部分。在大多数情况下,这一共享是无缝的。但也有这样的情况,当有一个以上的通道同时尝试访问同一个射频部分时,不是所有的通道都可获得服务。此事件被称为"通道冲突",在芯片或设备级发生(不是在射频空间)。图 6-33 为通道碰撞的图例。

在这种情况下,只有一个竞争通道可以"赢"得对射频部分的访问。对于从机通道,在被拒绝访问通道上的数据将丢失。对于碰撞时的主机通道,数据将保持在缓冲区中,并在下一个通道周期重发(如果应用程序在此期间不覆盖此缓冲区)。该行为可以通过监测 EVENT_CHANNEL_COLLISION 消息来控制,如后续所述。重要

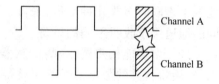

图 6-33 通道碰撞的图例

的是要认识到,通道碰撞并非一个错误。在多通道配置下,通道碰撞是一个是已知和预期发生的事件。当系统中的一个或多个通道数据不足频繁发生时,通道碰撞才会成为一个问题。多通道应用中可采取的步骤包括尽量减少碰撞的机会和正确处理碰撞产生的结果(如因接收失败增加时通道进入搜索)。这些配置在后续章节中讨论。

1) EVENT_CHANNEL_COLLISION

当 ANT 检测到通道冲突发生时,在一些 ANT 设备(nRF24AP2)上将会引发明确的通道事件,产生通道响应/事件(0x40)消息。nRF24AP1 上不会产生此事件。应用程序将收听此事件,并根据需要选择是否采取行动。应当指出,大多数 ANT 应用程序设计为可以适应少量的数据丢失,而无需采取明确的行动。具体的事件代码请参考"ANT 消息协议和使用"章节。

2) 通道冲突的原因

常见的情况下,可能会导致通道冲突的因素包括以下部分或全部。开发人员应该认识到这些因素,创造性设计,来最大限度地减少这些因素。

(1) 高的通道周期

在多通道应用中,8Hz 以及更高的通道周期特别容易导致碰撞的产生。开发人员应努力减少他们设计中的通道周期。

（2）通道周期的漂移/重叠

如4.06Hz(ANT + 心率)和4.005赫兹(ANT + 自行车功率)的频率将周期性地"漂移"到对方,或邻近的其他通道周期。重叠发生时,由于射频部分每次只能服务一个通道,通道碰撞将会发生。有时这种漂移特性可以人为用来解决冲突的问题。当固定通道周期的两个通道,经过长时间后产生碰撞,某些情况下,人为选择一个漂移周期可以有助于减轻这种冲突的发生。

（3）同时使用太多的通道

目前一些ANT设备(nRF24AP2)可以同时有多达8个通道。未使用通道不会增加设计的开销,但设备上每开启一个通道,射频部分的总可用带宽将会减少,这反过来增加了通道发生碰撞的可能性。影响的大小与具体应用有关,当主机通道和从机通道混合使用时,需要更多关注。

（4）搜索

一个从机通道进入搜索将可能会导致设备上的一个高级别的通道冲突。这将在后续进一步详细讨论。因为数据不足,通道碰撞也可能导致一个接收机进入搜索。如果应用程序没有预见到这种情况时,可能会产生更多意想不到的后果。

5. 搜索

搜索是ANT从设备发现一个主设备并与之建立通信的方法。在多通道应用中,搜索有可能影响到其他通道。ANT设备有两种可用的搜索类型：低优先级和高优先级搜索。如图6-34所示,低优先级和高优先级的区别在于搜索波形与一个通道发生重叠时的搜索行为。对于高优先级的搜索,搜索优先而该通道将被阻塞;而对于低优先级的搜索,通道优先而搜索将被阻塞。

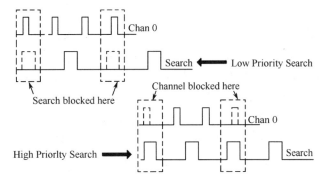

图6-34 通道冲突的图例

1）搜索超时

搜索超时是多通道系统中另一个需要仔细考虑的方面。较长的超时周期可增加找到其他设备的可能性,但也会增加通道碰撞的机会。这可能会对系统中的其他通道产生进一步后果(比如导致其他通道进入搜索)。重要的是要注意,搜索会影响到主机和从机通道。通道使用应答消息时特别容易受到影响,因为应答消息使用了常规广播消息两倍的射频带宽。通常情况下,在多通道应用案例中采用较短的搜索超时比较安全,但是对搜索结束没有结果时的情况也必须考虑到(通道关闭)。

2）在多个通道上的搜索

ANT 能够执行多通道并行搜索,但要求所有的搜索都在同一个网络及在相同的 RF 频率上。如果搜索是在一个以上的网络或 RF 频率发生,搜索超时将会叠加(即当一个通道完成搜索后,其他搜索将开始)。有关搜索的更多信息,请参阅"ANT 通道搜索和背景扫描频道"相关章节。

6. 突发

ANT 突发传输模式提供了一个在 ANT 通道上批量传送数据的快速和有效方法。与提高消息率相比,ANT 突发传输模式可以达到更高的数据吞吐量,同时使用一个简单的串行协议和接口来实现。如图 6-35 所示,突发模式使用射频部分的全部资源,优于任何其他通道发送和接收数据。

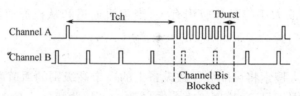

图 6-35 两个通道的突发模式

应用程序必须小心控制突发的长度,以确保任何其他通道没有数据不足的情况。如果从机通道长时间数据不足将会进入搜索模式。更多关于突发的详细信息,请参阅"突发传输"章节。应该指出的是多通道时 ANT-FS 使用突发及其他规则与单通道时一样。

6.5.3 关于多通道的常见误解

一些对于多通道的常见误解有如下四种。

① 错误想法:高优先级搜索更快,或某种程度上比低优先级的搜索好。

真实情况:在大多数情况下,高优先级和低优先级搜索的结果不会有明显差异。不同之处在于搜索通道或其他通道在发生碰撞时的优先考虑。无论是高优先级搜索,低优先级搜索或同时使用这两种搜索取决于应用的需要。

② 错误想法:在设备上增加通道可提高设备总的数据输出。

真实情况:增加通道不会增加设备的数据吞吐率。ANT 设备的最大速率约为 20kbps(突发)或 200Hz(广播)。这个带宽由所有通道共享。

③ 错误想法:未使用通道增加设备的负担。

真实情况:未使用通道不影响设备的性能。

④ 错误想法:一个设备上的所有通道需要在相同的参数下工作。

真实情况:各通道的参数是相互独立的,各通道可以有不同的通道周期,频率和网络(最多三个)。

6.5.4 通用多通道的最佳实施方式

本章节中除了可以找到使用多通道最佳方法的实践指南外,还有一些高级的多通道设计方法。

1）作为设计的第一步，使用 ANTwareII 软件来模拟通道配置。

在研发后期，多通道常常会遇到诸如通道碰撞或搜索问题。在大多数情况下，这些问题用 ANTware II 软件来模拟可以很容易被发现，而无需编写任何代码。

2）在设计中尽量减少下列情况。

① 所使用不同射频频率的数量。

② 所使用的网络数。

③ 通道周期（消息率）。

减少这些会降低通道碰撞以及使用多通道时与之相关设计问题的可能性。

3）管理搜索。

① 尽可能使用低优先级搜索，以不干扰其他通道。

② 应该知道如果一个通道进入搜索，对系统上所有通道的影响，即使是意外。

4）采用新一代 ANT 芯片（nRF24AP2）新附加功能，如低优先级搜索，后台扫描通道，以及"EVENT_CHANNEL_COLLISION"事件消息等这些只在新一代 ANT 芯片上具有的功能。

6.5.5 小结

本节详细介绍了用多通道技术开发 ANT 设备。多通道设备通常比设计单通道设备需要更多的考虑，本节的指导方针可以帮助简化开发。

6.6 ANT 协议下的电源功耗状态

ANT 是一个经过优化的无线通信协议，可用最少的资源来实现超低功耗的无线通信，尤其适合于采用小型纽扣电池供电，以及需要工作数年无需更换电池的无线电设备。ANT 设备的功耗取决于几个因素，包括：ANT 硬件选择，所使用消息的数据类型，消息刷新速率，以及所使用的串行接口方式。对于一个具体的应用，其估计的平均功耗可以很容易地利用现有的计算表和特定 ANT 芯片组或模块提供的数据表计算得出。另外，也可以采用网上在线提供的功耗计算器来计算得出相同的估值。为在实际使用中获得由数据表或计算器给出的理论电流值，充分理解 ANT 的电源功耗状态以及其如何受由外部硬件配置和串行接口影响是非常重要的。本节讨论 AP1，AP2 和 AT3 系列芯片的电源功耗状态，并侧重于外部 32 kHz 时钟源和串行接口对其的影响。

6.6.1 异步串行模式下的电源功耗状态

工作在异步串行方式时，ANT 芯片的电源功耗状态由外部应用微处理器用 SLEEP 和 SUSPEND 信号线控制。AP1，AP2，AT3 状态以及状态的过渡大多是相同的，不同的在于电源功耗，以及不同的解决方案之间的时序和可用的状态。AP2 引入一种新的状态 DEEP SLEEP 即深度睡眠状态，通过串行命令进行控制。

对于 AP1 和 AP2 设备，使用 32 kHz 时钟或外部晶振源将对功耗以及可能的状态有很大影响。图 6-36 描述了 ANT 在异步串行模式下所有的电源功耗状态及变化，见表 6-4。

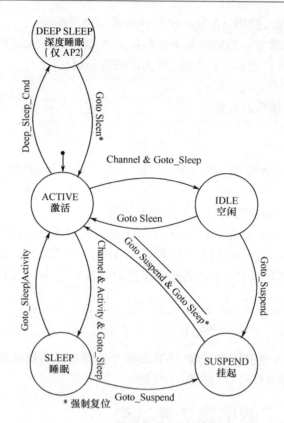

图 6-36 异步串行模式下的可能状态和过渡

表 6-4 异步模式下的状态过渡

状态过渡	说明
Goto_Sleep	SLEEP 信号发出（高有效）
Goto_Suspend	SUSPEND 信号发出（低有效）
Activity	射频活动或事件产生，需要外部应用微处理器进入
Channel	表示至少有 1 个 ANT 通道开启
Deep_Sleep_Cmd	Deep sleep 深度睡眠命令（0xC5 串行消息）

电源功耗状态的详细描述见下面章节。

1. AT3 和 AP1/AP2 带 32kHz 外部时钟源

当采用异步串行口与 ANT 连接时，若提供有一个外部 32kHz 时钟，可在 AP1/AP2 上获得理想的功率状态。

在某些状态，ANT 不能自动改变状态模式，而是由外部应用微处理器适当地使用 SLEEP 和 SUSPEND 信号来控制 ANT 芯片的电源功耗状态，见表 6-5。

表 6-5 异步串行模式下 ANT 的电源功耗状态

电源功耗状态	AP1	AT3	AP2
ACTIVE 激活	~3mA	~2.5mA	~3mA
Suspend 挂起	70uA	1.1uA	2uA
Sleep 睡眠	30uA	2.6uA	3uA
Idle 空闲	2uA	1.1uA	2uA
Deep sleep 深度睡眠	n/a	n/a	0.5uA

1) ACTIVE 激活状态

上电或复位后，ANT 处于 ACTIVE 激活状态。此状态下 ANT 内部的 CPU 核处于激活工作模式，需要处理所有的串行消息。在该状态下，ANT 所有的时钟都是激活的。为接收来自外部应用微处理器的消息，或将消息发送到外部应用微处理器，ANT 必须处于 ACTIVE 激活状态。如果没有 ANT 通道开启，外部应用微处理器通过发出 SLEEP 信号将 ANT 置为 IDLE 空闲状态。如图 6-36 所示从 ACTIVE 状态的变化（Channel &Goto_Sleep）。

2) IDLE 空闲状态

IDLE 空闲状态通常代表 ANT 设备的最低功耗状态（除了 AP2 还有一个 DEEP SLEEP 深度休眠状态可用外）。IDLE 空闲状态下 ANT 芯片内部的 CPU 时钟和所有外围时钟均未激活。在 IDLE 空闲状态下不能开启通道。IDLE 空闲状态时可以作为 ANT 在需要待机模式时使用，例如当设备在较长一段时间不需要进行通信时。进入 IDLE 空闲状态不会清除 ANT 设备任何配置。如果通道已经进行过配置，在重新开启通道前不需要重新配置（在退出 IDLE 空闲状态后）。当 ANT 设备在 IDLE 空闲状态时，外部应用微处理器不能向其发送任何消息。而且由于没有 ANT 通道开启，外部应用微处理器也不会收到任何来自 ANT 设备的消息。当 ANT 设备在 IDLE 空闲状态时，外部应用微处理器可以通过发出 SUSPEND 信号复位 ANT 设备。如果外部应用微处理器要发送串行消息到 ANT 设备，SLEEP 信号必须先拉高，如图 6-32 中的变化所示（Goto _ Sleep）。此操作将使 ANT 回到 ACTIVE 激活状态。

3) SLEEP 睡眠状态

在 ACTIVE 激活模式下，若任何 ANT 通道已开启，那么外部应用微处理器发出 SLEEP 信号将使 ANT 设备进入 SLEEP 睡眠状态。如图 6-32 中所示的状态变化（Channel& Activity &Goto_Sleep）。而在该状态下，运行 ANT 协议所必要的定时器激活，而服务于串行端口等外设的时钟被禁用。在 SLEEP 睡眠状态时，若 ANT 需要处理任何射频事件，它会转变为 ACTIVE 激活状态，然后返回到 SLEEP（只要 SLEEP 信号仍然有效）。如图 6-32 所示在 ACTIVE 和 SLEEP 之间变化。因此当外部应用微处理器发出 SLEEP 信号后，ANT 功耗的波动变化，取决于它所需要处理的射频活动有多少。任何射频数据消息或通道事件将传递给外部应用微处理器。如果应用微处理器已发出 SLEEP 信号，而所有通道变为关闭时（例如，通道超时），ANT 设备将回到 IDLE 空闲状态（所提供的 SLEEP 信号仍有效时）。如果外部应用微处理器发出了 SUSPEND 信号，ANT 也可以从 SLEEP 睡眠状态进入 SUSPEND 挂起状态。如果外部应用微处理器要发送任何串行消息到 ANT 设备，SLEEP 信号必须先取消。

为获得最理想的低功耗性能，外部应用微处理器在不需要发送串行消息到 ANT 的任何时候应发出 SLEEP 信号。如要发送串行消息到 ANT 设备，外部应用微处理器应取消 SLEEP 信号，并确保 RTS 信号不被置位。当 SLEEP 信号有效时，ANT 设备将进入 SLEEP 睡眠状态或 IDLE 空闲状态，进入何种状态取决于通道的状态（通道关闭或开启）。外部应用微处理器必须能够随时准备接收从 ANT 设备来的消息，除非 ANT 处于 IDLE 空闲状态。

4) SUSPEND 挂起状态

为了使 ANT 快速进入一个已知及稳定的低功耗模式，需要 SUSPEND 挂起状态。此状态不一定是最低的功耗状态，该状态将立刻强制关闭所有 ANT 通道。这对某些需要挂起功能的应用如 USB 棒是非常有用的。进入 SUSPEND 挂起状态，也是一个复位 ANT 设备的简单方法，因为每次 ANT 设备退出 SUSPEND 状态时都将会被复位一次。要退出该状态，SUSPEND

信号必须先于 SLEEP 信号无效前取消。如图 6-32 所示状态变化（Goto_ Suspend& Goto_ Sleep）。SUSPEND 挂起状态只在特殊应用中需要用到此其独特功能时使用。

通常情况下在工作时，如果是为实现待机目的而进入低功耗模式，外部应用微处理器应先关闭所有通道，然后发出 SLEEP 信号。这将确保 ANT 设备处在最低的功耗状态或 IDLE 空闲状态。

5) DEEP SLEEP 深度睡眠状态

AP2 引入一种新的低功耗状态，称为 DEEP SLEEP 深度睡眠状态。在外部应用微处理器向 ANT 设备发送 SLEEP 串行消息(0xC5)，并发出 SLEEP 信号后，将会进入 DEEP SLEEP 深度睡眠状态。SLEEP 信号必须在 DEEP SLEEP 深度睡眠命令发送后的 1.2ms 内发出，如果未能在此时间窗口内发出 SLEEP 信号，ANT 设备将复位并将进入 IDLE 空闲状态。DEEP SLEEP 深度睡眠将导致 ANT 设备产生一个硬复位，任何之前的通道配置都将被清除。围绕如何使用 SLEEP 命令的相关时间限制如图 6-37 所示。DEEP SLEEP 命令仅在 AP2 中可用，在 AP1 和 AT2 中不可用。

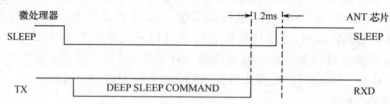

图 6-37 AP2 DEEP SLEEP 深度睡眠

2. AP1 和 AP2 不使用外部 32kHz 时钟源时的电源功耗状态

如果没有外部 32 kHz 时钟，AP1 和 AP2 将无法充分实现前面章节所述的低功耗潜力。这是因为内部 32 kHz 时钟需要由内部 16 MHz 的时钟合成，这将需要较大的功耗，并大大减少可用低功耗状态的数量。在没有外部 32 kHz 时钟时，AP1 仍然可以进入所有 4 个状态，ACTIVE（激活），SLEEP（睡眠），IDLE（空闲）和 SUSPEND（挂起）。然而，在暂停，休眠和空闲状态下电流消耗将是相同的（约 70μA）。进入和退出这些状态运转情况不会发生变化。在没有外部 32 kHz 时钟时，AP2 仍然可以进入其所有低功耗状态，包括超低功耗的 DEEP SLEEP 深度睡眠状态。唯一不同的是当处于 SLEEP 睡眠状态时的功耗为 100μA。在其他状态下的功耗不会改变。进入和退出这些状态，运转情况不会发生变化。

AP1 和 AP2 电源功耗状态概述见表 6-6。

表 6-6 AP1 和 AP2 无外部 32kHz 时钟源时的电源功耗状态

电源功耗状态	AP1	AP2
ACTIVE 激活	~3mA	~3mA
Suspend 挂起	70uA	2uA
Sleep 睡眠	70uA	100uA
Idle 空闲	70uA	2uA
Deep sleep 深度睡眠	n/a	0.5uA

3. 异步模式下的复位

如前所述，SUSPEND 挂起状态，只能从 IDLE 空闲状态或 SLEEP 休眠状态进入。这就要求 SLEEP 信号必须在 SUSPEND 信号前发出。如果在激活 ACTIVE 模式下直接发出 SUSPEND 信号,ANT 设备将会立刻复位并返回 ACTIVE 激活状态。当采用异步接口时,该功能可用来复位 ANT 设备。图 6-38 说明了该特性。

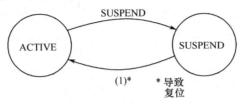

图 6-38　用 SUSPEND 信号复位

6.6.2　同步串行模式下的电源功耗状态

当同步模式运行时,电源状态变化是自动的。不过,了解 ANT 设备的电源状态,对于理解和验证观察到的运行情况是有帮助的。同步模式通常不会用于 USB 设备中,因此不支持 SUSPEND 状态。在异步模式下,一个外部 32 kHz 时钟的存在将使 AP1 和 AP2 的功耗有显著差异。图 6-39 描述了同步串行模式下可用的状态和变化。同步或异步模式下,在给定状态下电流功耗的数值不变,请参考表 6-7。

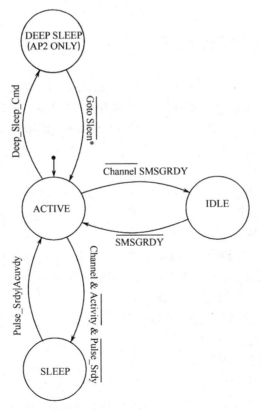

图 6-39　同步串行模式下可能的电源功耗状态和变化

表6-7 同步模式下的 ANT 电源功耗状态

状态过渡	说明
Pulse_Srdy	外部应用微处理器到 ANT 的同步脉冲（每字节或每比特输出该脉冲取决于所使用的是字节同步接口还是位同步接口接口）
SMSGRDY	外部应用微处理器到 ANT 的消息就绪信号
Activity	射频活动或事件产生,要求外部应用微处理器进入激活工作模式
Channel	表示至少有 1 个 ANT 通道开启
SYNC_RESET	同步复位
Deep_Sleep_Cmd	Deep sleep 深度睡眠命令（串行消息 0xC5）

上电或复位后,ANT 将进入 ACTIVE 激活状态。如果通道未开启,并且如果 SMSGRDY 信号未置位,ANT 将自动变化到 IDLE 空闲状态。要发送消息到 ANT,外部应用微处理器首先需发出 SMSGRDY 信号,使 ANT 进入 ACTIVE 激活状态。一旦 ANT 通道已经开启,ANT 设备将只工作在以下两种状态之一：ACTIVE 激活状态或 SLEEP 睡眠状态。ANT 设备将变化到 SLEEP 睡眠状态,并随时等待来自外部应用微处理器的 SRDY 脉冲信号。

在异步模式下,AP2 可使用 DEEP SLEEP 深度睡眠状态,并通过发送命令实现深度睡眠。

与异步模式下不同,如果同步消息协议执行正确,将不需要额外的时序约束来进入这个模式。

6.6.3 ANT 功耗的预测和估算

由于 ANT 的很多应用场景是针对极低功耗的应用,在给定的工作条件下,以及 ANT 应用中的工作模式以及选择电池类型的基础上,较为准确的预测和评估其功耗以及电池的使用寿命,对于产品的设计是十分必要的。ANT 的功耗预测和电池使用寿命评估工具见以下连接 http://www.thisisant.com/calculator/。

用户界面如图 6-40 所示。

1 项：选择 ANT 芯片型号,串口模式（字节同步/位同步/异步）,波特率等。

2 项：选择通道数（单通道/多通道）,通道类型、数据类型、消息率等。

3 项：选择电池型号、容量、使用时间等。

设置好相应参数后,单击 Estimate（评估）按钮,在右侧 Results（结果栏）即可显示计算得出的各项电流数值,以及电池的预估使用寿命。需要说明的是该计算结果仅对于 ANT 芯片/模块,不包括外部微处理器以及传感器等的功耗。

当选用 nRF24AP2,字节同步模式,单通道,广播数据,消息率为 0.5Hz,选用 2032 纽扣电池（容量 220mAh）,每天使用 12 小时,计算得出的基本电流是 3μA,平均电流为 16.5μA,电池使用寿命达 1078 天,如图 6-41 所示。

当选用 nRF24AP2,字节同步模式,单通道,广播数据,消息率为 0.5Hz,选用 2032 纽扣电池（容量 220mAh）,每天使用 24 小时,计算得出的基本电流是 3μA,平均电流为 16.5μA,电池使用寿命达 555 天,如图 6-42 所示。

当选用 nRF24AP2,字节同步模式,单通道,广播数据,消息率为 0.5Hz,选用 AAA 电池（即

第 6 章　深入了解 ANT

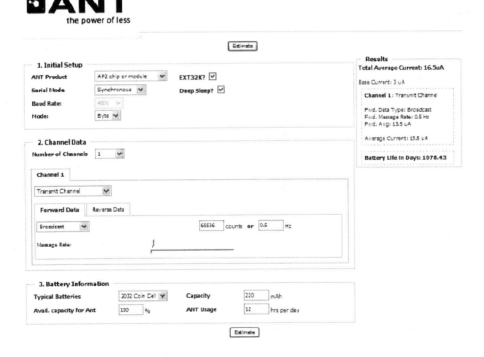

图 6-40　ANT 功耗预测程序用户界面

图 6-41　功耗预测结果 1

七号电池,容量 1100mAh),每天使用 12 小时,计算得出的基本电流是 $3\mu A$,平均电流为 $16.5\mu A$,电池使用寿命达 5392 天,如图 6-43 所示。

当选用 nRF24AP2,字节同步模式,单通道,广播数据,消息率为 0.5Hz,选用 AAA 电池(即七号电池,容量 1100mAh),每天使用 24 小时,计算得出的基本电流是 $3\mu A$,平均电流为 $16.5\mu A$,电池使用寿命达 2777 天,如图 6-44 所示。

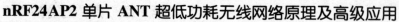

图 6-42 功耗预测结果 2

图 6-43 功耗预测结果 3

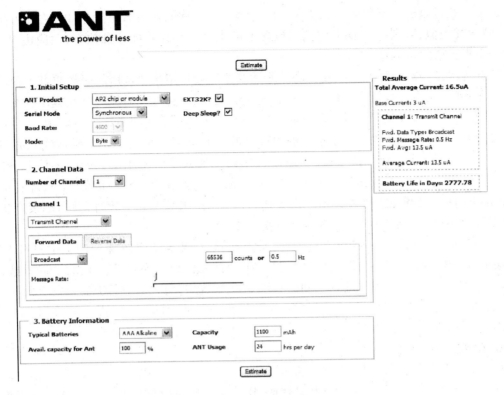

图 6-44　功耗预测结果 4

6.6.4　小结

本节讨论在同步和异步串行通信模式下 ANT 的可用电源功耗状态。理解这些概念,对于利用 ANT 无线协议有针对性地实现一个超低功耗的无线网络解决方案是至关重要的。

6.7　与 ANT DLL 的动态连接

nRF24AP2 – USB 是 ANT 系列产品中专门的 USB 应用解决方案,提供了与 PC 乃至 Internet 无缝连接的应用平台,可作为 ANT 无线传感节点与 internet 等网络连接的网桥。为开发基于 PC 的应用程序,提供了 ANT DLL 动态链接库来支持此项应用。ANT DLL 动态链接库是 nRF24AP2 – USB 与 PC 应用软件之间通信与会话的桥梁。下面介绍 PC 应用中加载和使用 ANT DLL 的基本步骤和要求。同时也提供了 MAC 驱动,这意味着 nRF24AP2 – USB 还可以在 MAC 苹果机平台上使用,这使得应用更为广泛。

6.7.1　动态链接的基本知识

1. 动态链接库的概念

动态链接库(Dynamic Link Library,DLL)是一个可以被其他应用程序共享的程序模块,其中封装了一些可以被共享的例程和资源。动态链接库文件的扩展名一般是 dll,它和可执行文件(exe)非常类似,区别在于 DLL 中虽然包含了可执行代码却不能单独执行,而应由 Windows 应用程序直接或间接调用。

动态链接是相对于静态链接而言的。所谓静态链接是指把要调用的函数或者过程链接到可执行文件中,成为可执行文件的一部分。换句话说,函数和过程的代码就在程序的 exe 文件中,该文件包含了运行时所需的全部代码。当多个程序都调用相同函数时,内存中就会存在这个函数的多个拷贝,这样就浪费了宝贵的内存资源。而动态链接所调用的函数代码并没有被拷贝到应用程序的可执行文件中去,而是仅仅在其中加入了所调用函数的描述信息(往往是一些重定位信息)。仅当应用程序被装入内存开始运行时,在 Windows 的管理下,才在应用程序与相应的 DLL 之间建立链接关系。当要执行所调用 DLL 中的函数时,根据链接产生的重定位信息,Windows 才转去执行 DLL 中相应的函数代码。

一般情况下,如果一个应用程序使用了动态链接库,Win32 系统保证内存中只有 DLL 的一份复制品,这是通过内存映射文件实现的。DLL 首先被调入 Win32 系统的全局堆栈,然后映射到 调用这个 DLL 的进程地址空间。在 Win32 系统中,每个进程拥有自己的 32 位线性地址空间,如果一个 DLL 被多个进程调用,每个进程都会收到该 DLL 的一份映像。与 16 位 Windows 不同,在 Win32 中 DLL 可以看作是每个进程自己的代码。

2. 动态链接库的优点

1) 共享代码、资源和数据,节约内存

使用 DLL 的主要目的就是为了共享代码,DLL 的代码可以被所有的 Windows 应用程序共享。多个程序可以把相同的 DLL 载入到相同的基地址,共享其在物理内存中的唯一拷贝。这样可以节省系统内存并减少交换。并且当 DLL 中函数变更时,只要不是函数参数变更,调用方式改变或者返回值改变的话,调用它们的应用程序就不需要进行重新编译或重新链接。

2) 隐藏实现的细节,编程人员可以更关注于应用的实现

DLL 中的例程已经完全封装好,DLL 中的例程可以被应用程序访问,而应用程序并不需要知道这些例程的细节,这样编程人员无需关注这些细节的实现过程,而只需考虑应用层功能的实现,大大提高了应用开发的效率,缩短产品测试及推向市场的时间。DLL 还提供了升级的方便。例如,修改显示驱动的 DLL 可支持程序之前所不支持的显示器。

3) 拓展开发工具和编程语言平台,具有更大的灵活性

由于 DLL 是与编程语言无关的,DLL 可以被 C++、Delphi、VB 等任何支持动态链接库的语言所调用,不同编程语言编写的程序只要按照函数调用约定就可以调用同一个 DLL 函数。这样如果一种语言存在不足,可以用另一种语言来实现应用,提供了更大的灵活性。

3. 动态链接库的实现方法

1) 加载时动态链接

这种用法的前提是在编译之前已经明确知道要调用 DLL 中的哪几个函数,编译时在目标文件中只保留必要的链接信息,而不含 DLL 函数的代码;当程序执行时,利用链接信息加载 DLL 函数代码并在内存中将其链接入调用程序的执行空间中,其主要目的是便于代码共享。

2) 运行时动态链接

这种方式是指在编译之前并不知道将会调用哪些 DLL 函数,完全是在运行过程中根据需要决定应调用哪个函数,并用 LoadLibrary 和 GetProcAddress 动态获得 DLL 函数的入口地址。

第6章 深入了解ANT

ANT DLL 即是一个动态函数库,它包含 ANT_Interface.h 中所列函数的定义。这些函数使得应用程序可以在 PC/MAC 平台上,充分利用并实现 ANT USB 设备上所有的 ANT 功能。

6.7.2 与 ANT DLL 动态链接实现

如上所述,ANT DLL 必须由希望与之进行动态连接的应用程序所加载和使用。通常使用 Windows 函数来完成 DLL 加载和处理。动态链接到和使用 ANT DLL 的顺序和步骤要求如下。

1. 加载 DLL

在 ANT DLL 可使用前,必须由应用程序在运行时完成加载。用"Load Library()"函数完成加载,如果加载成功返回一个句柄,否则返回 NULL。

```
//使用示例
HMODULE  hDLL  =  NULL;  //声明句柄
hDLL = LoadLibrary("ANT_DLL.dll");
if ( hDLL == NULL)
//错误消息和处理
Else
//继续
```

2. 加载函数地址

DLL 加载成功后,还必须将 DLL 中所定义函数的地址加载到应用程序的本地指针。只有这样,DLL 中的函数才能被调用,用于执行应用程序所需的任务。加载函数地址使用 GetProcAddress() 函数实现,如下所示。重要的是要注意函数指针类型应与将指向的函数类型相匹配。

```
//使用示例
Typedef  void  (*ANT_vFn)();
//无参数
ANT_vFn ANT_Close  = NULL;
ANT_Close = (ANT_vFn) GetProcAddress ( hDLL,"ANT_Close");
```

3. 使用 DLL

DLL 函数以任何其他 C/C++ 函数带参数调用相同的方式调用,返回值由 ANT_Interface.h 提供的函数原型所指定。

```
//使用示例
ANT_Assign Channel( 0, 0x00, 0);
//网络号 0 上的接收通道
```

4. 关闭 DLL 连接

使用断开 DLL 连接的标准方法可以终止到 ANT DLL 的连接 - 使用 Free Library() 函数。函数参数是 Load Library() 函数初始化时的句柄。

第 7 章
一个 2.4GHz 无线运动健康监测传感系统设计实例

7.1　2.4GHz 无线运动应用场景

基于 ANT 协议的无线传感典型应用之一是运动及健康领域,并已在市场取得巨大的成功,诸如运动手表,自行车码表等。在这些应用中,多个基于嵌入式的无线传感节点分别感知相关的运动和健康参数,并在 ANT 无线协议的协调管理下,将相关信息汇集到集中器,或再通过集中器与 Internet 相连进行远传,同时根据需要可在应用层对数据进行进一步的分析处理。

图 7-1 即是一个运动健康应用的典型应用场景,心跳带无线传感器节点佩戴在运动者身上,其他如速度传感器节点,节奏传感器节点,以及自行车功率传感器将实时获取的相关运动参数,在 ANT 协议的协调管理下,各无线传感器节点的数据通过无线发往中心节点(接收机)。中心节点将数据进行接收和处理后,根据需要进行存储,显示及分析。中心节点可以是嵌入 ANT 功能的掌上电脑终端,自行车电脑,或多功能运动手表,通过无线实时获取各项运动参数的变化并可供实时显示及事后分析。

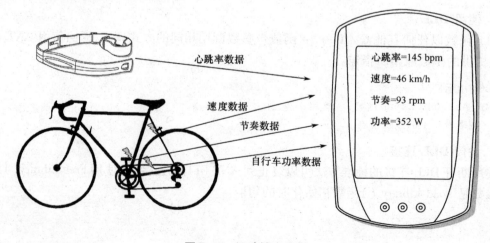

图 7-1　运动健康应用

7.2 2.4GHz 无线运动健康监测传感系统的典型拓扑结构

图 7.2 是一个由多个无线传感器(发射机)节点和中心节点(接收机)通信构成的一个典型无线传感器网络的拓扑结构。该中心节点(接收)作为数据接收及处理中心,采集来自多个不同无线传感器(发射机)节点传来的数据,作为显示,存储,处理,或根据需要传送到第二个节点进行中继或转发。设计时,中心节点(接收机)设计需要更多的考虑,而无线传感器(发射机)节点的实现相对更简单。

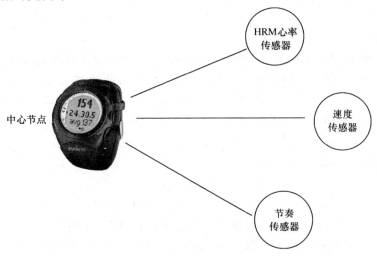

图 7-2 2.4GHz 无线运动健康监测系统拓扑结构

在本例中,各无线传感器节点和中心节点采用微控制器与 ANT 无线模块来实现。本例所述及的算法可以直接移植到所选的任何满足 ANT 无线解决方案要求的微处理器上。这个例子中设计的范围仅限于无线 ANT 网络的实现,而没有深入到所有系统的设计特别是应用层的设计中进行探讨。但是,这个例子的模块化特点让其可以很容易的嵌入到其他更多的应用中。

7.3 中心节点(接收机)的设计

如前所述,中心节点(接收机)必须接收来自 3 个无线传感器(发射机)的数据。该网络拓扑图如图 7-3 所示。

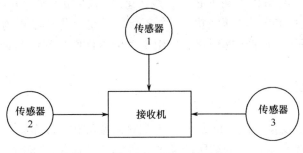

图 7-3 中心节点拓扑设计

7.3.1 设计的基本条件

无线传感器节点（即发射机）通过设置网络类型，通道类型，通道 ID，射频链路频率和通道消息率这些基本参数来确保与中心节点（接收机）的正确连接。下面对这些参数做进一步说明。

1. 网络类型

无线传感器和中心节点（接收机）必须具有相同的网络密钥，才能建立通信。"0"是默认的公共网络密钥。

2. 通道类型

由于无线传感器设备配置为单发射工作，中心节点（接收机）被限定为使用独立通道。因此，如果所要求发射设备的数量多于某一给定 ANT 硬件所能同时支持的独立通道最大数目，需要额外增加 ANT 接收机硬件。例如，从 nRF24AP2-8CH 允许最多 8 个独立通道。因此，在使用独立通道方式工作时，它最多同时支持 8 个发射设备。在某些特定的应用中，如果系统需要更多的无线传感器，可以采用共享通道方式，每个共享通道上可以支持最多超过 65000 个节点，采用共享通道时要求所有参与节点双向通信。共享通道不在本章节讨论。

3. 通道 ID

每个无线传感器（即发射机）都有一个独特的通道 ID，由设备号，设备类型和传输 ID 参数组成。为了使中心节点（接收机）接收机能与特定无线传感器（发射机）进行通信，必须知道所有或部分通道 ID。在进行整个系统规划时，可以具体指定每个设备的完整通道 ID 参数，并在产品出厂时进行预编程，这样产品到达客户手中时开箱即可直接使用。

还有一种情况是，只知道部分通道 ID，比如需要现场增加或更换无线传感器节点，这种情况下通过配对方式可以获得完整的通道 ID 参数（具体实现请参考关于配对的章节）。理论上说，该通道 ID 的所有字段都可以是未知的，而接收机可以通过将字段设置为"0"（通配符）来与发射机建立连接。对于这种应用，由于每个无线传感器（即发射机）的设备类型和传输 ID 已在其规格书文档中提供并可直接使用，因此只需要将设备号设为通配符。

4. RF 射频频率

无线传感器（即发射机）和中心节点（接收机）需要工作在同一射频频率。如果这个该网络工作的 RF 射频频率为 2435MHz，所有设备的通道射频频率必须设置为 35。

5. 通道消息周期

中心节点（接收机）的消息周期不必与无线传感器（发射机）完全相同。例如，如果无线传感器以 8Hz 周期发射，中心节点（接收机）一个 2Hz 的消息接收率已可为大多数应用提供足够的分辨率。此外，采用一个较低的消息率时，由于射频事件的数目减少而显著降低功耗。

7.3.2 实现范围

本部分说明不包括设备的配对问题。关于配对请参考相应章节。实际上配对只是一种必要时被激活的接收机特殊模式。本章所涉及的软件算法针对位同步串行通信模式。由于该算法采用 I/O 软件模拟来实现串口通信，位同步串行通信模式具有很大的灵活性，可以使用无硬件 UART 或 SPI 的微处理器与 ANT 芯片/模块建立串行通信和构建网络,这是非常实用和灵活的方法,可以使用低成本的微处理器来实现功能,对于产品成本的节约和规划很有帮助。

7.3.3 设计层

采用模块化设计方法,接收软件应该包含 3 个层次以使用 ANT。图 7-4 说明此设置。

```
系统级的 ANT 使用
• 特定的应用层接收并来自发射机的数据
• 实现状态机来设置和维持 ANT 通道

接口层
• 解释从具体应用层到 ANT 消息的函数调用
• 使用串行端口驱动程序来与 ANT 交换消息

位同步串行端口驱动程序
• 实现 ANT 位同步串口
• 操作直接在硬件上执行,是最具体的硬件模块
```

图 7-4 接收机软件设计层举例

7.3.4 消息流程图

外部微处理器和 ANT 设备间使用串行消息通信,执行各种 ANT 函数所需的算法和状态机将用消息流程图来完成。

图 7-5 是在一个中心节点(接收机)上设置独立通道时的消息流程图。

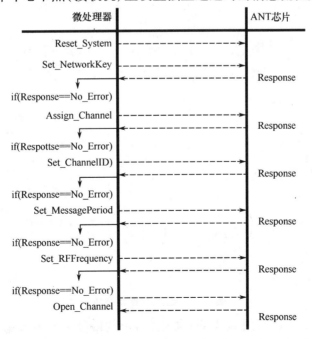

图 7-5 通道设置的消息流程图

实现上述消息流程图的状态机将需要重复每个步骤三次,以便可以同时设定所有 3 个通道。

完成通道设置后,ANT 中心节点(接收机)将搜索每个无线传感器(发射机)。一旦在中心节点(接收机)和无线传感器(发射机)之间成功建立连接,中心节点(接收机)上的微处理器将开始接收广播数据消息。这个消息是通道事件消息而不是响应消息,之间的差异请参考 ANT 串行消息协议和使用章节。中心节点(接收机)应进行设置来处理这两种类型的消息,以确保对整个系统的状态有足够的控制。

7.4 中心节点(接收机)的实现

上面讨论的中心节点(接收机)可以用任何满足 ANT 要求的微处理器应用板和 ANT 模块来实现和测试。

7.4.1 软件实现

中心节点(接收机)的实现应遵循图 7-6 所述的分层模型。

1. 应用层

ANT 通信的应用层处理由两个状态机所组成。第一个状态机用来设置 3 个接收通道与每个无线传感器节点(发射机)通信,第二个状态机用来处理在每个通道上所接收到的消息。

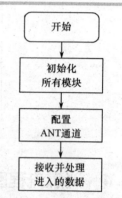

图 7-6 中心节点(接收机)整体系统状态图

状态机图中的每个状态应使每个命令的执行对应每个通道,如图 7-7 所示。

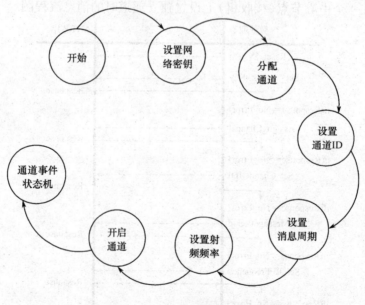

图 7-7 通道设置状态机

当所有的通道成功开启后,中心节点(接收机)上的微处理器进入稳定工作状态,并等待来自无线传感器的消息。每当微处理器接收到来自无线传感器节点(发射机)的消息时,将触发一个处理循环,如图7-8所示。

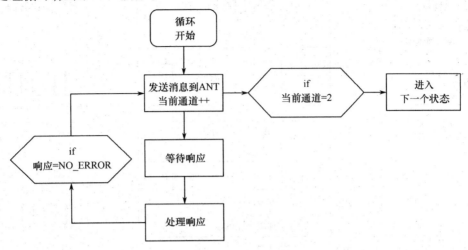

图7-8 每个状态的通道设置循环

在每个通道上处理进来数据消息状态机的程序流程图如图7-9所示。

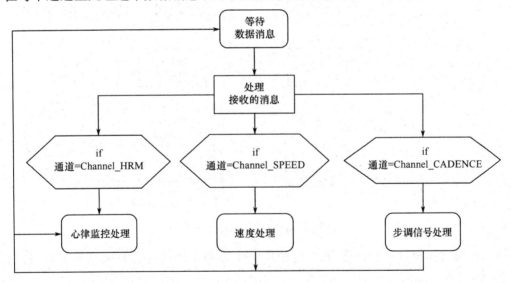

图7-9 通道事件状态机

2. 接口层

ANT接口层是作为低级串行驱动程序和应用层之间解释作用的简单任务。其功能如图7-10所示。

应用层需要提供给接口层带指针的函数,用来处理来自ANT协议的响应和通道事件消息,以及作为输入和输出数据的缓冲区。

3. 位同步串口驱动

串行接口驱动程序模块的目的是:使用位同步串行通信模式协议来完成发送和接收来自ANT协议的必要硬件功能。它需要接口层函数指针来处理接收到的消息。图7-11是一个通用位同步串口驱动程序流程图。

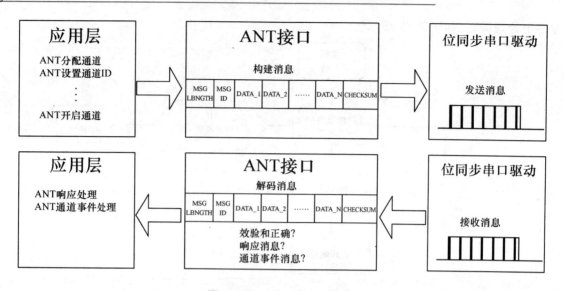

图 7-10　ANT 接口函数图

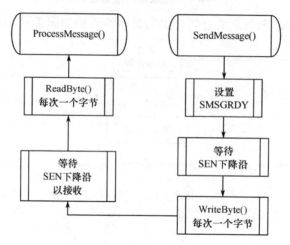

图 7-11　串口处理流程

该函数每次读和写一个完整的字节，使用一个简单循环来发送和接收单个数据位，如图 7-12 所示。

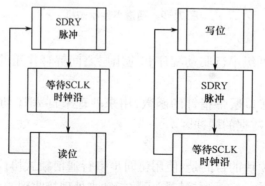

图 7-12　读和写字节循环

第7章 一个 2.4GHz 无线运动健康监测传感系统设计实例

所有的边缘触发都应使用中断来完成处理。一个中断的响应通常是设置一个事件标志，使状态机可根据需要作出响应。

7.4.2 测试所需硬件配置

由于本无线传感器网络采用独立通道工作方式，系统共需要四个 nRF24AP2 模块，一个用于中心节点（接收机）上，需要用多通道模块实现（nRF24AP2 - 8CH）；三个用于无线传感器（发射机）节点上，用单通道模块实现（nRF24AP2 - 1CH）。所有节点上都需要到微处理器，无线传感器（发射机）节点上还需要有传感器以实现相应的感知功能。微处理器可能需要用到的所有接口和信号如图 7 - 13 所示。

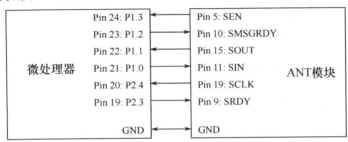

图 7 - 13　微处理器及 ANT 模块接口

7.5　更多的 ANT 应用

本章讨论了一个用于健康运动无线传感网的实现（图 7 - 14），在此基础上可以实现更多具有不同功能的，更大应用范围和空间的无线新应用，甚至毫不夸张的说，无线世界，应用"无限"！

图 7 - 14　健康运动无线传感网

第 8 章
无线传感网教学开发实验平台

8.1 平台概述

无线传感网教学开发实验平台是迅通科技推出的一套可快速入门 ANT 无线网络,包括学习及提高,乃至进一步进行产品开发的平台,具有 ANT 无线网络模块,无线温度传感节点模块,ANT 无线网络集中器节点,计算机网络监控终端平台,提供完整的开发资料及源代码。

8.2 无线传感网教学开发实验平台拓扑结构

由拓扑图 8-1 可以看出,这是一个由中心节点(A)和无线传感节点(B,C,D)所构成的星形无线网络,中心节点(A)与计算机终端通过串口连接,计算机终端作为显示及监控,可提供更多更丰富的应用信息。

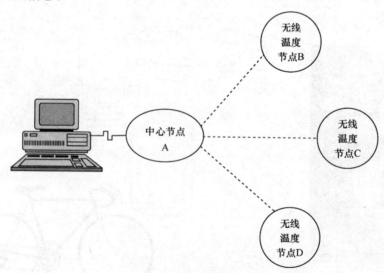

图 8-1 无线传感网教学开发实验平台拓扑结构

8.3 无线传感网教学开发实验平台系统组成

如图8-2所示,无线传感网教学开发实验平台由一个中心接收节点(无线网络集中器)和三个无线温度传感节点所组成。中心接收节点以ANT协议接收和管理来自多个无线温度传感节点的数据,并将所接收到的温度数据发送到计算机终端进行图形化显示。无线温度传感节点由ANT无线模块、MCU模块、温度传感器所构成,构成一个最小的无线温度传感嵌入式系统。

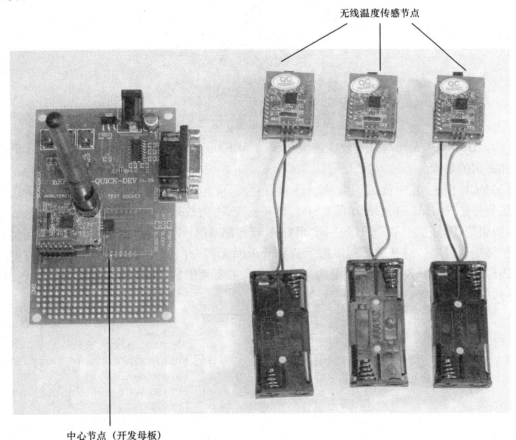

图8-2 无线传感网教学开发实验平台系统组成

8.3.1 无线温度传感节点

如图8-3所示,作为无线传感网中的基本功能节点,无线温度传感节点由ANT无线网络模块和MCU模块上下叠合而成,通过高规格的军标镀金圆孔连接器进行连接,确保了连接的可靠性和稳定性,便于试验中经常的拔插或功能的扩展。

(1) ANT无线网络模块。ANT无线网络模块采用AP1000模块(单通道ANT模块,基于nRF24AP2-1CH芯片设计,模块的详细介绍见第2章)。可根据实验需要采用其他模块如外

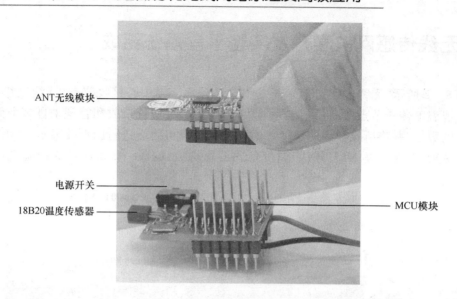

图 8-3 无线温度传感节点

接天线的 AP1000+无线网络模块或加大功率的 AP1000PA 无线网络模块等,以适应不同应用场合和距离的要求。

(2)MCU 模块,其中包括了微处理器 MCU 和温度传感器 18B20。MCU 模块中所选用的单片机型号是 STC12LE4052AD(图 8-4),这是一个 51 内核带 Flash Memory 的单片机,一个时钟/机器周期,带异步 UART 串口,同步 SPI 串口,多路 ADC 以及多项外设,其最大特点是可由计算机终端通过串口对其进行程序的下载和升级而无需专门的开发编程工具,非常方便。在本无线传感网教学开发试验平台中选用该单片机主要考虑易于开发和试验,便于扩展,MCU 模块可以插在开发母板上进行在线下载。

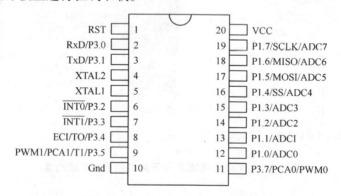

图 8-4 MCU - STC1uE4052AD

所选用温度传感器 18B20 是一款常用的一线式数字式温度传感器,它具有结构简单,不需外接元件等特点,分辨率为 9~12 位,在 -10℃~+85℃ 范围内具有 ±0.5℃ 的测量精度。

1. 无线温度传感节点微处理器模块原理图

无线传感节点的微处理器模块选用 STC12LE4052AD 单片机主要基于以下考虑:该单片机是通用的 51 内核,为大多数人所熟悉,各种参考资料和资源较为丰富,便于上手;其次,目标代码可以通过串口下载及编程而无需专门的编程工具(MCU 模块可以插在开发母板上进行在线下载),方便学习及实验;同时所提供的源代码均是基于 C 语言编写,可以很方便地移植到其他单片机平台。在熟悉了整个开发平台后,使用者可根据项目的需求,使用其他低功耗单片机完成实现应用设计,以适应不同应用的要求。无线温度传感节点微处理器模块原理图如图 8-5 所示。

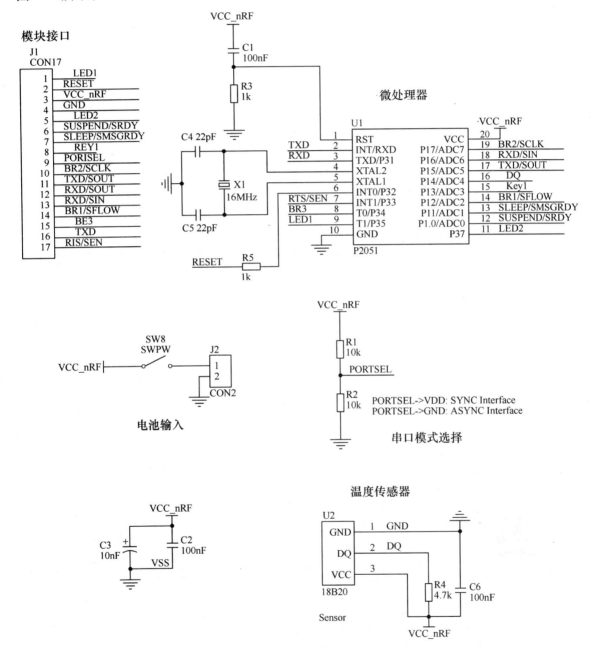

图 8-5　无线温度传感节点微处理器模块原理图

温度传感器选用 18B20(图 8-6),这是一款常用的低电压,低功耗,数字化输出的温度传感器。可选用其他温度传感器,或者根据无线传感网应用的需要选用其他类型传感器如气压传感器 BMP085,加速度传感器 BMA150 等。

2. 无线温度传感节点软件流程图

无线温度传感节点软件流程图如图 8-7 所示。

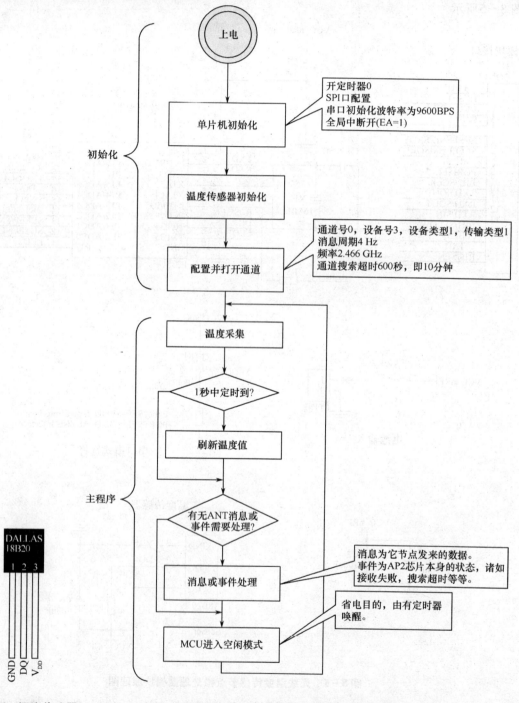

图 8-6 温度传感器　　图 8-7 无线温度传感节点软件流程图

8.3.2 无线传感网中心节点组成

ANT无线传感网中心节点负责管理及处理各无线节点发送来的数据,并可将数据通过串口送至计算机进行显示或进一步处理。ANT无线传感网中心节点包括硬件和软件的设计,所有的软硬件均是基于易于应用开发及便于试验扩展的模块化设计。ANT无线传感网中心节点硬件采用模块化分层设计,包括 ANT无线网络模块,MCU 模块,开发母板三大部分。在使用前应正确安装,以确保使用。如图 8-8 所示。

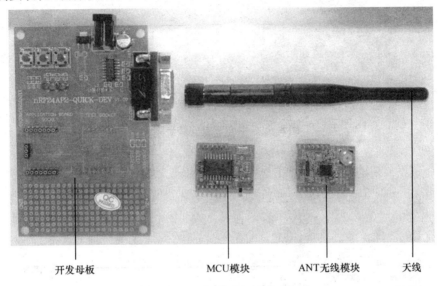

开发母板　　　　MCU模块　　ANT无线模块　　天线

图 8-8　无线温度传感节点硬件构成

开发母板:作为开发,实验,扩展以及与计算机终端通信的基本平台。

MCU 模块:用来配置 ANT 无线网络模块,接收并处理来自 ANT 无线网络模块的数据。注意中心节点上的 MCU 模块没有安装温度传感器,以此区别于无线传感节点上的 MCU 模块。

ANT 无线网络模块:模块型号为 AP2000+(即多通道 ANT 无线集中器模块,基于 nRF24AP2-8CH 芯片设计),带外接天线,内嵌 ANT 无线网络协议,完成所有无线网络功能及低功耗实现。

1. 无线传感网中心节点的安装

步骤1:先在开发母板上安装 MCU 模块,中心节点上的 MCU 模块与无线传感节点上的 MCU 模块区别在于没有温度传感器,如图 8-9 所示。

步骤2:在 MCU 模块上安装 ANT 无线模块(模块型号为 AP2000+,带外接天线)。如图 8-10所示。

步骤3:轻按各模块,确保可靠连接,图 8-11 为已安装好的中心节点图。

ANT 无线传感网中心节点(集中器)面向实验者设计,模块化设计,可插拔式扩展,方便更换不同功能模块及扩展,可通过 RS-232 串口对 MCU 模块进行在线下载编程,开发板上有按键和 LED 指示灯,可进行无线网络通信的指示。开发板上还设计了万用空间,使用者可在此搭建自己的实验电路方便地进行各种实验。中心节点(集中器)可对 ANT 无线网络中的各无

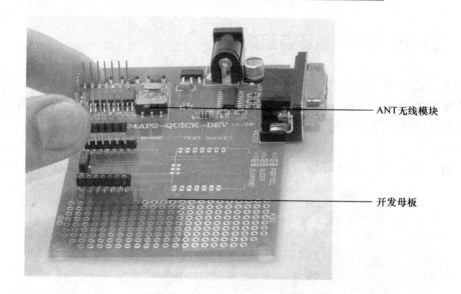

图 8-9　中心节点安装步骤 1

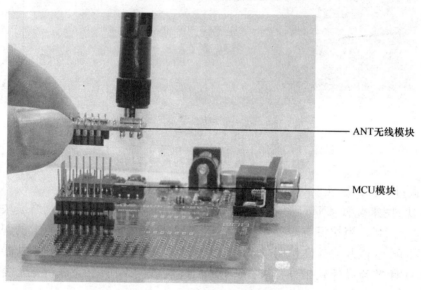

图 8-10　中心节点安装步骤 2

线传感节点管理和数据的接收,并可通过 RS-232 口与 PC 上运行的软件进行通信,方便地进行各种实验,并迅速掌握 ANT 无线网络的应用及设计。

① RS232 异步通信接口,可直接计算机串口,对 MCU 模块进行编程以及计算机终端监控软件接收温度数据均使用此接口。

② 直流电源输入,+4.5~6V(不能超过6V),请注意检查输入电源的极性。

③ ANT 无线网络模块和 MCU 模块均在此叠合安装,通过圆孔军标插座进行连接。

④ ANT 无线网络模块上的外接天线。

⑤ 万用开发空间,用户可在此搭建自己的电路,方便实验及产品开发。

第 8 章　无线传感网教学开发实验平台

图 8-11　中心节点安装步骤 3

2. 无线传感网中心节点微处理器模块原理图

无线传感网中心节点微处理器模块的硬件设计与前述的无线传感节点微处理器模块的设计基本相同,区别是模块上无传感器。中心节点微处理器模块原理图如图 8-12 所示。

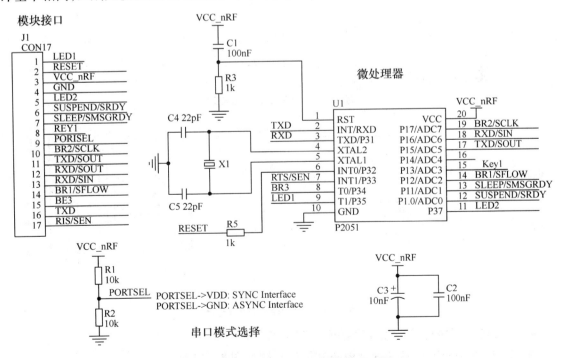

图 8-12　中心节点微处理器模块原理图

3. 无线传感网中心节点开发系统母板原理图

开发系统母板(8-13)的主要功能和作用是完成 ANT 无线网络与计算机的串口通信和作为模块化扩展的底板,以及进行开发和实验时的试验平台,方便使用者进一步的应用开发。开发系统母板上有用于插放微处理器模块的插座 J2,异步串口 P3,电源稳压,以及用于输入/输出的按键和 LED 发光管。

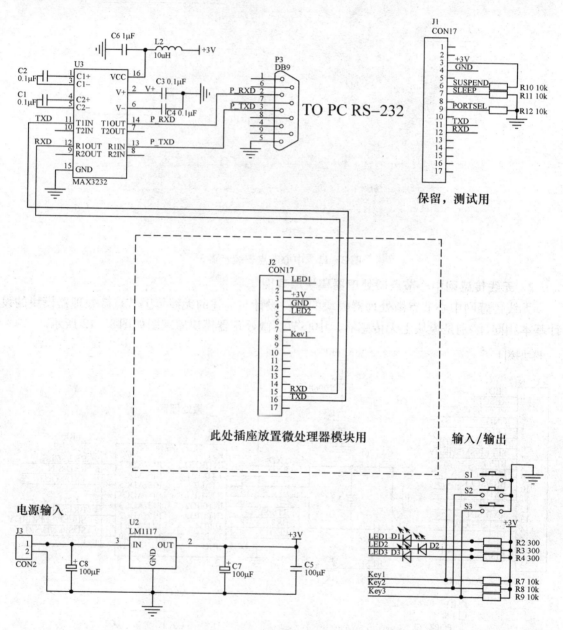

图 8-13 开发系统母板原理图

4. 无线传感网中心节点微处理器模块软件流程图

无线传感网中心节点微处理器模块软件流程图如图 8-14 所示。

第8章 无线传感网教学开发实验平台

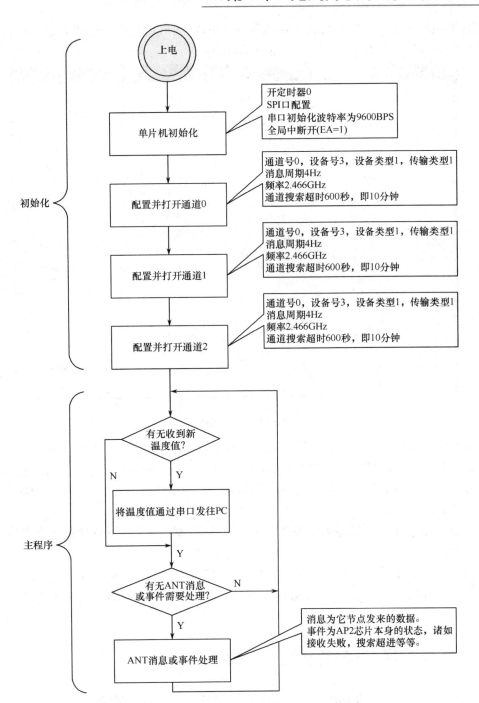

图8-14 中心节点微处理器模块软件流程图

8.3.3 无线传感网中心节点的计算机终端监控软件

这是运行在计算机上的终端监控软件,可图形化显示各无线传感节点的工作状态和数据。

该计算机终端监控监控软件的是绿色免安装软件,可在开发平台所附光盘上找到,文件名是"ANT_PC.exe",双击出现如图8-15所示的界面。

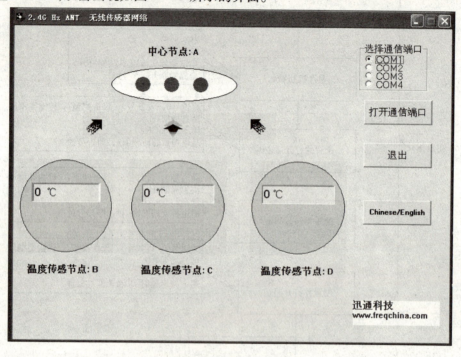

图8-15 软件操作界面

将实验平台开发母板的串口与计算机串口通过串口电缆连接好,并开启开发母板电源,然后点击计算机终端软件界面上的"打开通信端口"(注,需要正确选择与开发母板连接的计算机串口号)。如果端口打开错误,会有相应的提示;如果端口打开正常,计算机即准备好接收中心节点所获取的数据。

当中心节点正常接收到各无线温度传感节点的数据时,计算机终端软件所显示界面如图8-16所示。

终端界面分别显示三个无线传感节点的工作状态和相应温度值。当节点工作正常时,节点相应显示的温度会闪动,反之温度值静止不动。这样可以实时观察各无线传感节点的工作状态。

8.3.4 如何编译、下载并运行一个例程

以下说明如何建立开发环境,并实际运行一个例程。基本过程包括
(1)建立Keil C环境,编译生成Hex目标文件。
(2)用下载软件通过串口将目标文件下载MCU模块的单片机上。
(3)进行实验,评估及开发。

1. Keil uVisiom 环境的建立和编译

(1)需要已经安装Keil C开发环境,可参看其他关于Keil C的书籍。也可使用在Keil官网下载4KB代码限制的Keil C评估版本。

第8章　无线传感网教学开发实验平台

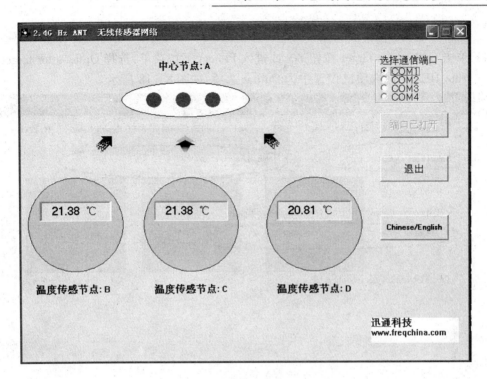

图 8-16　正常接收数据时的界面

（2）确保正确设置 STC12LE4052AD 单片机头文件 STC12C4052AD.h 的路径。位于开发光盘中的..\SourceCode\ANT_SourceCode\comm，如图 8-17 所示。

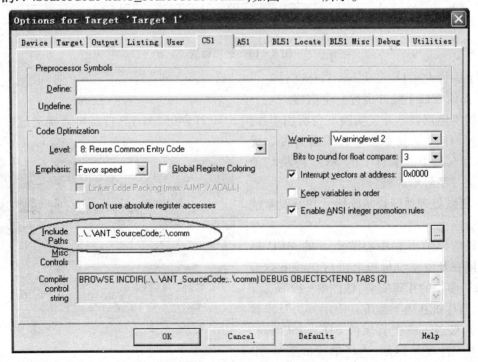

图 8-17　设置单片机头文件路径

(3) 如果已经有开发平台所附光盘,可以在光盘上目录中找到相应例程。

(4) 单击 Options for target 按钮 或进入 Project 下拉菜单,选择 Options for target 命令,并确保 Create HEX File 选项已设置中为 Output 选项,如图 8-18 所示。

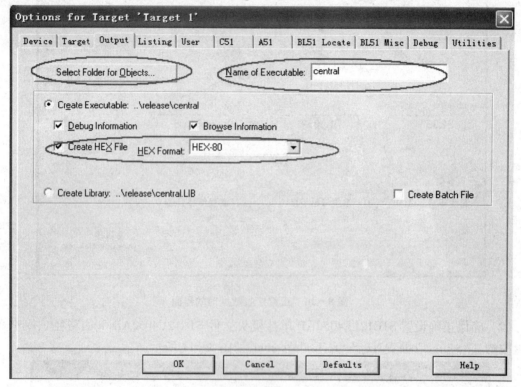

图 8-18 选项设置

(5) 编译此项目,产生 hex 目标文件。

2. 如何在线下载并运行一个例程

无线传感网教学开发实验平台所用单片机 STC12LE4052AD,其特点可直接通过串口进行下载程序,作为开发实验平台非常方便。无线传感节点和中心节点上的 MCU 模块均使用了该同一型号单片机。

1) 将微处理器模块正确插放在开发系统母板的插座上

无线传感节点和中心节点上的 MCU 模块均可以在开发系统母板上进行在线下载编程。MCU 模块的正确安装,如图 8-19 所示。

2) 单片机在线下载工具使用方法及步骤

(1) 双击下载工具软件 STC - ISP. exe,打开图 8-20 所示界面,选择单片机型号、串口号、串口波特率,使用外部晶体。

图 8-19 MCU 模块正确安装方式

第8章 无线传感网教学开发实验平台

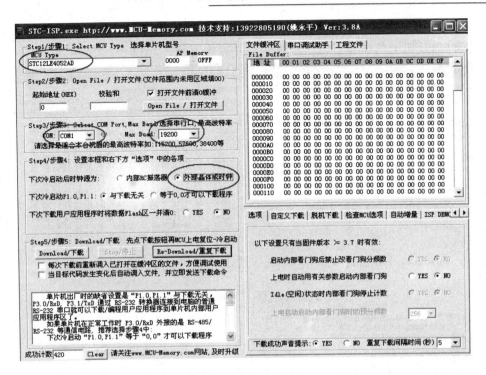

图 8-20 下载工具软件界面

（2）单击 `Open File / 打开文件` 按钮，选择目标文件，然后单击 `Download/下载` 按钮，等待开发系统母板上电，如图 8-21 所示。

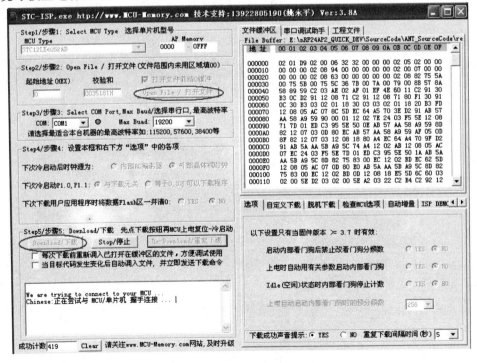

图 8-21 打开文件并下载

(3) 给开发系统母板(含 MCU 模块)上电,将出现下载进度条(单片机上自带的 Bootload 程序将自动与 PC 机上的在线下载软件通信),并完成下载,如图 8-22 所示。

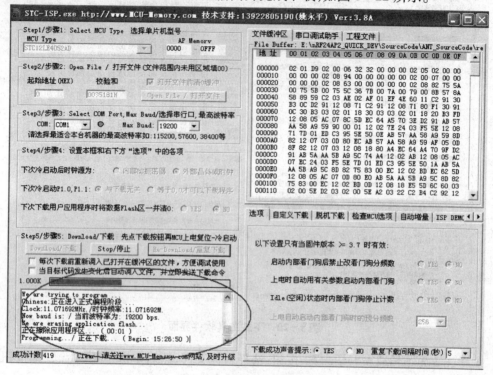

图 8-22 完成下载

第 9 章
nRF24AP2 无线网络应用编程实例

为了便于学习、了解、应用 nRF24AP2 芯片/模块，基于 51 内核单片机编写了各功能模块范例，均在 Keil C 下编译通过，可直接在无线传感网教学开发实验平台上测试运行。所有功能范例基于 C 语言设计和模块化设计，使用者可根据应用的需要很方便地移植到其他低功耗单片机平台。下面说明对 ANT 操作的各个基本功能函数。

9.1 nRF24AP2 的上电复位操作

如前所述，nRF24AP2 芯片/模块上电或复位后，微处理器应对其按时序进行一次复位操作，以确保状态的同步。

```c
//-----------------------------------------------
//nRF24AP2 接口复位时序,在每次上电都要执行一次
void ANT_reset_sequence(void)
//-----------------------------------------------
{
    //在上电执行复位时序前,将 SRDY 和 MRDY 引脚变高并保持一段时间。
    SRDY = 1;
    MRDY = 1;
    Delayms(1);

    //复位时序:SRDY 先变低,最少等待 250uS,然后 MRDY 引脚变低
    SRDY = 0;
    Delayms(1);
    MRDY = 0;

    //    /SYNC_ENABLE _____|-------|_____ /SEN(out)

    if(!SEN)            //如果 SEN 引脚为低
    {
        while(!SEN);    //等待 SEN 变高
    }
```

```
    while(SEN);            //等待 SEN 引脚变低
                           //SEN 引脚变低,指示 AP2 串行接口复位完成。

    //AP2  串行接口复位完成,将 SRDY 和 MRDY 引脚拉高。
    SRDY = 1;
    MRDY = 1;
}
```

9.2 nRF24AP2 的基本参数设置函数

```
//------------------------------------------------
//功能:注销通道分配
//参数:通道号
void ANT_UnAssignChannel(UCHAR ucChannelNum)
//------------------------------------------------
{
   aucTxMesgBuffer[0] =  MESG_TX_SYNC;           //0xA5 Host - >ANT;
   aucTxMesgBuffer[1] =1;                        //Msg 长度
   aucTxMesgBuffer[2]    =MESG_UNASSIGN_CHANNEL_ID;     //0x41
   aucTxMesgBuffer[3]    =ucChannelNum;
   aucTxMesgBuffer[4] = calculate_checksum(&aucTxMesgBuffer,4);
   ByteSyncSerial_Transaction(aucTxMesgBuffer,aucRxMesgBuffer);
}


//------------------------------------------------
//功能:通道分配
//参数:通道号,通道类型,网络号
 void ANT _AssignChannel ( UCHAR ucChannelNum, UCHAR ucChannelType, UCHAR ucNet-
workNumber
                         )
//------------------------------------------------
{
  aucTxMesgBuffer[0] = MESG_TX_SYNC;              //0xA5 Host - > ANT
   aucTxMesgBuffer[1] =3;                         //Msg 长度
   aucTxMesgBuffer[2]    =MESG_ASSIGN_CHANNEL_ID; //0x42

   aucTxMesgBuffer[3]    =ucChannelNum;
   aucTxMesgBuffer[4]    =ucChannelType;
   aucTxMesgBuffer[5]    =ucNetworkNumber;

   aucTxMesgBuffer[6] = calculate_checksum(&aucTxMesgBuffer,6);
   ByteSyncSerial_Transaction(aucTxMesgBuffer,aucRxMesgBuffer);
}
```

```
//--------------------------------------------
//功能:频率设置
//参数:通道号,频率值
//频率值计算方法:
//频率值 = 2400 + ucRFFreq×1.0(MHz),比如 ucRFFreq = 66,频率值为2.466GHz
void ANT_SetChannelRFFreq(UCHAR ucChannelNum, UCHAR ucRFFreq)
//--------------------------------------------
{
  aucTxMesgBuffer[0] = MESG_TX_SYNC;      //0xA5 Host -> ANT;
  aucTxMesgBuffer[1] = 2;            //Msg 长度
  aucTxMesgBuffer[2]    = MESG_CHANNEL_RADIO_FREQ_ID;    //0x45

  aucTxMesgBuffer[3]    = ucChannelNum;
  aucTxMesgBuffer[4]    = ucRFFreq;

  aucTxMesgBuffer[5] = calculate_checksum(&aucTxMesgBuffer,5);
  ByteSyncSerial_Transaction(aucTxMesgBuffer,aucRxMesgBuffer);
}


//--------------------------------------------
//功能:通道ID设置
//参数:通道号、设备号、设备类型、传输类型
  void ANT_SetChannelId(UCHAR ucChannel, USHORT usDeviceNum, UCHAR ucDeviceType,
UCHAR ucTransmissionType)
//--------------------------------------------
{
  aucTxMesgBuffer[0] = MESG_TX_SYNC;      //0xA5 Host -> ANT;
  aucTxMesgBuffer[1] = 5;                //Msg 长度
  aucTxMesgBuffer[2]    = MESG_CHANNEL_ID_ID;   //0x51

  aucTxMesgBuffer[3]    = ucChannel;
  aucTxMesgBuffer[4]    = (UCHAR)(usDeviceNum);
  aucTxMesgBuffer[5]    = (UCHAR)(usDeviceNum >>8);
  aucTxMesgBuffer[6]    = ucDeviceType;
  aucTxMesgBuffer[7]    = ucTransmissionType;

  aucTxMesgBuffer[8] = calculate_checksum(&aucTxMesgBuffer,8);
  ByteSyncSerial_Transaction(aucTxMesgBuffer,aucRxMesgBuffer);
}


//--------------------------------------------
//消息周期设置
//周期 = 32768/usuChannelPeriod (Hz) 如4Hz 为8192 (32768/4)
void ANT_SetChannelPeriod(UCHAR ucChannelNum, USHORT usuChannelPeriod)
//--------------------------------------------
```

```
    aucTxMesgBuffer[0] = MESG_TX_SYNC;            //0xA5 Host - > ANT;
    aucTxMesgBuffer[1] = 3;                       //Msg 长度
    aucTxMesgBuffer[2]    = MESG_CHANNEL_MESG_PERIOD_ID;   //0x43

    aucTxMesgBuffer[3]    = ucChannelNum;
    aucTxMesgBuffer[4]    = (UCHAR)(usuChannelPeriod);
    aucTxMesgBuffer[5]    = (UCHAR)(usuChannelPeriod > >8);

    aucTxMesgBuffer[6] = calculate_checksum(&aucTxMesgBuffer,6);
    ByteSyncSerial_Transaction(aucTxMesgBuffer,aucRxMesgBuffer);
}


//--------------------------------------------------
//功能:高优先级搜索超时设置
//参数:
//计算公式:(0~255)×2.5 秒,0:取消搜索超时,最长时间10.5 分钟,
//低优先级搜索 与 高优先级搜索差别
//高优先级:在准备发送数据包时,发现有它节点正在搜索本节点,则停止发送数据包。
//低优先级:在准备发送数据包时,发现有它节点正在搜索本节点,仍然继续发送数据包。
void ANT_SetChannelSearchTimeout(UCHAR ucChannelNum, UCHAR ucSearchTimeout)
//--------------------------------------------------
{
    aucTxMesgBuffer[0] = MESG_TX_SYNC;
    aucTxMesgBuffer[1] = 2;           //Msg 长度
    aucTxMesgBuffer[2]    = MESG_CHANNEL_SEARCH_TIMEOUT_ID;    //0x44
    aucTxMesgBuffer[3]    = ucChannelNum;
    aucTxMesgBuffer[4]    = ucSearchTimeout;

    aucTxMesgBuffer[5] = calculate_checksum(&aucTxMesgBuffer,5);
    ByteSyncSerial_Transaction(aucTxMesgBuffer,aucRxMesgBuffer);
}


/*
//--------------------------------------------------
//功能:低优先级搜索超时设置
//参数:
//计算公式:(0~255)×2.5 秒,0:取消搜索超时,最长时间10.5 分钟,
//低优先级搜索 与 高优先级搜索差别
//高优先级:在准备发送数据包时,发现有它节点正在搜索本节点,则停止发送数据包。
//低优先级:在准备发送数据包时,发现有它节点正在搜索本节点,仍然继续发送数据包。
void ANT _ SetLowPriorityChannelSearchTimeout ( UCHAR ucChannelNum, UCHAR uc-
SearchTimeout)
//--------------------------------------------------
{
```

第9章 nRF24AP2 无线网络应用编程实例

```c
    aucTxMesgBuffer[0] = MESG_TX_SYNC;
    aucTxMesgBuffer[1] = 2;                         //Msg 长度
    aucTxMesgBuffer[2] = 0x63;                      //0x63

    aucTxMesgBuffer[3]    = ucChannelNum;
    aucTxMesgBuffer[4]    = ucSearchTimeout;

    aucTxMesgBuffer[5] = calculate_checksum(&aucTxMesgBuffer,5);
    ByteSyncSerial_Transaction(aucTxMesgBuffer,aucRxMesgBuffer);
}
*/
//------------------------------------------------
//功能:设置网络密钥
//参数:网络号,8字节密钥
void ANT_SetNetworkKey(UCHAR NetNum, UCHAR * key)
//------------------------------------------------
{
    unsigned char i;

    aucTxMesgBuffer[0] = MESG_TX_SYNC;              //0xA5 Host -> ANT;
    aucTxMesgBuffer[1] = 9;                         //Msg 长度
    aucTxMesgBuffer[2]    = MESG_NETWORK_KEY_ID;    //0x46
    aucTxMesgBuffer[3] = NetNum;
    for(i = 0;i < 8;i + +)
    {
        aucTxMesgBuffer[i + 4] = * key + +;;
    }

    aucTxMesgBuffer[12] = calculate_checksum(&aucTxMesgBuffer,12);

    ByteSyncSerial_Transaction(aucTxMesgBuffer,aucRxMesgBuffer);
}


//------------------------------------------------
//功能:设置发射功率
//参数:0~3 :     //0 -20    dBm
//              //1 = TX Power -10 dBm
//              //2 = TX Power -5  dBm
//              //3 = TX Power 0   dBm
void ANT_SetTransmitPower(UCHAR dBm)
//------------------------------------------------
{
    if(dBm > 3)
    {
        return;     //功率值无效
```

```c
    }
    aucTxMesgBuffer[0] = MESG_TX_SYNC;           //0xA5 Host - > ANT;
    aucTxMesgBuffer[1] = 2;                       //Msg 长度
    aucTxMesgBuffer[2] = MESG_RADIO_TX_POWER_ID;  //0x47

    aucTxMesgBuffer[3]    = 0;
    aucTxMesgBuffer[4]    = dBm;

    aucTxMesgBuffer[5] = calculate_checksum(&aucTxMesgBuffer,5);
    ByteSyncSerial_Transaction(aucTxMesgBuffer,aucRxMesgBuffer);
}

//------------------------------------------------
//功能:广播模式发送数据
//参数:通道号,欲发送的 8 个数据包的指针
void ANT_SendBroadcastData(UCHAR ucChannel,UCHAR * txbuf)    //Transmit
//------------------------------------------------
{
    unsigned char i;

  aucTxMesgBuffer[0] = MESG_TX_SYNC;             //0xA5 Host - > ANT;
    aucTxMesgBuffer[1] = 9;
    //Msg 长度
    aucTxMesgBuffer[2]    = MESG_BROADCAST_DATA_ID;       //0x4E
    aucTxMesgBuffer[3] = ucChannel;
    for(i = 0;i < 8;i + +)
    {
        aucTxMesgBuffer[i + 4] = * txbuf + +;;
    }

    aucTxMesgBuffer[12] = calculate_checksum(&aucTxMesgBuffer,12);

    ByteSyncSerial_Transaction(aucTxMesgBuffer,aucRxMesgBuffer);
}

/*
//------------------------------------------------
//功能:突发模式发送数据
//参数:通道号,欲发送的 8 个数据包的指针
void ANT_SendBurstTransferPacket(UCHAR ucChannel,UCHAR * txbuf)    //Transmit
//------------------------------------------------
{
    unsigned char i;

  aucTxMesgBuffer[0] = MESG_TX_SYNC;                              //0xA5 Host - > ANT;
```

第9章 nRF24AP2 无线网络应用编程实例

```c
    aucTxMesgBuffer[1] = 9;                                    //Msg 长度
    aucTxMesgBuffer[2]    = MESG_BURST_DATA_ID;                //0x50
    aucTxMesgBuffer[3] = ucChannel;
    for(i=0;i<8;i++)
    {
        aucTxMesgBuffer[i+4] = *txbuf++;
    }
    aucTxMesgBuffer[12] = calculate_checksum(&aucTxMesgBuffer,12);
    ByteSyncSerial_Transaction(aucTxMesgBuffer,aucRxMesgBuffer);
}
*/
//------------------------------------------------
//功能:应答模式发送数据
//参数:通道号,欲发送额8个数据包的指针
void ANT_SendAcknowledgedData(UCHAR ucChannel,UCHAR * txbuf)    //Transmit
//------------------------------------------------
{
    unsigned char i;

    aucTxMesgBuffer[0] = MESG_TX_SYNC;                         //0xA5 Host -> ANT;
    aucTxMesgBuffer[1] = 9;
    //Msg 长度
    aucTxMesgBuffer[2]    = MESG_ACKNOWLEDGED_DATA_ID;         //0x4F
    aucTxMesgBuffer[3] = ucChannel;
    for(i=0;i<8;i++)
    {
        aucTxMesgBuffer[i+4] = *txbuf++;
    }
    aucTxMesgBuffer[12] = calculate_checksum(&aucTxMesgBuffer,12);
    ByteSyncSerial_Transaction(aucTxMesgBuffer,aucRxMesgBuffer);
}
//------------------------------------------------
//功能:打开通道
//参数:通道号.
void ANT_OpenChannel(UCHAR ucChannelNum)
{
    aucTxMesgBuffer[0] = MESG_TX_SYNC;                         //0xA5 Host -> ANT;
    aucTxMesgBuffer[1] = 1;                                    //Msg 长度
    aucTxMesgBuffer[2]    = MESG_OPEN_CHANNEL_ID;              //0x4B

    aucTxMesgBuffer[3]    = ucChannelNum;

    aucTxMesgBuffer[4] = calculate_checksum(&aucTxMesgBuffer,4);

    ByteSyncSerial_Transaction(aucTxMesgBuffer,aucRxMesgBuffer);
```

}

9.3　中心节点 nRF24AP2 的初始化操作

中心节点上电后,单片机首先要根据无线网络系统的拓扑及功能要求,对 nRF24AP2 芯片/模块进行配置及初始化,以使其进入正确的工作模式和状态。对于一个有多个独立通道的中心节点,由于各个通道的配置是独立的,需要分别对每个通道进行单独的配置和参数设置。本例中,中心节点的 nRF24AP2 在各自的独立通道上作为从机。

```
//------------------------------------------------
void ANT_init(void)
//------------------------------------------------
{
    UCHAR i;

    BR3 = 0;
    SFLOW = 0;
    ANT_reset_sequence();           //AP2 上电复位
    SPIInterfaceConfig();           //单片机 SPI 接口配置
    for(i = 0;i < 8;i + +)
    {
        aucNodeBuf[i] = 8 - i;
    }
    bSPIIF = 0;
//------------------------------------------------
    ByteSyncSerial_Transaction(NULL, aucRxMesgBuffer);
    ANT_SetNetworkKey(0, DEFAULT_NETWORK);        //网络号 0,公共密钥
    Dly50uS();
                    //发完一条指令,延时片刻
    ByteSyncSerial_Transaction(NULL, aucRxMesgBuffer);

//================================================================
    ANT_UnAssignChannel(0);
        //分配通道前先取消分配
    Dly50uS();
                    //发完一条指令,延时片刻
    ANT_UnAssignChannel(1);
        //分配通道前先取消分配
    Dly50uS();
                    //发完一条指令,延时片刻
ANT_UnAssignChannel(2);
        //分配通道前先取消分配
    Dly50uS();
                    //发完一条指令,延时片刻
```

第9章 nRF24AP2 无线网络应用编程实例

```
//通道0
    ANT_AssignChannel(CH0,ANT_DEVICE_TYPE_RECEIVE_ONLY,0);
        //分配通道,参数说明:(通道号:0,通道类型:单向接收通道,网络号:0)
    Dly50uS();
                    //发完一条指令,延时片刻
    ByteSyncSerial_Transaction(NULL, aucRxMesgBuffer);
    ANT_SetChannelRFFreq(CH0,66);
                            //设置通道0频率为2466 MHz
    Dly50uS();
                    //发完一条指令,延时片刻
    ByteSyncSerial_Transaction(NULL, aucRxMesgBuffer);
      ANT_SetChannelId(CH0,3,1,1);
            //通道ID设置,参数说明:(通道号 设备号 设备类型 传输类型)
    Dly50uS();
                    //发完一条指令,延时片刻
    ByteSyncSerial_Transaction(NULL, aucRxMesgBuffer);
    ANT_SetChannelPeriod(CH0,32768/4);
                //通道0,消息周期为4HZ
    Dly50uS();
                    //发完一条指令,延时片刻
    ByteSyncSerial_Transaction(NULL, aucRxMesgBuffer);
      ANT_OpenChannel(CH0);
              //打开通道0
    Dly50uS();
                    //发完一条指令,延时片刻
    ByteSyncSerial_Transaction(NULL, aucRxMesgBuffer);
      ANT_SetChannelSearchTimeout(CH0,240);
        //设置通道搜索超时时间 240×2.5 = 600 秒,(T = n × 2.5)
    Dly50uS();
                    //发完一条指令,延时片刻
    ByteSyncSerial_Transaction(NULL, aucRxMesgBuffer);
//==================================================================
//通道1
    ANT_AssignChannel(CH1,ANT_DEVICE_TYPE_RECEIVE_ONLY,0);
        //分配通道,参数说明:(通道号:1,通道类型:单向接收通道,网络号:0)

    Dly50uS();
                    //发完一条指令,延时片刻
    ByteSyncSerial_Transaction(NULL, aucRxMesgBuffer);
      ANT_SetChannelRFFreq(CH1,66);
            //设置通道1频率为2466 MHz
    Dly50uS();
                    //发完一条指令,延时片刻
    ByteSyncSerial_Transaction(NULL, aucRxMesgBuffer);
      ANT_SetChannelId(CH1,10,2,1);
```

```c
                        //通道 ID 设置,参数说明:(通道号 设备号 设备类型 传输类型)
    ByteSyncSerial_Transaction(NULL, aucRxMesgBuffer);
      ANT_SetChannelPeriod(CH1,32768/4);
                        //通道1,消息周期为 4HZ
    Dly50uS();
                        //发完一条指令,延时片刻
    ByteSyncSerial_Transaction(NULL, aucRxMesgBuffer);
      ANT_OpenChannel(CH1);
                        //打开通道1
    Dly50uS();
                        //发完一条指令,延时片刻
    ByteSyncSerial_Transaction(NULL, aucRxMesgBuffer);
      ANT_SetChannelSearchTimeout(CH1,240);
      //设置通道搜索超时时间 240×2.5 = 600 秒, (T = n x 2.5)
    Dly50uS();
                        //发完一条指令,延时片刻
    ByteSyncSerial_Transaction(NULL, aucRxMesgBuffer);
//=================================================================
//通道2
      ANT_AssignChannel(CH2,ANT_DEVICE_TYPE_RECEIVE_ONLY,0);
//分配通道,参数说明:(通道号:2,通道类型:单向接收通道,网络号:0)
    Dly50uS();
                        //发完一条指令,延时片刻
    ByteSyncSerial_Transaction(NULL, aucRxMesgBuffer);
      ANT_SetChannelRFFreq(CH2,66);
      //设置通道2 频率为 2466 MHz
    Dly50uS();
                        //发完一条指令,延时片刻
    ByteSyncSerial_Transaction(NULL, aucRxMesgBuffer);
      ANT_SetChannelId(CH2,5,1,1);
//通道 ID 设置,参数说明:(通道号 设备号 设备类型 传输类型)
    Dly50uS();
                        //发完一条指令,延时片刻
    ByteSyncSerial_Transaction(NULL, aucRxMesgBuffer);
      ANT_SetChannelPeriod(CH2,32768/4);
//通道2,消息周期为 4HZ
    Dly50uS();
                        //发完一条指令,延时片刻
    ByteSyncSerial_Transaction(NULL, aucRxMesgBuffer);
      ANT_OpenChannel(CH2);
                        //打开通道2
    Dly50uS();
                        //发完一条指令,延时片刻
    ByteSyncSerial_Transaction(NULL, aucRxMesgBuffer);
      ANT_SetChannelSearchTimeout(CH2,240);
```

//设置通道搜索超时时间 240×2.5 = 600 秒,(T = n×2.5)
    Dly50uS();
                        //发完一条指令,延时片刻
    ANT_SetTransmitPower(ANT_0DBM);
                        //设置功率为 0dBm
    Dly50uS();
                        //发完一条指令,延时片刻
    ByteSyncSerial_Transaction(NULL, aucRxMesgBuffer);

    wdANTtimer = 0;
    bBMessage = false;
    bCMessage = false;
    bDMessage = false;

//初始化完成,LED2 闪烁 5 次
    for(i = 0;i < 5;i + +)
    {
        LED2 = ~LED2;
        Delayms(50);
    }
    LED2 = 1;
}
```

## 9.4 无线传感节点 nRF24AP2 的初始化操作

在无线传感节点上,根据功能的要求,对 nRF24AP2 芯片/模块进行相应的设置。

无线传感节点上可以使用单通道的 nRF24AP2 芯片/模块,与中心节点以独立通道方式通信,无线传感节点作为独立通道上的主节点。

```
//--
void ANT_init(void)
//--
{
    UCHAR i;
    LED2 = 0;

    BR3 = 0;
    SFLOW = 0;
    ANT_reset_sequence();   //AP2 上电复位
    SPIInterfaceConfig();   //单片机 SPI 接口配置
    for(i = 0;i < 8;i + +)
    {
        aucNodeBuf[i] = 8 - i;
    }

```c
    aucNodeBuf[0] =     (UCHAR)(sSysTempValue > > 8);
    aucNodeBuf[1] =(UCHAR)(sSysTempValue);

    bSPIIF = 0;
    SOUT = 1;
    SIN = 1;

    ByteSyncSerial_Transaction(NULL, aucRxMesgBuffer);
    //检查有无来自 AP2 的数据,如果复位成功,AP2 有一帧数据发出:A4 01 6F 40 8A
    ANT_SetNetworkKey(0, DEFAULT_NETWORK);
                    //默认通道,默认网络密钥
    Dly50uS();
                    //发完一条指令,延时片刻
    ANT_UnAssignChannel(0);
                    //分配通道前先取消分配
    Dly50uS();
                    //发完一条指令,延时片刻
    ANT_AssignChannel(0,ANT_DEVICE_TYPE_TRANSMIT_ONLY,0);
    //分配通道  参数说明:(通道号 0,通道类型:单向发射通道,网络号 0)
    Dly50uS();
                    //发完一条指令,延时片刻
    ANT_SetChannelRFFreq(0,66);
        //频率设置 2.466 GHz
    Dly50uS();
                    //发完一条指令,延时片刻
//------------------------------------------------
#if(SENSOR_NODE = = NODE_B)
    ANT_SetChannelId(0,3,1,1);
    //传感节点 B 通道设置
    //参数说明:(通道号 设备号 设备类型 传输类型)
#elif(SENSOR_NODE = =    NODE_C)
    ANT_SetChannelId(0,10,2,1);
//传感节点 C 通道设置,参数说明:(通道号 设备号 设备类型 传输类型)
#elif(SENSOR_NODE = =    NODE_D)

    ANT_SetChannelId(0,5,1,1);
    //传感节点 D 通道设置,参数说明:(通道号 设备号 设备类型 传输类型)
#endif
    Dly50uS();
                    //发完一条指令,延时片刻
    ANT_SetChannelPeriod(0,32768/4);
                    //消息周期为 4HZ
    Dly50uS();
                    //发完一条指令,延时片刻
    ANT_SetChannelSearchTimeout(0,240);
```

```
                        //T = n x 2.5 Second
    Dly50uS();
                             //发完一条指令,延时片刻
    ANT_SetTransmitPower(ANT_0DBM);
                             //设置功率为 0dBm
    Dly50uS();
                             //发完一条指令,延时片刻
    ANT_SendBroadcastData(0,aucNodeBuf);        //广播
    Dly50uS();
                             //发完一条指令,延时片刻
    ANT_OpenChannel(0);
                             //打开通道 0
    Dly50uS();
                             //发完一条指令,延时片刻
//------------------------------------------------
    wdANTtimer = 0;
    wdNodeTmr = 0;

//初始化完成,LED2 闪动.
//请注意,无线传感节点没有 LED2 指示灯,
//假如将无线传感模块插到开发母板上,将可以看到 LED2 闪烁。
    for(i = 0;i < 10;i + +)
    {
        LED2 = ~LED2;
        Delayms(50);
    }
}
```

参 考 文 献

[1] Nordic Semiconductor ASA nRF24AP2_Product_Specification_v1_2
[2] Nordic Semiconductor ASA nRF24AP2 – USB_Product_Specification_v1_0
[3] Nordic Semiconductor ASA nRFready_ANT_USB_dongle_reference_design_v1.0
[4] Dynastream Innovations Inc. ANT_Message_Protocol_and_Usage_Rev_3.1
[5] Dynastream Innovations Inc. ant_an13 power states
[6] Dynastream Innovations Inc. ant_an02 device pairing
[7] Dynastream Innovations Inc. ant_an04 burst transfers
[8] Dynastream Innovations Inc. ant_an12 proximity search
[9] Dynastream Innovations Inc. ant_an01 implementing a receiver for tx only ant devices
[10] Dynastream Innovations Inc. ant_an11 ant channel search and background scanning channel
[11] Dynastream Innovations Inc. ant_an15_Multi_Channel_Design_Considerations
[12] 邬国扬,张厥盛. 移动通信[M]. 北京:宇航出版社,1989.
[13] 黄健,赵宗汉. 移动通信[M]. 西安:西安电子科技大学出版社,1992.
[14] 陈用甫,谭秀华. 现代通信系统和信息网[M]. 北京:电子工业出版社,1996.
[15] 曹志刚,钱亚声. 现代通信原理[M]. 北京:清华大学出版社,1999.
[16] 孙利民,等. 无线传感器网络[M]. 北京:清华大学出版社,2005.
[17] 王达,网络工程基础[M]. 北京:电子工业出版社,2006.

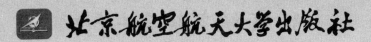

● 博客藏经阁丛书

圈圈教你玩USB
刘荣 39.00元 2009.01

C语言深度解剖——解开程序员面试笔试的秘密
陈正冲 29.00元 2010.07

匠人手记：一个单片机工作者的实践与思考
张俊 39.00元 2008.04

感悟设计：电子设计的经验与哲理
王珏 32.00元 2009.05

深入浅出嵌入式底层软件开发
杨铸 79.00元 2011.06

深入浅出玩转FPGA
吴厚航 39.00元 2010.05

Windows CE大排档
莫雨 49.00元 2011.04

创意电子设计与制作
刘宁 49.00元 2010.06

● 嵌入式系统译丛

嵌入式软件概论
沈建华 译 42.00元 2007.10

嵌入式Internet TCP/IP基础、实现及应用（含光盘）
潘琢金 译 75.00元 2008.10

嵌入式实时系统的DSP软件开发技术
郑红 译 69.00元 2011.01

ARM Cortex-M3权威指南
宋岩 译 49.00元 2009.04

链接器和加载器
李勇 译 32.00元 2009.09

● 全国大学生电子设计竞赛"十二五"规划教材

全国大学生电子设计竞赛 ARM嵌入式系统应用设计与实践
黄智伟 39.00元 2011.01

全国大学生电子设计竞赛 常用电路模块制作
黄智伟 42.00元 2011.01

全国大学生电子设计竞赛 电路设计（第2版）
黄智伟 49.50元 2011.01

全国大学生电子设计竞赛 技能训练（第2版）
黄智伟 48.00元 2011.01

全国大学生电子设计竞赛 系统设计（第2版）
黄智伟 49.00元 2011.01

全国大学生电子设计竞赛 制作实训（第2版）
黄智伟 49.00元 2011.01

以上图书可在各地书店选购，或直接向北航出版社书店邮购（另加3元挂号费）
地　　址：北京市海淀区学院路37号北航出版社书店5分箱邮购部收（邮编）：100191
邮购电话：010-82316936　　邮购Email：bhcbssd@126.com
投稿电话：010-82317035　　传真：010-82317022　　投稿Email：emsbook@gmail.com

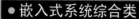

● 嵌入式系统综合类

ARM Cortex核TI微控制器原理与应用 马忠梅 38.00元 2011.01

嵌入式系统设计实战——基于飞思卡尔S12X微控制器 王宜怀 49.00元 2011.05

例说STM32 刘军 45.00元 2011.04

基于嵌入式实时操作系统的程序设计（第2版） 周航慈 32.00元 2011.01

嵌入式Linux开发技术 孙天泽 38.00元 2011.04

ADI实验室电路合集（第1册） ADI公司 49.00元 2011.01

● DSP类

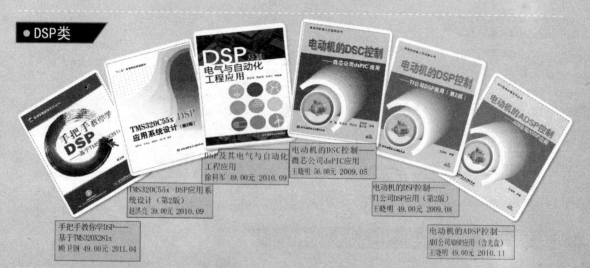

TMS320C55x DSP应用系统设计（第2版） 赵洪亮 39.00元 2010.09

DSP及其电气与自动化工程应用 徐科军 49.00元 2010.09

手把手教你学DSP——基于TMS320X281x 顾卫钢 49.00元 2011.04

电动机的DSC控制——微芯公司dsPIC应用 王晓明 56.00元 2009.05

电动机的DSP控制——TI公司DSP应用（第2版） 王晓明 49.00元 2009.08

电动机的ADSP控制——ADI公司ADSP应用（含光盘） 王晓明 49.00元 2010.11

● 单片机应用类

51单片机C语言应用开发三位一体实战精讲（含光盘） 刘波文 49.00元 2011.06

单片机应用程序设计技术（第3版） 周航慈 38.00元 2011.02

轻松玩转51单片机（含光盘） 刘建清 59.00元 2011.03

轻松玩转51单片机C语言（含光盘） 刘建清 69.00元 2011.03

轻松玩转AVR单片机C语言（含光盘） 刘建清 39.00元 2011.03

电动机的单片机控制（第3版） 王晓明 35.00元 2011.03

以上图书可在各地书店选购，或直接向北航出版社书店邮购（另加3元挂号费）
地　　址：北京市海淀区学院路37号北航出版社书店5分箱邮购部收（邮编：100191）
邮购电话：010-82316936　邮购Email：bhcbssd@126.com
投稿电话：010-82317035　传真：010-82317022　投稿Email：emsbook@gmail.com

为配合本书读者学习开发 ANT，将为本书读者特惠提供 ANT 开发工具，截止日期至 2012 年 1 月 1 日。本书读者可填写以下申请表回传至迅通科技 0755-26674749。数量有限，按申请先后顺序售完即止，相关咨询及建议反馈请与 info@freqchina.com 联系。

ANT 开发工具申请表

单位名称：		姓名：	
地址：		职务：	
网址：		E-mail：	
电话：		传真：	
手机：		购书地点：	
所从事领域：			

您通过何种渠道了解到 Nordic 无线产品？ □ 杂志广告＿＿＿＿＿＿＿＿＿(请填写)   □BBS 论坛＿＿＿＿＿＿＿＿＿(请填写) □ Nordic 官方网站   □迅通科技网站   □其他＿＿＿＿＿＿＿＿＿(请填写)
您经常阅览的技术类杂志是？ □电子产品世界   □电子技术应用   □EDN □单片机与嵌入式系统应用   □其他＿＿＿＿＿＿＿＿＿(请填写)
您经常浏览的技术类网站是？ □＿＿＿＿＿＿＿(请填写)   □＿＿＿＿＿＿＿(请填写)   □＿＿＿＿＿＿＿(请填写)
您是否使用过中短距离无线产品？ □ 是＿＿＿＿＿＿＿＿＿(请填写厂家及型号)   □否＿＿＿＿＿＿＿＿＿(原因)
您所使用过的无线芯片是？ □ 型号＿＿＿＿＿＿＿   □数量＿＿＿＿＿＿   □所应用于的产品是＿＿＿＿＿＿ □ 型号＿＿＿＿＿＿＿   □数量＿＿＿＿＿＿   □所应用于的产品是＿＿＿＿＿＿
您拟将 nRF 无线芯片应用在什么产品/项目上？ □＿＿＿＿＿＿＿＿＿＿＿＿＿＿＿＿＿＿＿＿＿＿＿＿＿＿＿＿＿＿＿＿(请填写)
您最为关注无线芯片的哪方面特点？ □ 电流功耗   □距离   □成本 □ 发射功率   □开发难度   □其他＿＿＿＿＿＿＿(请填写)
您认为本书有价值的地方及需要改进的地方是？ □ 有价值的地方＿＿＿＿＿＿＿＿＿＿＿＿＿＿＿＿＿＿＿＿＿＿＿＿＿＿ □ 需改进的地方＿＿＿＿＿＿＿＿＿＿＿＿＿＿＿＿＿＿＿＿＿＿＿＿＿＿
您申请优惠的 ANT 开发工具是？

□	nRF24AP2 无线传感网/物联网教学开发实验平台	迅通科技推出的可快速入门 ANT 无线网络，学习及提高，乃至进一步进行产品开发的平台，包括了 ANT 无线网络模块，无线温度传感节点模块，ANT 无线网络集中器节点，计算机网络监控终端平台，提供完整的开发资料及源代码
□	nRF24AP2-USB 无线传感网/物联网教学开发实验平台	迅通科技推出的可快速入门 ANT 无线网络，学习及提高，乃至进一步进行产品开发的平台，包括了 ANT 无线网络模块，无线温度传感节点模块，ANT 无线 USB 网络集中器节点，计算机网络监控终端平台，提供完整的开发资料及源代码

为了方便广大读者学习和交流，可以在 http://www.freqchina.com 网站及论坛下载相关资料。如果读者对本书学习中所用到的器件，开发工具等设备有兴趣，也可以与迅通科技联系。

相关咨询及建议反馈请与 info@freqchina.com 联系，或电话 0755-26694740。

深圳：
电话： 0755-26694740 26674773　　传真: 0755-26674749

北京：
电话： 010-64390486 64390487　　传真: 010-64391558

哈尔滨：
电话： 0451-82280516 89733517　　传真: 0451-82280516

http://www.freqchina.com
Email: info@freqchina.com